微型扬声器设计与仿真

韦 煜 编著

U0215003

清华大学出版社
北京

内 容 简 介

本书第1章介绍了扬声器用仪器(Sound Check 系统)测试常用的客观声学指标,包括频响曲线、失真曲线、阻抗曲线、共振频率等。第2章介绍了扬声器总体架构设计的思路和公差分析的方法。第3章介绍了业内最常用的声学仿真软件 Micro-Cap 的用法,它通过电—力—声类比的方法,可以仿真出产品的频响曲线和阻抗曲线,并得出系统的共振频率。第4章和第7章介绍了扬声器磁路设计以及用多物理场仿真软件 Comsol 进行磁路仿真的两种方法。第5~6章和第10章介绍了用 Creo 进行扬声器振膜的设计方法和分别用 Abaqus、Comsol 软件仿真的方法。第8章介绍了扬声器电磁阻抗曲线用 Comsol 软件进行仿真的方法。第9章介绍了扬声器灵敏度仿真的方法。在各章中还介绍了相关的声学理论。本书所用 Comsol 软件版本为5.4,Abaqus 软件版本为6.14,Creo 软件版本为3.0。

本书采用图文并茂的方式,结合理论和实例尽量深入浅出地帮助声学工程师和声学专业学生全面掌握使扬声器达到最优性能的设计和仿真方法,既给出了设计思路又介绍了调试产品所需的经验和仿真辅助方法。

图书在版编目(CIP)数据

微型扬声器设计与仿真/韦煜编著.—北京:清华大学出版社,2022.4(2022.9 重印)
ISBN 978-7-302-60074-9

Ⅰ.①微… Ⅱ.①韦… Ⅲ.①微型－扬声器－设计 Ⅳ.①TN643

中国版本图书馆 CIP 数据核字(2022)第 023060 号

责任编辑:鲁永芳
封面设计:常雪影
责任校对:王淑云
责任印制:宋　林

出版发行:清华大学出版社
　　　　网　　　址:http://www.tup.com.cn,http://www.wqbook.com
　　　　地　　　址:北京清华大学学研大厦 A 座　　　邮　　编:100084
　　　　社 总 机:010-83470000　　　　　　　　　邮　　购:010-62786544
　　　　投稿与读者服务:010-62776969,c-service@tup.tsinghua.edu.cn
　　　　质量反馈:010-62772015,zhiliang@tup.tsinghua.edu.cn
印 装 者:三河市龙大印装有限公司
经　　销:全国新华书店
开　　本:185mm×260mm　　印　张:21.75　　　　　字　　数:529 千字
版　　次:2022 年 4 月第 1 版　　　　　　　　　　印　　次:2022 年 9 月第 2 次印刷
定　　价:119.00 元

产品编号:093115-01

  声学产品的性能曾经只能靠某些"金耳朵"的主观听音来判定,曾被视作玄学。但现在声音也有了很多客观指标,如 F0、THD、SPL、Impedence 等,并可用专业仪器(如 AP、Sound Check 等)来评判。

  当今世界上的大多数微型扬声器(包括手机扬声器、笔记本电脑扬声器、Pad 扬声器和耳机扬声器等)是在中国的工厂里生产的。随着手机、笔记本电脑、Pad 等电子产品越来越轻薄和高性能,微型扬声器也成为一种精密的电子器件。苹果、三星、华为、小米、戴尔等大公司的电子消费产品的扬声器主要生产份额由几家扬声器生产大厂所垄断,呈现出高质量、规格众多和更新换代快等特点,对扬声器的设计和生产的知识密集度以及专业化程度都提出了很高的要求。但业内和网上与扬声器相关的知识多以工艺为主,且较零碎,还未见专门系统介绍其设计和仿真知识的书籍。

  微型扬声器虽然尺寸不大,且基本每年都会更新一代,但作为一个结构驱动的产品,其各个结构尺寸都需要精心设计,并通过仿真和试验尽量优化至最优性能,且需满足一系列严苛的可靠性试验的要求。作为大批量生产的产品,每一个微型扬声器都要通过仪器测试,如何尽量提高良率是对设计和工艺的严格考验。所以虽然微型扬声器不算一种新产品,但业内一直都在设法提升其设计和仿真的方法。

  本人在微型扬声器领域已经工作了 10 年,先后在楼氏电子(中国)有限公司、信维通信有限公司和立讯声学有限公司从事扬声器设计和仿真方面的工作,参与过苹果、三星、华为、小米、杜比等各大品牌手机和笔记本电脑扬声器的研发,现将工作中用到的扬声器建模和仿真计算的方法做一总结,与大家共同探讨。

  微型扬声器行业除了要用 3D 设计软件进行结构设计,还需要用到多款仿真软件进行声学和结构仿真以优化设计。常用的声学性能仿真软件有 Comsol 和 Micro-Cap,力学仿真软件有 Comsol 和 Abaqus。这几款软件在本书中都将通过实例介绍其操作。

  微型扬声器的设计过程一般可分为:架构设计—结构设计—振膜设计。本书将首先介绍微型扬声器和声学指标的相关基础知识,然后讲述扬声器架构设计和公差分析的相关知识,再介绍用 Pro/E 设计三款典型振膜的画法。仿真方面将讲述如何用仿真软件 Micro-Cap 进行扬声器整体声学性能仿真,并分别用 Abaqus 和 Comsol 进行扬声器振膜 K_{ms} 曲线仿真,以及如何用 Comsol 进行 Bl 曲线、Z_b 曲线和 SPL 曲线仿真的方法。

  本书可以看作是一份我在扬声器设计工作中所用知识和经验的总结,感谢在工作和学习过程中帮助过我的同事,也非常感谢帮助出版的清华大学出版社的领导和编辑!

作者

2022 年 3 月

各章二维码

第 2 章文件包

第 3 章文件包

第 4 章文件包

第 5 章文件包

第 6 章文件包

第 7 章文件包

第 8 章文件包

第 9 章文件包

第 10 章文件包

目 录

CONTENTS

第*1*章

扬声器和受话器简介

扬声器和受话器都是微型扬声器,只是它们的功能不同,功率和尺寸也不相同。本章将介绍它们的区别、分类以及相关的声学测试指标,使大家对它们有个直观的认识。

1.1　扬声器和受话器的区别

1.1.1　扬声器和受话器的功能区别

本节以一个直板手机的简图来说明扬声器(speaker)和受话器(receiver)在手机中的位置,如图 1.1.1 所示。

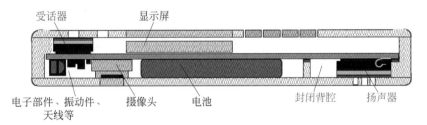

图 1.1.1　手机简图

位于手机上部,通话时贴着人耳的是受话器,出声孔位于手机前部。它的额定功率小(10～30 mW),声音也小,发出的声音只有通话者能听见。

受话器装在手机里时,它的振膜前方与手机前壳之间形成一个空腔,叫作前腔。手机的声学性能不仅取决于受话器本身的声学性能,还受前腔形状的较大影响。

扬声器的出声孔位于手机下部(扬声器盒侧出声)或后部,额定功率比较大(500 mW～1 W),声音也大,为手机播放音乐或非手持通话时的发声部件。

扬声器装在手机里时,它的振膜后方与手机部件之间也形成一个空腔,叫作后腔。手机的声学性能不仅取决于扬声器本身的声学性能,还受前腔、后腔体积和形状的较大影响。

为了提高音质,高端手机(如 iPhone 系列)会把受话器和前腔结合在一起,封在一个塑料腔内成为一个整体;也会把扬声器和前腔、后腔结合在一起成为一个整体,叫作扬声器盒(speaker box)。这样手机的声学性能更稳定,也更便于调节。

笔记本计算机和平板计算机里也有扬声器和扬声器盒,不过比手机里的扬声器尺寸更大一些,额定功率也更大一些。

下面各介绍一款典型的受话器、扬声器和扬声器盒的模型,如图1.1.2所示。

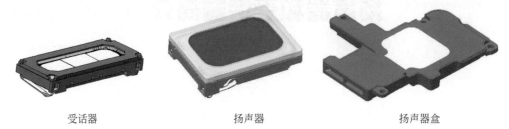

受话器　　　　　　　　　扬声器　　　　　　　　　扬声器盒

图1.1.2　微型扬声器模型

1.1.2　扬声器和受话器的参数区别

扬声器和受话器的主要参数对比见表1.1.1。

表 1.1.1　扬声器和受话器的主要参数对比

特 征	扬 声 器	受 话 器	扬 声 器 盒
灵敏度(声音大小)	较大	较小	较大
额定功率	500 mW～1 W	10～30 mW	500 mW～1 W
系统共振频率(F0)	800～1000 Hz	250～500 Hz	800～1000 Hz
阻抗	8 Ω	32 Ω	8 Ω
尺寸	较大	较小	最大
装在手机里	带后腔	带前腔	带前腔和后腔

1.2　扬声器和受话器的分类

早期的扬声器多为圆形,尺寸也较大,比如直径为16 mm和13 mm的扬声器。现在随着手机、笔记本计算机等电子产品的轻薄化,为了充分利用产品里有限的空间,扬声器和受话器多为方形;扬声器盒为了充分增大后腔体积以提高性能,形状多不规则。

1.2.1　受话器结构简图

常见的受话器尺寸有:8 mm×15 mm×1.5 mm、6 mm×15 mm×2 mm、9 mm×15 mm×2 mm等。一款6×15×2的受话器模型如图1.2.1所示。其内部结构的纵向剖面图如图1.2.2所示。其内部结构的横向剖面图如图1.2.3所示。

这款受话器可以拆分成8个零部件,爆炸图如图1.2.4所示。

正面   背面

图 1.2.1 6×15×2 受话器模型

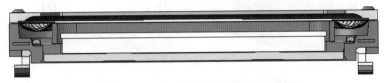

图 1.2.2 6×15×2 受话器纵向剖面图

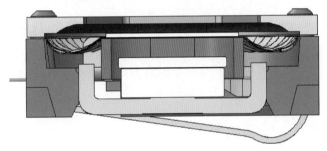

图 1.2.3 6×15×2 受话器横向剖面图

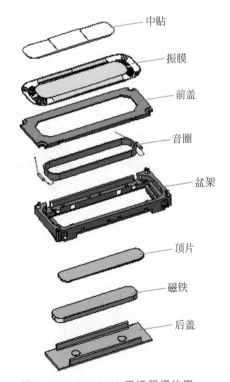

中贴
振膜
前盖
音圈
盆架
顶片
磁铁
后盖

图 1.2.4 6×15×2 受话器爆炸图

1.2.2　扬声器单体结构简图

常见的扬声器尺寸有：11 mm×15 mm×3 mm、9 mm×12 mm×3 mm 等。一款 11×15×3 的扬声器模型如图 1.2.5 所示。

正面　　　　　　　　　　　　　　　背面

图 1.2.5　11×15×3 扬声器模型

如图 1.2.5 所示，不带前腔、后腔的扬声器与受话器形状相似，都为长方形，但扬声器的尺寸更大。更大的空间可以装更大的磁铁，导线更粗，线圈的电阻更小，而工作电压更高；这样电磁驱动力更大，推动振膜发出的声音也更大。这种不带前腔、后腔的扬声器也叫作单体。

1.2.3　扬声器盒结构简图

包括前腔、后腔的扬声器叫作扬声器盒，分为嵌入式和一体式两种。将有独立盆架的扬声器单体封装在一个包括前腔、后腔的盒子里就是嵌入式扬声器盒；如果振膜和磁路直接粘在扬声器盆架上，没有单独的单体单元，就是一体式扬声器。

iPhone 6 手机里的扬声器盒是一款一体式扬声器盒。它的最大尺寸约为 36 mm×32 mm×4.2 mm，模型如图 1.2.6 所示。

正面　　　　　　　　　　　　　　　背面

图 1.2.6　iPhone 6 扬声器盒模型

前述的扬声器与手机零部件间的后腔较大，一般为 1 CC（1 CC＝1 cm^3）。而 iPhone 6 扬声器盒里的后腔仅为 0.4 CC 左右。由于后腔体积大一些系统共振频率会更低一些（低音效果更好），也更容易减小声音失真度。为了使后腔最大化，它还有一个侧臂以充分利用手机里的那一部分空间。其内部结构的纵向剖面图如图 1.2.7 所示。其内部结构的横向剖面图如图 1.2.8 所示。

一款 12×16 嵌入式扬声器盒及其剖面图如图 1.2.9 所示。

其中的单体单元如图 1.2.10 所示，它有独立的框架，可单独测试。

图 1.2.7　iPhone 6 扬声器盒纵向剖面图

图 1.2.8　iPhone 6 扬声器盒横向剖面图

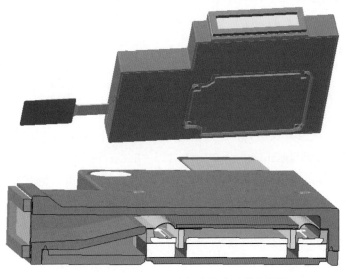

图 1.2.9　12×16 嵌入式扬声器盒及其剖面图

图 1.2.10　12×16 嵌入式扬声器盒的单体单元

1.3　扬声器和受话器的声学测试指标

人耳对声音的感受主观性很强,但大批量生产的扬声器不能仅靠一些人的"金耳朵"来检测质量。一条全自动生产线一个班(8 h)能生产 12 万片扬声器,为了保证质量,每一个扬声器生产出来都要进行检测,把不合格产品去除。所以生产线需要通过专用的声学测试设备用一些客观标准来进行产品检测。

在听觉上声音常用响度、音调和音色三个主观参量来描述,在物理上相应地用声压的幅度、频率和频谱这三个客观参量来描述,俗称声音三要素;在产品测试中,相应地用灵敏度(SPL)、系统共振频率(F0)和失真度(THD、HOHD 和 RB)来描述产品的声学性能。

1.3.1　灵敏度与响度的关系

1. 响度

响度俗称音量,是指人耳对声音强弱的主观感受。其计量单位是宋(sone),定义频率为 1 kHz、声压级为 40 dB 纯音的响度为 1 sone。

2. 声强与声压

定义单位时间内通过垂直于声波传播方向的单位面积的能量(声波的能量流密度)为声强,用 I 表示。声强的单位是 W/m^2。

声音的强度用能量表示就是声强,用压力表示就是声压,二者关系为 $I = p^2/(\rho v)$。式中 p 为声压[此时 p 为有效值,若 p 为幅值,则 $I = p^2/(2\rho v)$],ρ 为介质密度,v 为声速。对空气来说,$\rho_0 = 1.293$ kg/m^3,$v_0(t\,℃) = 331.6 + 0.6\,t$ (m/s)。

人耳有一个奇怪的特点,主观感受的响度并不是正比于声压的绝对值,而是大体上正比于声压的对数值。为此,在声学中还用声压级来描述声波的强弱,用符号 SPL 表示,单位为分贝(dB)。声压级定义如下:

$$SPL = 20\lg \frac{p_e}{p_r}(dB)$$

式中,p_e 为声压有效值,p_r 为参考声压。正常人能听到的最弱声音约为 2×10^{-5} Pa,称为参考声压,用符号 p_r 表示。可见,人耳能听到的最弱声音,即参考声压级为 0 dB。

3. 扬声器的 SPL 曲线

在同样电功率下,扬声器在不同频率下能获得的 SPL 是不一样的,这是扬声器的固有物理特性。利用实验方法,测得一组扬声器声压级与频率之间的关系曲线,称为 SPL 曲线。一款 6×15×2 受话器的 SPL 曲线如图 1.3.1 所示。

1.3.2　系统共振频率与音调的关系

1. 音调

音调又称音高,是指人耳对声音音调高低的主观感受。音调主要取决于声音的基波频率,基频越高,音调越高;同时还与声音的强度有关——大体上,2000 Hz 以下的低频纯音的音调随强度的增加而下降,3000 Hz 以上高频纯音的音调随强度的增加而上升。

音调的单位是美(mel):取频率为 1000 Hz、声压级为 40 dB 的纯音的音调作为标准,称为 1000 mel。另一些纯音,听起来调子高一倍的称为 2000 mel,调子低一半的称为 500 mel,以此类推,可建立起整个可听频率内的音调标度。

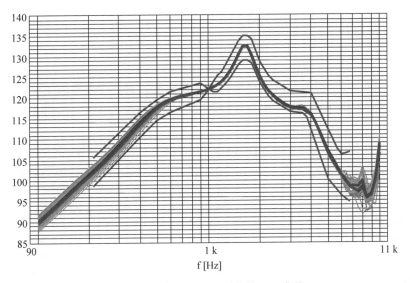

图 1.3.1　6×15×2 受话器的 SPL 曲线

2. 扬声器的共振频率

扬声器的共振频率 F0 的高低变化使得在相同功率下、相同频率的电信号得到的声音的强弱不一样。F0 低的扬声器低音较强，而 F0 高的扬声器高音较强。

产品测试中通过测试电阻与电信号频率的关系曲线来测试 F0，电阻曲线的最高峰对应的频率点即扬声器的共振频率 F0，一款 6×12×2 受话器的电阻曲线如图 1.3.2 所示。其中蓝线代表的样品 F0 为 415 Hz，红线和绿线代表的样品 F0 为 460 Hz。

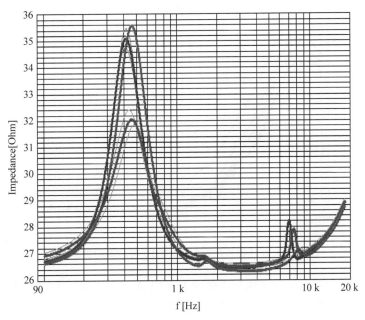

图 1.3.2　6×12×2 受话器的电阻曲线

1.3.3　失真度与音色的关系

1. 音色

音色也称为音品，是指人耳对声音特色的主观感受。音色主要取决于声音的频谱结构，还与声音的响度、音调、持续时间、建立过程及衰变过程等因素有关。因而音色比响度、音调更复杂。

声音的频谱结构用基频、谐频数目、幅度大小及相位关系来描述，不同的频谱结构有不同的音色。例如钢琴和黑管演奏同一音符时，其音色是不同的，这是因为它们的谐频结构不同。

2. 扬声器失真度

理想的扬声器要能完全还原电信号的频率。但扬声器与钢琴和黑管一样，作为乐器会有自身的频谱结构。当输入一个电信号时，扬声器除了产生一个同样频率的基频声音，还会产生很多高频谐波声，这一关系如图 1.3.3 所示。

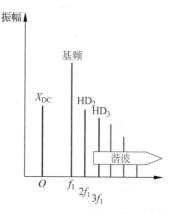

图 1.3.3　电信号与声信号的谐波

谐波失真是由系统的非线性造成的，大小用新增加的各谐波平方和的均方根与原信号的比值表示。失真在 1% 以下，耳朵听不出来；超过 10% 就能听出明显的失真成分。

一款 $6 \times 15 \times 2$ 受话器的 THD 与频率的关系曲线如图 1.3.4 所示。

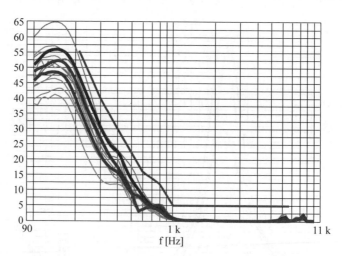

图 1.3.4　$6 \times 15 \times 2$ 受话器的 THD 与频率的关系曲线

高端手机扬声器盒的失真又细分为低频失真（THD）和高频失真（HOHD），其值比普通扬声器的失真更低。低频失真一般包括 5 次以下的失真成分，而高频失真则包括 5～15 次的失真成分。

iPhone 6S 扬声器盒的 THD 曲线如图 1.3.5 所示。

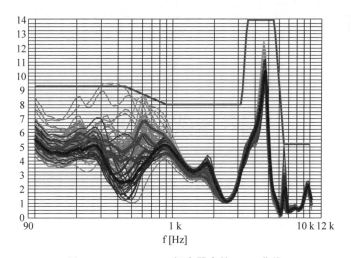

图 1.3.5 iPhone 6S 扬声器盒的 THD 曲线

iPhone 6S 扬声器盒的 HOHD 曲线如图 1.3.6 所示。

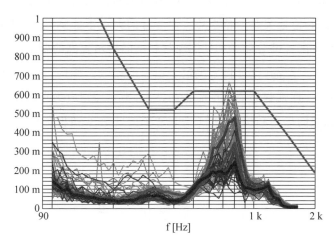

图 1.3.6 iPhone 6S 扬声器盒的 HOHD 曲线

需要注意的是,随着功率的增大,扬声器的非线性也增大,其还原声音的失真度也增大。如何降低失真度是仿真重点要解决的问题之一。

在新扬声器开发的过程中,新产品一方面要参照类似的老产品进行设计,另一方面还要边设计边进行仿真分析,最后通过样品测量和调试,争取达到最好的产品性能和良率。本书后续会介绍一系列的设计工具和仿真软件的操作。

第 2 章

扬声器架构设计

扬声器是一个结构推动的产品。调整声学性能可依据很多理论,还需要做很多方面的试验和仿真,但归根结底是由产品各部分的材料和尺寸所决定。手机的发展趋势是越来越轻薄,扬声器也随之相应地要越来越小巧。但声音的大小不能降低,音质还要越来越好,这就对如何更合理地分配各部分尺寸和使用新材料不断提出更高的要求。

作为大批量生产的产品,生产良率决定了项目的成败。架构设计的合理性还决定了工艺窗口的大小,设计合理则容易提高产品生产良率,不合理则成为提高良率的瓶颈。所以架构设计不能只看理想的产品结构,还要考虑制造工艺的公差和将扬声器装配在手机里带来的影响。

2.1 扬声器架构设计需要确定的主要尺寸

扬声器工作时,线圈带动振膜(membrane)上下运动。所以在架构设计中,竖直方向上需要防止线圈(coil)向下运动时与磁路底片(pot)碰撞,振膜向下运动时与内磁顶片(top plate)碰撞,振膜向上运动时与扬声器上盖(cover)碰撞,以及中贴(plate)向上运动时超出扬声器顶面。相应地,需分配好的尺寸为:线圈与磁路底片间距(coil-pot distance)、振膜与内磁顶片间距(excursion max(−))、振膜与扬声器上盖间距(excursion max(+))。此处的excursion max 指的是振膜中心平面工作中的最大位移。

扬声器架构设计中横向的主要尺寸是线圈与内、外磁铁顶片之间的间隙(coil air gap)。扬声器架构设计的主要尺寸简图如图 2.1.1 所示。

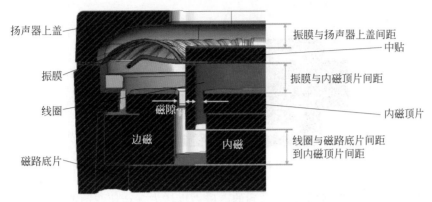

图 2.1.1　扬声器架构设计的主要尺寸简图

2.2　影响扬声器架构设计竖向尺寸的主要因素

2.2.1　线圈的最大运动位移与灵敏度之间的平衡

扬声器设计的第一个目标是使较小的产品能发出较大的声音,故扬声器应具有尽可能高的灵敏度。扬声器灵敏度(sensitivity,或 SPL_{ref})是在自由场中 1 W、1 m 处的声压级。如果把扬声器看作一个点声源,在扬声器输入电功率为 1 W 时,距离为 1 m 的球形壳状空间上,灵敏度(SPL_{ref})的计算公式为

$$SPL_{1W,1m} = 20lg\left(\frac{Bl \times S_d}{\sqrt{R_e \times M_{ms}}} \frac{\rho}{2\pi} \frac{1}{p_{ref}}\right)$$

式中,B 为线圈在磁场中的平均磁感应强度,l 为线圈中导线的总长度,S_d 为振膜的等效平动面积,R_e 为线圈电阻,M_{ms} 为振动系统总质量,ρ 为空气密度,p_{ref} 为参考声压,值为 2×10^{-5} Pa。

扬声器灵敏度的计算公式还可简化为

$$SPL_{ref} = 20lg\frac{Bl \times S_d}{\sqrt{R_e \times M_{ms}}} + 79.45$$

测试距离减少一半,灵敏度增加 6 dB。自由场和障板相差 6 dB。功率增加至一倍,灵敏度增加 3 dB。

由公式可见,当 B 增大时 SPL 增大。而由仿真得知,磁场中的磁感应强度 B 与磁铁的体积成正比。当磁铁的长、宽尺寸都固定后,磁感应强度 B 就与磁铁的厚度成正比。故架构竖向尺寸设计中要为磁铁厚度留出尽可能多的空间。

但磁感应强度还受到磁铁顶片和底片厚度的制约。

磁力线通过磁铁和磁铁顶片、底片形成一个回路(图 2.2.1),磁铁顶片间的磁感应强度决定了线圈中的磁感应强度。如果磁铁顶片或底片过薄,磁力线在其中饱和了的话,则线圈中的磁感应强度达到上限,再厚的磁铁也不能提高它了。

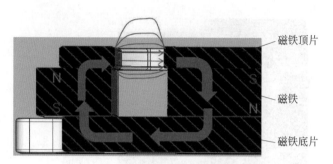

图 2.2.1　磁力线回路简图

当线圈中的磁感应强度增大,它受到的电磁力也增大。这使线圈能通过振膜推动空气发出更大的声音,即扬声器灵敏度增大;但扬声器运动系统的位移也会增大,需要防止运动系统与固定部分的碰撞,因为碰撞会使回放的声音信号产生严重的失真。扬声器运动系统的位移大小与电信号的频率有关,计算公式如下:

$$|X| = \frac{F/m}{\sqrt{(\omega_0^2 - \omega^2)^2 + \left(\dfrac{\omega\omega_0}{Q_m}\right)^2}}$$

式中,$|X|$ 为运动系统上、下位移的幅值之和,F 为电磁力($B \times l \times i$),m 为运动系统(线圈、振膜和中贴)的质量之和,ω_0 为运动系统的共振频率,ω 为电信号频率。

$$Q_m = \frac{m \cdot \omega_0}{R}$$

式中,R 为系统阻尼。

在扬声器高度总尺寸已定的情况下,为了增大产品灵敏度,需要尽可能增大磁路(磁铁和上、下顶片厚度之和)的尺寸;为了防止碰撞,还需要在磁路上方留出运动位移的足够空间(excursion max(+)和 excursion max(-))。这二者之间的平衡就是一款扬声器在竖直方向上合理的架构设计。

2.2.2　总运动位移的大小和上、下位移的不对称性

1. 总运动位移的仿真误差

在做初始设计时,扬声器运动系统的总位移大小可以由 Micro-Cap 模型进行仿真得到,如图 2.2.2 所示。

但 Micro-Cap 仿真难以一开始就得到精确结果。理论计算后,还需对计算结果根据经验值进行一些修正,而且后续还需根据实验结果对一些参数进行调整。

实验中发现,在其他条件相同的情况下,振膜材料也会对运动位移的大小产生明显影响。振膜材料刚度较大的,运动系统位移较小;振膜材料阻尼较大的,运动系统位移较小。

另外,扬声器背腔的封闭情况也对运动系统位移影响较大。背腔上的出气孔较大的,运动系统位移也较大。

下面以一款 $6 \times 12 \times 2$ 扬声器为例说明振膜材料刚度对运动系统总位移的影响。它在实验中使用了设计一样但材料不同的两种振膜。一种振膜材料是 TPEE,杨氏模量

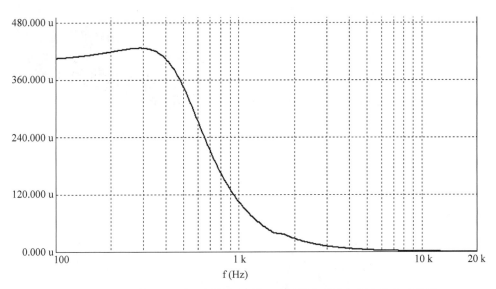

图 2.2.2　Micro-Cap 仿真得到的扬声器运动系统总位移与频率的关系曲线

240 MPa，位移曲线为图 2.2.3 中蓝线；另一种振膜材料为 PEI，杨氏模量 2500 MPa，位移曲线为图中绿线。这两款振膜做成的产品背腔都是全封闭的。用激光测量了运动系统的总位移，对比如图 2.2.3 所示。

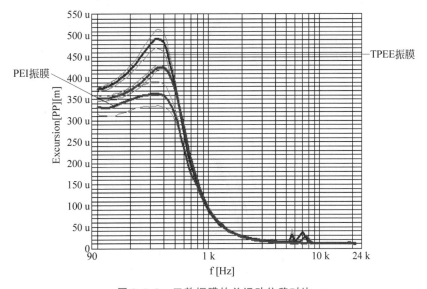

图 2.2.3　三款振膜的总运动位移对比

可见虽然 TPEE 材料的阻尼比 PEI 材料的要大，但由于 PEI 的杨氏模量高很多，使用 PEI 振膜的扬声器总运动位移要小得多。

2. 上、下运动位移的不对称

不带前腔、后腔体的扬声器，上、下运动位移对称为比较理想的情况。但为了调整声学性能，常在扬声器背面和侧面设置一些出气孔（ventin hole），而出气孔的设置会导致运动位

移不对称。扬声器出气孔的设置如图 2.2.4
所示。

图 2.2.4　扬声器背面和侧面的出气孔的设置

另外扬声器振膜刚度与位移的关系曲线
（K_{ms} 曲线）的对称性也会影响上、下运动位移
的不对称。当振膜 K_{ms} 曲线在正方向数值小，
负方向数值大时，振膜的运动位移就会正方向
大，负方向小；反之亦然。

下面再以这款 $6 \times 12 \times 2$ 扬声器为例说明出声孔和振膜 K_{ms} 曲线对运动系统上、下位
移的影响。用激光测量了运动系统的总位移，对比如图 2.2.5 所示。

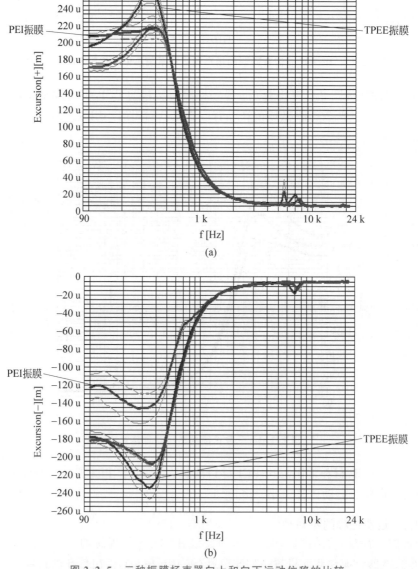

图 2.2.5　三种振膜扬声器向上和向下运动位移的比较

（a）向上振幅；（b）向下振频

由图 2.2.5 可见,用 TPEE 或 PEI 振膜做的样品向上的运动位移都大于向下的运动位移。这是因为背腔封闭,振膜向下运动时压缩空气,受到了空气阻力。所以虽然在仿真中振膜的 K_{ms} 曲线比较对称,但整个系统的 K_{ms} 曲线最低点却严重偏向了正方向。这导致了灵敏度的损失和失真度的升高。

比较理想的情况是运动系统的位移曲线如图 2.2.5 中红线所示,它的上、下运动位移对称。它是在背腔上有出气孔时用 PEEK 振膜做的样品。PEEK 振膜的杨氏模量与 PEI 一样,都是 2500 MPa。但因为背腔上有出气孔,所以用 PEEK 振膜做的样品总运动位移比背腔封闭的 PEI 振膜做的样品总运动位移大一些,如图 2.2.5 所示,它的灵敏度比另两种膜做成的样品都要高一些。

由此可见,架构设计预留运动系统振动空间时,不仅要考虑驱动力的大小和运动系统质量,还要考虑振膜(运动系统的悬挂装置)的特性和背腔中空气的阻力。设计微型扬声器时一般不会将后腔全封闭,而是会留出声孔。

2.2.3　扬声器里零部件的公差和扬声器顶盖的受压变形量

扬声器里的零件不多,但各零部件的制造和装配公差累积也可达 0.06 mm 以上,这会影响振动系统的运动空间。

扬声器装在手机里时会受到一定的压力,通常为 5 N、10 N 或 15 N,这会使扬声器前盖产生一定的向下变形。比如一款 11×15×3 扬声器,它受到 15 N 的压力后,其 PC 塑料前盖会产生 0.07 mm 的向内变形,从而使振动系统的运动空间减小。

这两种情况的具体分析见 2.4 节的详述。

2.3　影响扬声器架构设计横向尺寸的主要因素

2.3.1　内磁横向尺寸与振膜折环宽度之间的平衡

由灵敏度计算公式可知,要增大灵敏度就要增大磁感应强度(B)。而 B 与磁铁体积成正比。故尽量增大磁铁体积除了增加磁铁厚度,还需增加磁铁的横向尺寸。以一款 6×15×2 的受话器为例,绿线为用 10.8×2.3×0.58 的大内磁铁做的样品的 SPL 曲线,红线和蓝线为用 10.6×2.1×0.58 的小内磁铁做的样品的 SPL 曲线,如图 2.3.1 所示。

大内磁样品与小内磁样品都采用了 PEEK 材料的振膜和同等高度的磁铁。在其他地方大内磁样品的 SPL 只比小内磁样品高 0.5 dB,但因为有更高的 B,所以大内磁样品可以采用更厚(更重)的中贴。更厚的中贴使得大内磁样品的高频截止频率达到了 8 kHz,比采用小内磁样品的高频截止频率高了 2 kHz。如果小内磁样品也采用与大内磁样品同样厚度的中贴,则其他频段的 SPL 会比大内磁样品低得更多。

但在扬声器框架尺寸已定的情况下,增大内磁体积则振膜折环宽度必须减小。折环宽

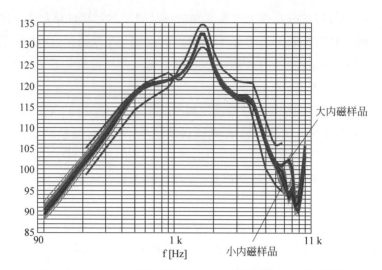

图 2.3.1　大、小内磁铁做的 6×15×2 受话器的 SPL 曲线比较

度减小,则振膜的 K_{ms} 曲线线性变差,三次谐波失真也增高。故目前振膜折环宽度最小不能小于 0.9 mm。在磁铁横向尺寸与振膜折环宽度间需取一平衡。6×15×2 受话器内磁铁与振膜折环的位置关系如图 2.3.2 所示。

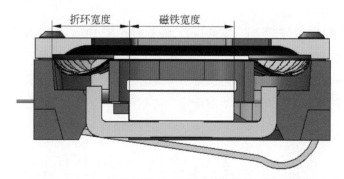

图 2.3.2　6×15×2 受话器内磁铁与振膜折环的位置关系

2.3.2　磁铁与线圈之间的间隙

由仿真和实验结果可知,当磁铁与线圈之间的间隙(简称磁间隙)减小时,线圈中的磁感应强度 B 会明显增大。

但当线圈装配在磁路中时,总会有不同程度的偏心;线圈振动时还会发生不同程度的偏转。磁间隙太小,线圈运动时容易触碰上磁铁,这会导致声音的高频失真(HOHD 和 RB),如图 2.3.3 所示。

磁间隙大一些,高频失真的产品就少一些。故目前微型扬声器的磁间隙一般设置为 0.10~0.18 mm。产品尺寸小的受话器,磁间隙也可设计小一些;产品尺寸大一些的扬声器,磁间隙也需设计地相应大一些。

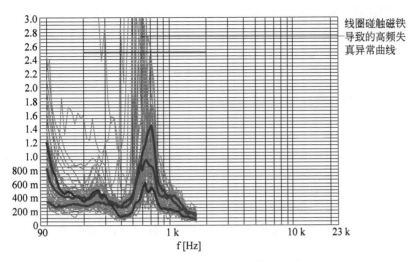

图 2.3.3　iPhone 6S 扬声器盒的高频失真曲线

2.4　扬声器公差分析

2.4.1　公差分析的流程和两种算法

扬声器里的零件不多,但各零部件的制造和装配公差累积也可达 0.06 mm 以上,这会影响到振动系统的运动空间。在架构设计中也需预留相应空间,具体数值由公差分析确定。公差分析是用统计的方法来计算零件或装配体与设计尺寸的总体偏差。装配体需确定的由零件公差带来的总体偏差如图 2.4.1 所示。

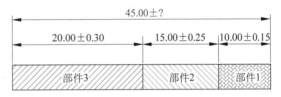

图 2.4.1　零件公差带来的装配体总体偏差

公差分析有两种算法:最坏情况(worst case model,WC)模型算法、均方根和模型(root sum of squares model,RSS)算法。它们的区别见表 2.4.1。

表 2.4.1　两种公差分析算法的区别

算　　法	WC 模型	RSS 模型
假设条件	所有尺寸都在公差范围内	所有尺寸符合正态分布 所有尺寸在统计上都是独立的 所有尺寸的分布都是非偏的 所有尺寸都有同样数量的标准偏差(σ 或 s) 所有尺寸公差都以两侧相等的数表示
风险	零件多时,WC 算法需要单个零件的公差很小	如果一些尺寸不符合假设条件,分析结果的可靠性降低
其他	出现最差情况的装配的概率很少,适用于少量生产	比 WC 算法制造成本更低,适用于大批量生产

公差分析的流程一般如下：

（1）建立装配模型；

（2）建立尺寸回路图；

（3）把所有尺寸转换成带相等上、下公差数的尺寸；

（4）计算需求的名义值；

（5）确定分析的方法；

（6）计算需求的变量。

2.4.2　用最坏情况模型计算公差

按 WC 模型设计能使产品 100% 不发生干涉，但要求每种零件的公差分布范围都很小，故零件加工成本很高。所以它一般适用于产品中零件数较少，产品数量也较少的情况。下面举例说明。

（1）建立装配模型。

要将三个零件顺利装入部件 4 中，要求它们装入后与部件 4 之间留有间隙，如图 2.4.2 所示。

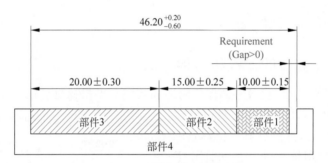

图 2.4.2　四个部件的装配模型

（2）建立尺寸回路图。

以左侧部件 3 和部件 4 的贴合面为基准面，向右的方向为正方向，向左的方向为负方向；并将装配体总尺寸记为正数，零件尺寸记为负数，则尺寸 Ⅰ + Ⅱ + Ⅲ + Ⅳ + Ⅹ = 0，如图 2.4.3 所示。

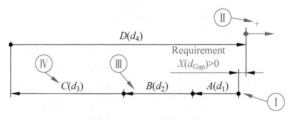

图 2.4.3　尺寸回路图

（3）把所有尺寸转换成带相等上、下公差数的尺寸。

从功能上来说，图 2.4.4 中的三种公差标注法有同样的含义。但在公差分析中，需取最上面那种标法，即 46.00 ± 0.40。

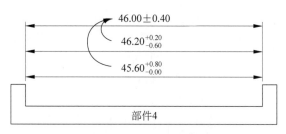

图 2.4.4 三种公差标注法有同样的含义

（4）计算间隙的名义尺寸。

名义尺寸是指不考虑公差的尺寸。间隙的名义尺寸计算公式为

$$d_{\text{Gap}} = \sum_{i=1}^{n} d_i$$

$$\Rightarrow d_{\text{Gap}} = -10.00 - 15.00 - 20.00 + 46.00 = 1.00$$

（5）计算间隙的公差。

四个零件的公差都取最大值或最小值时，总偏差

$$T_{\text{tot}} = 0.15 + 0.25 + 0.30 + 0.40 = 1.10$$

所以最大间隙为

$$X_{\text{max}} = d_{\text{Gap}} + T_{\text{tot}} = 1.00 + 1.10 = 2.10$$

最小间隙为

$$X_{\text{min}} = d_{\text{Gap}} - T_{\text{tot}} = 1.00 - 1.10 = -0.10$$

这说明还需将间隙的名义尺寸增大 0.1 mm，或将零件的总偏差减小 0.1 mm，才能保证所有装配体间隙大于零。

2.4.3 用均方根和模型计算公差

2.4.2 节提到，用 WC 模型做公差分析间隙有可能为负值时需将间隙名义尺寸增大或将零件的公差减小。但增大间隙名义尺寸可能导致很多零件间隙过大，提高零件的公差等级又会带来更高的制造成本，而且实际上出现各零件公差都为正向最大值或为负向最大值的概率很小。

为了均衡这些因素，在大批量生产中常用均方根和（RSS）模型来计算公差。RSS 模型不仅能算出总偏差的范围，而且能算出失效产品的比例。

1. 零件尺寸的正态分布

零件尺寸（也包括其他指标）的随机误差符合统计学上的正态分布，如图 2.4.5 所示。

其中平均值的计算公式为

$$\bar{x} = \frac{x_1 + x_2 + \cdots + x_N}{N}$$

也即 μ。

标准差的计算公式为

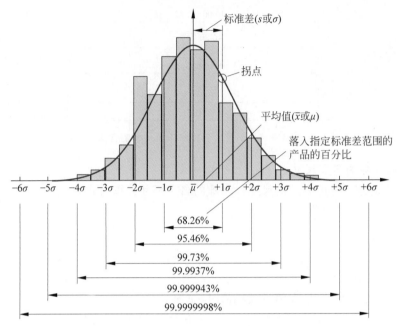

图 2.4.5　大量产品指标的正态分布

$$s = \sqrt{\dfrac{\displaystyle\sum_{i=1}^{n}(X_i - \overline{X})^2}{n-1}}$$

也即 σ。

　　图 2.4.5 中横坐标是产品的总公差范围,竖坐标是公差在某一范围内的产品的百分比。由图可见,符合正态分布的集合,百分比最高的部分位于平均值左右,而位于公差范围边缘的产品很少。

　　当考虑平均值可能含有 1.5σ 的偏移后,若产品的半个公差范围内包含 6 倍标准差($T=6s$),每一百万次机会中出现缺陷的概率只有 3.4(相当于正态分布超过 4.5σ 外的单侧概率)。

　　由符合正态分布的一些零件组装起来的装配体,其尺寸也符合正态分布。

2. 实际工艺制程能力的衡量

　　上面提到,若产品的半个公差范围内包含 6 倍标准差,且产品指标的平均值等于设计值,则产品指标的百分比分布如图 2.4.5 所示。

　　但一批产品实际的工艺制程常常达不到使产品的半个公差范围内包含 6 倍标准差的能力,即指标分布的集中度要差一些;产品指标的平均值也与设计值会有偏差。衡量实际工艺制程能力的指标是 P_{pk}(process performance index),计算公式为

$$P_{\mathrm{pk}} = \min\left(\frac{\mathrm{mean} - \mathrm{LSL}}{3 \times s_{\mathrm{LT}}}, \frac{\mathrm{USL} - \mathrm{mean}}{3 \times s_{\mathrm{LT}}}\right)$$

式中,mean 是这批产品的平均值,s_{LT} 是产品长期的标准差,LSL 是指标下限值,USL 是指标上限值。

产品平均值与设计值的偏差对 P_{pk} 的影响如图 2.4.6 所示。

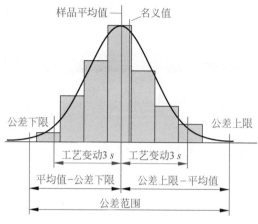

图 2.4.6　P_{pk} 算式示意图

产品指标在名义值附近的集中度越高,即在公差范围内产品能取得的标准差数量越多,P_{pk} 就越高。当 $T=6s$ 时,$P_{pk}=2$。扬声器中金属件和塑胶件的 P_{pk} 可达 1.33,而胶层的厚度 P_{pk} 只能达到 1。

产品指标集中度对 P_{pk} 的影响如图 2.4.7 所示。

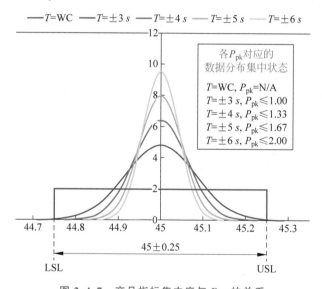

图 2.4.7　产品指标集中度与 P_{pk} 的关系

当考虑平均值可能含有 1.5σ 的偏移后,若产品的半个公差范围内包含 6 倍标准差($T=6s$),则每一百万次机会中出现缺陷的概率只有 3.4(相当于正态分布超过 4.5σ 外的单侧概率),此时 $P_{pk}=2$。

3. 建立一个扬声器装配模型和尺寸回路图

下面以 iPhone 5S 的扬声器盒里振膜与内磁顶片间的距离 X 为例来分析说明 RSS 算法,如图 2.4.8 所示。

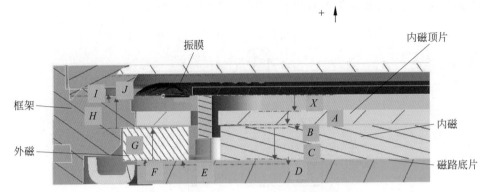

图 2.4.8　iPhone 5S 的产品剖面图

以产品上方为正向,振膜与内磁顶片之间的距离 X 的计算公式为

$$X = -A - B - C - D + E + F + G + H + I + J$$

式中,A 为内磁顶片的厚度,B 为内磁顶片底面(top plate bottom surface)与内磁上表面(inner magnet top surface)之间胶层的厚度,C 为内磁铁(inner magnet)的高度,D 为内磁铁底面(magnet bottom surface)与磁路底片上表面(pot top surface)之间胶层的厚度,E 为磁路底片的平面度,F 为磁路底片上表面与外磁铁下表面(outer magnet bottom)之间胶层的厚度,G 为外磁铁(outer magnet)的厚度,H 为塑胶框架(frame)的台阶厚度,I 为框架顶面(frame top surface)与振膜底面(membrane bottom surface)之间胶层的厚度,J 为振膜底面的平面度。

4. 计算距离的名义尺寸

请扫文前第 2 章文件包二维码下载,用其中的“公差分析”可以快速帮我们完成计算,只需将相应数值填入表格中即可。

$$X = -A - B - C - D + E + F + G + H + I + J$$
$$= -0.3 - 0.015 - 0.75 - 0.015 + 0 + 0.015 + 0.75 + 0.7 + 0.015 + 0$$
$$= 0.4$$

5. 计算距离的偏差

装配体的标准差与零件的标准差有如下关系:

$$s_{\text{tot}}^2 = s_1^2 + s_2^2 + s_3^2 + s_4^2$$

由此可推导出装配体的偏差与零件的偏差有如下关系:

$$T_{\text{tot}} = \sqrt{\sum_{i=1}^{n} T_i^2}$$

在“公差分析”表中填入各零件尺寸的名义值、公差和 P_{pk},即可得到振膜与内磁顶片距离的总偏差 $T_{\text{tot}} = \pm 0.09$。

所以最大距离为

$$X_{\max} = d_{\text{Gap}} + T_{\text{tot}} = 0.4 + 0.09 = 0.49$$

最小距离为

$$X_{\min} = d_{\text{Gap}} - T_{\text{tot}} = 0.4 - 0.09 = 0.31$$

在"公差分析"表中设定距离下限为 0.32 mm,可直接读出这一距离的 P_{pk} 为 1.24,失效率为百万分之九十七。

2.4.4 WC 模型和 RSS 模型的计算结果比较

如果每个零件的公差都是 ±0.1,则用两种模型算出的装配体的公差 T_{tot} 以及它们的差异如图 2.4.9 所示。图中横坐标是零件数量。故一般尺寸链中包含以下 4 个尺寸,且加工工艺的能力未知(P_{pk} 未知)的情况下采用 WC 模型进行计算;反之采用 RSS 模型进行计算。

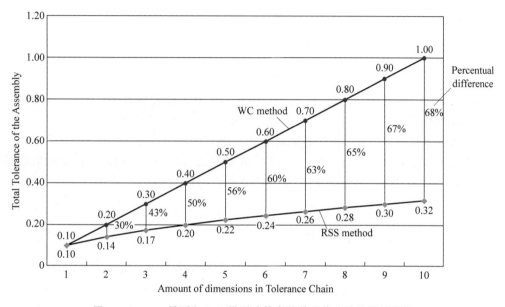

图 2.4.9 WC 模型和 RSS 模型计算出的装配体公差结果的比较

第 3 章

声学性能的集成参数法仿真

动圈式扬声器和受话器的工作原理为：电信号驱动音圈在磁场里运动，使音圈带动振膜振动，振膜推动空气振动而发出声音。这一过程是电—力—声转换的过程。

做仿真常用两种方法：一种是把质量等参数分布在整个模型上，叫作分布参数法；一种是将质量等参数集中在一个质点上，叫作集成参数法。电—力—声的转换常用集成参数法进行计算，使用一款叫 Micro-Cap 的电路仿真软件进行。

3.1 扬声器的物理模型

扬声器的振膜由单层或复合高分子材料制成，厚度为几微米至几十微米，折环有弹性易变形，可以看作一个弹簧。振膜外沿用胶水粘在扬声器框架上，可以看作弹簧的固定端；中间为了保持平面状态用胶水粘了一个硬质、较厚的中贴，而另一面粘着线圈，可以看作弹簧的移动端。扬声器运动系统的结构可以如图 3.1.1 所示建立简化的物理模型。

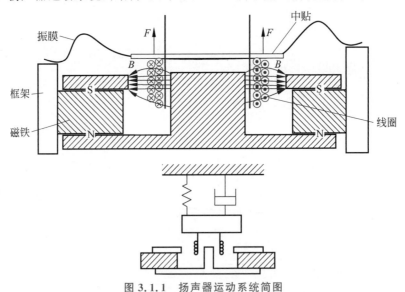

图 3.1.1 扬声器运动系统简图

我们需要求解机械系统对电信号的响应,但扬声器的实际形状太复杂,必须进行适当简化。在此模型中振膜、中贴和线圈的质量都被集中到中间的质量块上,而且看作是一个质点。振膜的弹性和阻尼被一个弹簧和一个阻尼器取代。

通电线圈在磁场中受到的电磁力用公式 $F = Bli$ 计算,这是扬声器发声的驱动力。扬声器运动系统的力平衡公式为

$$F(t) = M_{ms}\mathrm{d}v(t)\mathrm{d}t + R_{ms}v(t) + K_{ms}v(t)\mathrm{d}t$$

式中:M_{ms} 是振膜、中贴和线圈的质量之和;R_{ms} 是系统阻尼,包括振膜内阻尼和空气阻尼;K_{ms} 是振膜的刚度系数;v 是线圈的运动速度。

因为音频信号是不断变化的,所以力和速度与时间相关,物理量都是时间的函数。

3.2　力学模型与电路模型的转换

3.2.1　力学参数与电学参数的转换

求解电路模型有成熟的软件,例如 Micro-Cap。求解力学模型要解一系列方程,而这些方程与一些求解电路模型的方程形式一致。所以可以先把力学模型中的物理量与电路模型中的物理量进行类比,再用 Micro-Cap 进行求解。这样可以求出灵敏度与电信号频率、系统的振幅与电信号频率、复数形式的电阻与电信号频率的关系曲线,并由电阻曲线最高点对应的电信号频率得出系统的共振频率 F0。

力学系统与电力系统的类比如图 3.2.1 所示。

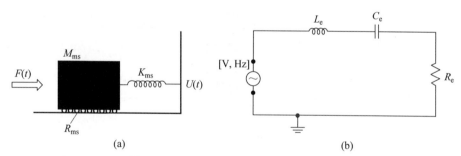

图 3.2.1　力学系统与电力系统的类比图
(a) 力学系统;(b) 电力系统

力学方程为
$$F(t) = M_{ms}\mathrm{d}v(t)\mathrm{d}t + R_{ms}v(t) + K_{ms}v(t)\mathrm{d}t$$
电路方程为
$$E(t) = L_{e}\mathrm{d}i(t)/\mathrm{d}t + R_{e}i(t) + 1/C_{e}i(t)\mathrm{d}t$$
这样就可以把一些力学中的物理量映射为电学中的物理量:

$$F(t) \longrightarrow E(t)$$
$$v(t) \longrightarrow i(t)$$
$$M_{ms} \longrightarrow L_{e}$$
$$K_{ms} \longrightarrow 1/C_{e}$$
$$R_{ms} \longrightarrow R_{e}$$

3.2.2　扬声器电路部分的模型

扬声器里的电路比较简单,只有一个线圈。线圈通常由 1 m 多长的导线绕制而成,圈数在 50 圈左右,既有电阻,也有电感部分。其电路部分的逻辑图如图 3.2.2 所示。

Micro-Cap 中一些通用的电路可以打包成模块,这样可以简化整体的电路逻辑图。图 3.2.3 中右边那部分为电力转换器模块,表征了逻辑图中的电路部分和机械部分的相互作用,机械部分受到电路部分的作用力为 $F = BLi$,电路部分受到了

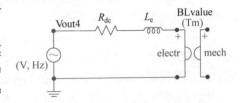

图 3.2.2　扬声器电路部分的逻辑图

机械部分的反电动势为 $E = BLv$,电力转换器模块的具体电路如图 3.2.3 所示。

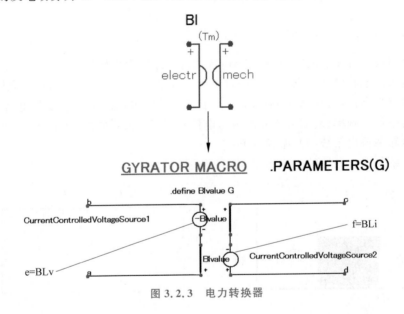

图 3.2.3　电力转换器

3.2.3　没有前腔体的扬声器(非扬声器盒)运动系统类比的电路模型

中贴是运动系统中间硬质的平面部分,线圈用胶水粘在中贴上。在电磁力的作用下,线圈推动中贴作上下平动。在运动中,中贴的变形很小,肉眼看不见。但中贴的刚度对扬声器的高频响应影响很大,灵敏度与频率的关系曲线(SPL 曲线)中出现第二个峰的位置由中贴刚度决定,一般在 6 k～9 k 处。

为了便于理解各部分结构对声学性能(SPL 曲线)的影响,本节分步讲解如何建立扬声器运动系统类比的电路模型。先建立一个不考虑中贴弹性的扬声器运动系统电路模型,再建立一个考虑中贴弹性的扬声器运动系统电路模型;先建立一个不考虑振膜下方腔体形状的扬声器运动系统电路模型,再按振膜下方腔体的实际形状建立一个扬声器运动系统电路模型。

1. 不考虑中贴弹性和磁间隙形状的扬声器运动系统映射的电路图

扬声器里运动部分的结构可以简化为如图3.2.4所示的结构。

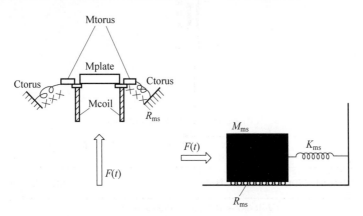

图3.2.4 扬声器运动部分的结构简图

在此模型中,振膜的折环被等效成一个弹簧,弹簧刚性的符号为Ctorus,弹力的大小可由公式 $F = X/C$ 计算,其中 X 为弹簧的变形长度。

其等效的电路模型如图3.2.5所示。

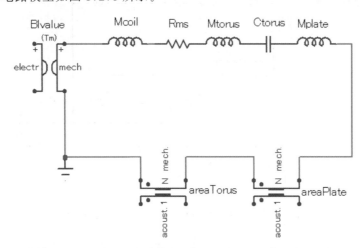

图3.2.5 不考虑中贴刚性的扬声器运动部分的等效电路模型

图3.2.5中下面的两个部分是中贴部分和振膜折环部分的力声转换器模块,其具体电路图如图3.2.6所示。

振膜的折环是拱形的,推动空气运动时没有平面那么有效。振膜等效于平面推动空气运动的面积以 S_d 表示,它与气压的乘积是空气对振膜的反作用力 $F = S_d \times p$。振膜推动的空气体积是 $U = S_d \times v$,其中 v 是振膜运动系统的速度。

如果不考虑振膜下方磁间隙的形状,而只考虑它的体积,并把扬声器连接到障板测试设备(baffle)上进行测试,则整个扬声器的电路图如图3.2.7所示。

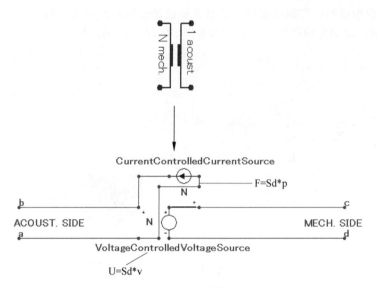

图 3.2.6　力声转换器电路图

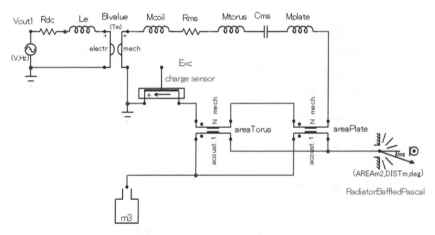

图 3.2.7　不考虑中贴弹性和磁间隙形状的扬声器电路图

　　图 3.2.7 中左下方的 m3 是振膜下方磁间隙的总体积,右方是障板测试设备的电路模块。

　　在电路图中部还联有一个测量位移(excursion)的传感器模块(charge sensor),它的电路如图 3.2.8 所示。

　　在 Micro-Cap 里运行这一电路模型可以得到扬声器灵敏度与频率的关系曲线(SPL 曲线),如图 3.2.9 所示。

　　与实际产品的 SPL 曲线相比,这条仿真出来的曲线缺乏右边的高频峰。接着我们将建立增加了中贴弹性的模型。

2. 考虑中贴弹性但不考虑磁间隙形状的扬声器运动系统映射的电路图

考虑了中贴弹性后的物理模型如图 3.2.10 所示。

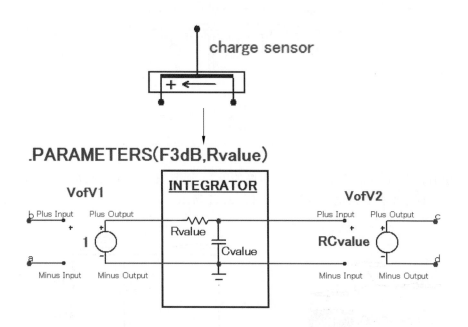

图 3.2.8　位移测试模块的电路图

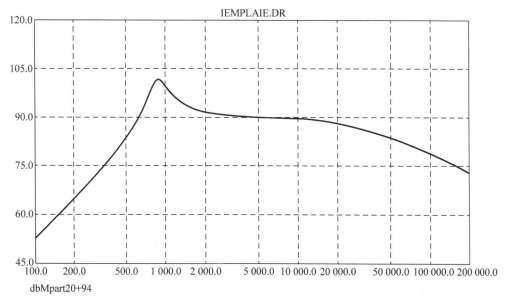

图 3.2.9　不考虑中贴弹性和磁间隙形状的扬声器 SPL 曲线

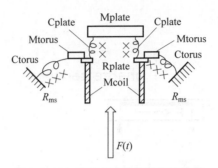

图 3.2.10   考虑中贴弹性的物理模型

中贴也有弹性,它与折环相当于两个串联的弹簧,而且它是一个两端都没固定的弹簧。一个两端都没固定的弹簧的电路逻辑图如图 3.2.11 所示。

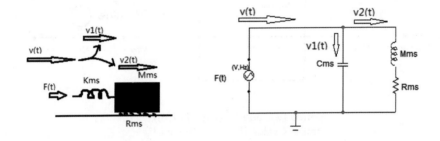

图 3.2.11   中贴的电路映射图

中贴和折环的弹性串联起来后,运动系统的电路映射图如图 3.2.12 所示。

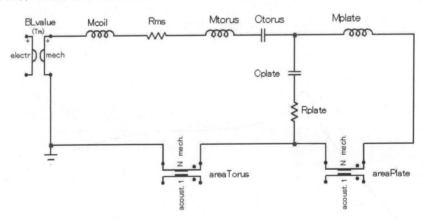

图 3.2.12   考虑中贴弹性的运动系统电路映射图

加上电路部分和声学部分的扬声器整体电路映射图如图 3.2.13 所示。

在 Micro-Cap 里面运行这一电路模型,扬声器的 SPL 曲线如图 3.2.14 所示。

可以看到 SPL 曲线中出现了右侧的高频峰,这个形状与实际产品的 SPL 曲线形状更接近。下一步将增加扬声器中磁间隙的形状模型,研究磁间隙形状对 SPL 曲线的影响。

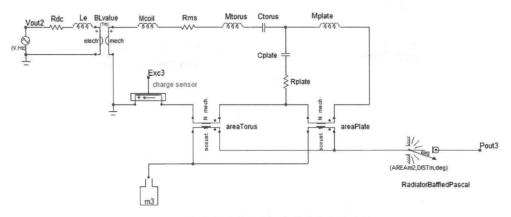

图 3.2.13 考虑中贴弹性的扬声器整体电路映射图

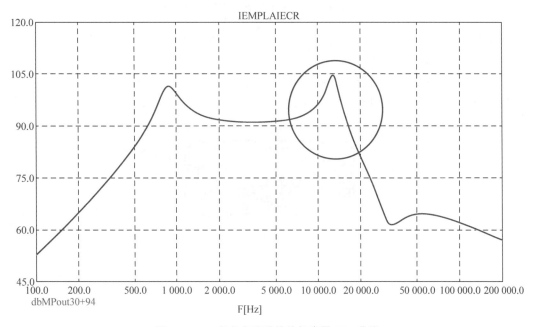

图 3.2.14 考虑中贴弹性的扬声器 SPL 曲线

3. 考虑中贴弹性和磁间隙形状的扬声器运动系统映射的电路图

扬声器中的磁间隙可以看作是由体积块和小孔的形状组成的。

(1) 典型声学部件的电路图。

腔体形状的影响多用声学符号来表示,典型声学符号的电路含义如下。

小孔映射的电路如图 3.2.15 所示。

图 3.2.15 小孔映射的电路

体积块映射的电路如图 3.2.16 所示。

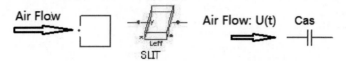

图 3.2.16　体积块映射的电路

小孔加体积块映射的电路如图 3.2.17 所示。

图 3.2.17　小孔加体积块映射的电路

需注意在两个条件下这样的等效才比较精确：①声学结构尺寸远小于声波波长；②声器件的壁可认为是不变形的。

（2）扬声器磁间隙的物理模型和电路图。

扬声器里磁间隙的物理模型如图 3.2.18 所示。

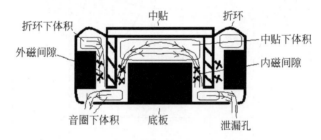

图 3.2.18　扬声器里磁间隙的物理模型

它等效的声学部分电路图如图 3.2.19 所示，注意其中"vol_back"为后腔体积。

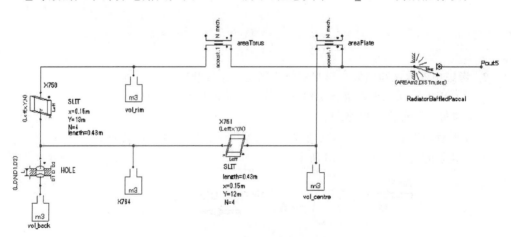

图 3.2.19　考虑扬声器磁间隙形状的声学部分电路

整个扬声器的电路图如图 3.2.20 所示。

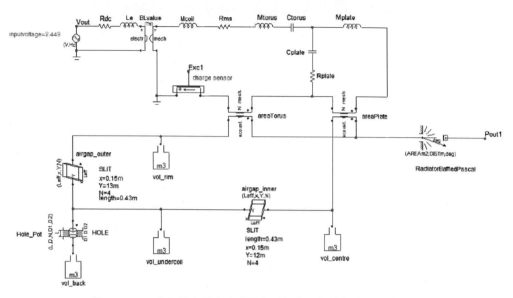

图 3.2.20 考虑扬声器中贴弹性和磁间隙形状的扬声器整体电路

在 Micro-Cap 里运行这一模型得到的 SPL 曲线如图 3.2.21 所示。

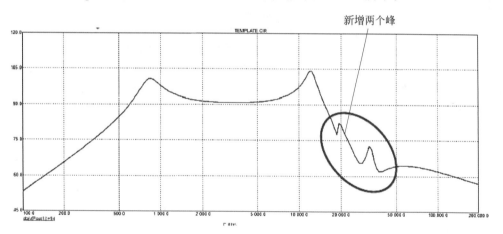

图 3.2.21 考虑扬声器中贴弹性和磁间隙形状的扬声器 SPL 曲线

4. 三种扬声器模型的 SPL 曲线对比

三种扬声器模型的 SPL 曲线对比如图 3.2.22 所示。

从图 3.2.22 中可以看出,在仿真中中贴的弹性产生了 SPL 曲线右侧的高频峰,而磁间隙产生了右侧低处的两个峰。

实际工作中用的扬声器电路模型与第三个模型相似,比如 6×15×2 受话器接上高泄漏 (high leak)测试设备(无背腔)的电路模型如图 3.2.23 所示。

在 Micro-Cap 中运行此仿真模型得到的 SPL 曲线如图 3.2.24 所示。

实际产品的 SPL 曲线测试结果如图 3.2.25 所示。

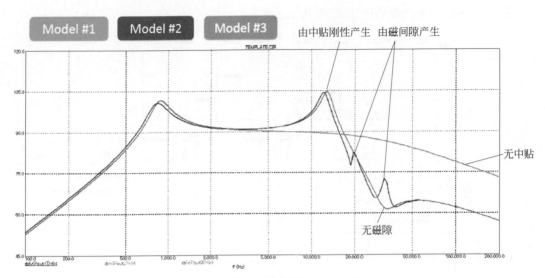

图 3.2.22　三种扬声器模型的 SPL 曲线对比

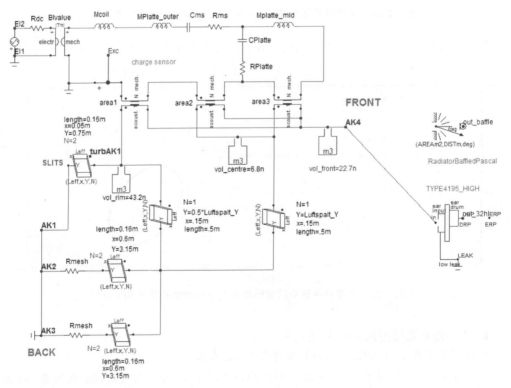

图 3.2.23　6×15×2 受话器接高泄漏测试的电路模型

可见样品实测 SPL 曲线与仿真曲线相差无几。

5. 扬声器磁间隙的分割和电路模型

扬声器单体振膜下方的空间统称为磁间隙。因为 Micro-Cap 只能对长方体、梯形和小孔这样简单的形状建立声学模型，磁间隙只能简化为这几种形状体积块的组合。磁间隙的

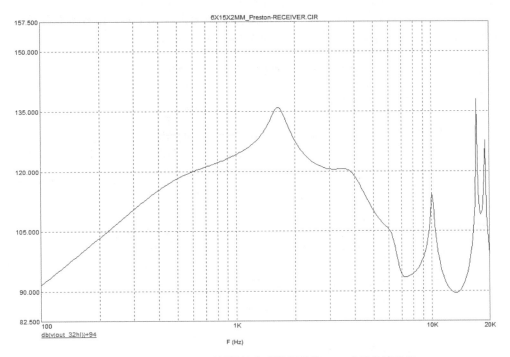

图 3.2.24　6×15×2 受话器接高泄漏测试的 SPL 曲线仿真结果

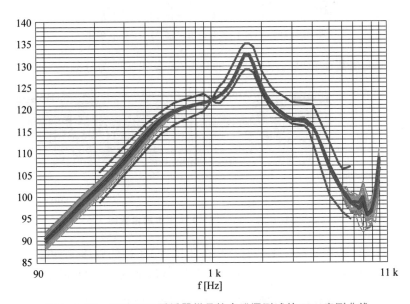

图 3.2.25　6×15×2 受话器样品接高泄漏测试的 SPL 实测曲线

分割越接近实际情况,仿真结果就会越精确。在一款 12×16 扬声器的仿真中,先使用一个粗略的 Micro-Cap 模型进行声学仿真,得到的 F0 仿真结果与实际样品的 F0 相差了 200 Hz;当改用了一个尽量精确的 Micro-Cap 模型进行仿真时,F0 的仿真结果与样品的实测结果差距缩小到了 30 Hz。以前在项目之初常需要试验好几种不同的振膜材料,产品才能得到合适的 F0;当 Micro-Cap 模型足够精确时,能准确地确定应选用的振膜材料,只需试验一种材料的振膜了。

下面以一款 11×15×2.5 扬声器的磁间隙分割为例说明 Micro-Cap 模型的下半部分。整个 11×15×2.5 扬声器的 Micro-Cap 模型如图 3.2.26 所示。

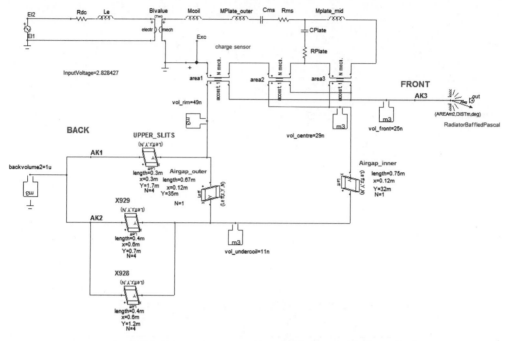

图 3.2.26　11×15×2.5 扬声器 Micro-Cap 模型

扬声器模型的横截面和磁间隙各部分的划分(红色粗实线为分割线)如图 3.2.27 所示。

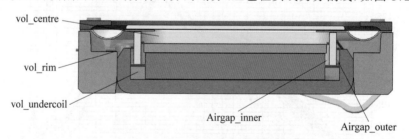

图 3.2.27　11×15×2.5 扬声器横截面

这个扬声器单体的声学测试工装上有一个体积为 1 CC 的腔体,扬声器上共有 12 个小孔通向这个 1 CC 的背腔,12 个小孔根据形状分为 3 组,如图 3.2.28 所示。

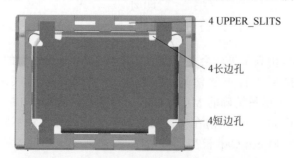

图 3.2.28　11×15×2.5 扬声器泄漏孔

扬声器振膜下的这5块磁间隙空间、12个泄漏孔和后腔均需在 Micro-Cap 里建立尺寸较准确的声学元件，最后得到的声学仿真结果才能足够精确。

下面讲解磁间隙体积的测量方法。

(1) 中心体积(vol_centre)的测量。

在扬声器组件模型中建立一个新零件"vol_centre"，以音圈内径为轮廓线，从振膜下表面到磁铁顶片的距离为拉伸距离，建立一个拉伸特征。测量新生成的这个体积块的体积，30 mm^3 即"vol_centre"的数值，Micro-Cap 模型的单位为米，所以在模型中此体积块体积标记为29n，即 29×10^{-9} m^3，如图 3.2.29 所示。

图 3.2.29 11×15×2.5 扬声器振膜下方中央的体积块

(2) 内磁隙体积(Airgap_inner)的测量。

在扬声器组件模型中建立一个新零件"Airgap_inner"，以音圈内径为外轮廓线，磁铁顶片外缘为内轮廓线，从音圈底面到磁铁顶片上表面的距离为拉伸距离建立一个拉伸特征，作为内磁隙体积块。在 Micro-Cap 模型中需定义此体积块的长、宽、高。测量新生成的这个体积块的尺寸，长度为 0.76 mm，宽度 x 约为 0.11 mm，周长 Y 约为 32 mm，即"Airgap_inner"的数值，在模型中标记长度为 0.76 m，即 0.76×10^{-3} m，$N=1$，即体积块数量为1，如图 3.2.30 所示。

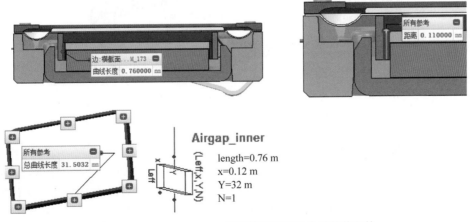

图 3.2.30 11×15×2.5 扬声器振膜下方内磁隙体积块

(3) 音圈下方体积(vol_undercoil)的测量。

在扬声器组件模型中建立一个新零件"vol_undercoil",以内磁铁轮廓为内轮廓,盆架和轭铁边为外轮廓,从轭铁上表面到音圈底面的距离为拉伸距离建立一个拉伸特征,作为音圈下方的体积块。测得这个体积块的体积约为 13 mm^3,如图 3.2.31 所示。

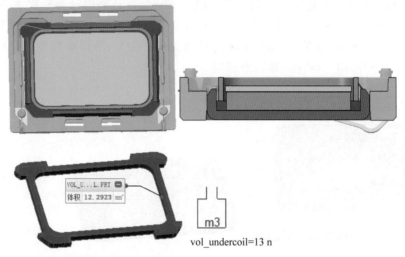

图 3.2.31　11×15×2.5 扬声器音圈下方体积块

(4) 振膜下方体积(vol_rim)的测量。

振膜下方的体积块形状较复杂,只能通过近似的方法来估算。在扬声器组件模型中建立一个新零件"vol_rim",以音圈外轮廓为内轮廓,盆架边为外轮廓,从轭铁倒角点到振膜底面建立一个拉伸特征,再加上四角空间作为振膜下方的体积块。测得这个体积块的体积约为 50 mm^3,如图 3.2.32 所示。

图 3.2.32　11×15×2.5 扬声器振膜下方体积块

(5) 外磁隙体积(Airgap_outer)的测量。

在扬声器组件模型中建立一个新零件"Airgap_outer",以音圈外径为内轮廓线,向外偏移 0.12 mm 为外轮廓线,从音圈底面到轭铁翻边上表面的距离为拉伸距离建立一个拉伸特征,作为外磁隙体积块。在 Micro-Cap 模型中需定义此体积块的长、宽、高。测量新生成的这个体积块的尺寸,长度为 0.6 mm,宽度 x 约为 0.12 mm,周长 Y 约为 32 mm,即"Airgap_outer"的数值,如图 3.2.33 所示。

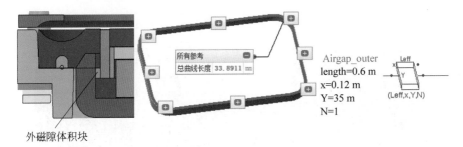

外磁隙体积块

图 3.2.33　11×15×2.5 扬声器外磁隙体积块

再来测量泄漏孔的尺寸。

（1）测量侧面泄漏孔（upper_slits）的尺寸。

11×15×2.5 扬声器测量侧面泄漏孔的尺寸如图 3.2.34 所示。$N=4$ 表示孔的数量为 4。

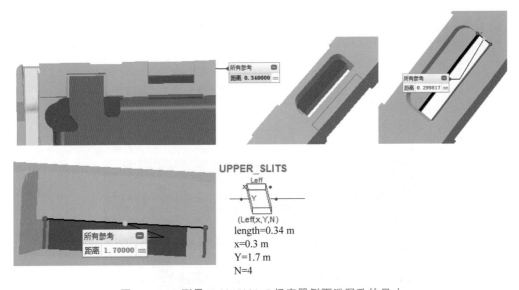

图 3.2.34　测量 11×15×2.5 扬声器侧面泄漏孔的尺寸

（2）测量底面大泄漏孔（X928）的尺寸。

测量 11×15×2.5 扬声器底面大泄漏孔的尺寸如图 3.2.35 所示。

（3）测量底面小泄漏孔（X929）的尺寸。

测量 11×15×2.5 扬声器底面小泄漏孔的尺寸如图 3.2.36 所示。

11×15×2.5 扬声器仿真与实测结果对比。

运行 11×15×2.5 扬声器的 Micro-Cap 仿真模型,得到的灵敏度曲线和电阻曲线如图 3.2.37 所示。

实测的灵敏度曲线和电阻曲线如图 3.2.38 所示。

这个实际样品的 F0 为 869 Hz,与仿真结果 866 Hz 很接近。它在 2 kHz 的灵敏度值为 94.52 dB,与仿真结果 94.12 dB 相差也不多。

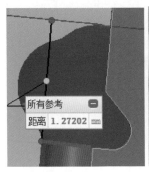

X928

length=0.47 m
x=0.55 m
Y=1.27 m
N=4

图 3.2.35　测量 11×15×2.5 扬声器底面大泄漏孔的尺寸

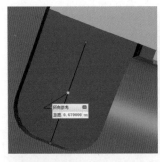

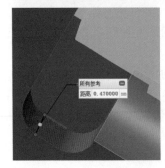

X929

length=0.47 m
x=0.6 m
Y=0.67 m
N=74

图 3.2.36　测量 11×15×2.5 扬声器底面小泄漏孔的尺寸

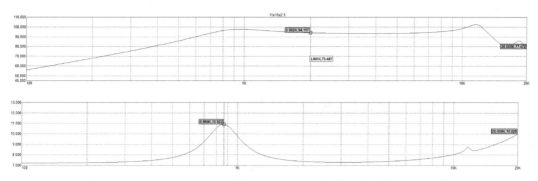

图 3.2.37 11×15×2.5 扬声器 Micro-Cap 仿真灵敏度曲线和电阻曲线

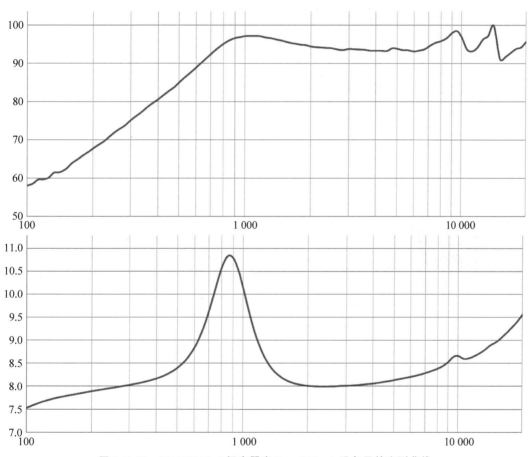

图 3.2.38 11×15×2.5 扬声器在 Sound Check 设备里的实测曲线

3.2.4 扬声器盒系统类比的电路模型

1. 扬声器盒的结构简图

包含前腔、后腔的扬声器盒结构简图如图 3.2.39 所示。

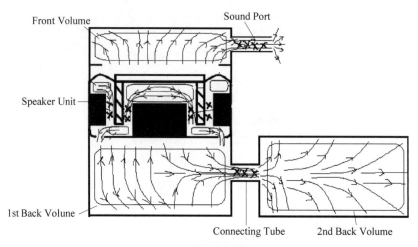

图 3.2.39　扬声器盒的结构简图

2. 前腔、后腔映射的电路图

前腔、后腔映射的电路图如图 3.2.40 所示。

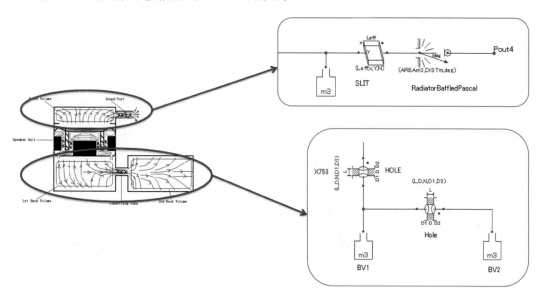

图 3.2.40　前腔、后腔映射的电路图

3. 扬声器盒的整体电路图

扬声器盒接上障板(baffle)测试设备的整体电路图如图 3.2.41 所示。

4. 扬声器盒的 SPL 仿真曲线

在 Micro-Cap 中运行如图 3.2.41 所示的扬声器盒整体电路,得到的 SPL 曲线如图 3.2.42 所示。由图 3.2.42 可见,前腔、后腔也使 SPL 曲线出现了更多的峰和谷。

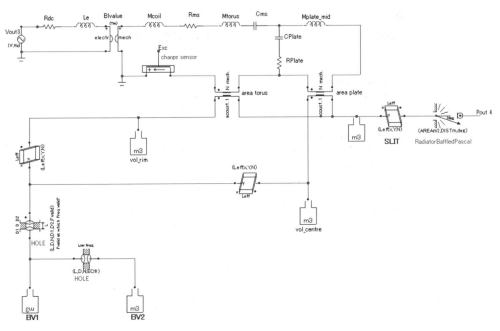

图 3.2.41　扬声器盒接上障板测试设备的整体电路图

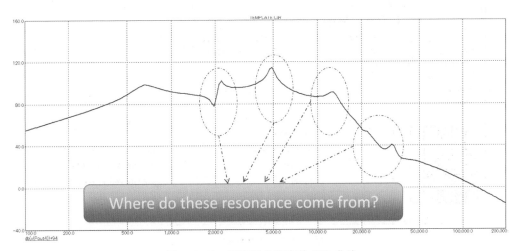

图 3.2.42　扬声器盒仿真的 SPL 曲线

3.3　Micro-Cap 模型的运行与修改

3.3.1　Micro-Cap 模型的运行

本节以一款模型来说明 Micro-Cap 的运行操作。请扫文前第 3 章文件包二维码下载 MC 程序并运行,点击下拉菜单中的"file-open"命令,从"打开"窗口选择"6×15×2MM-RECEIVER.CIR"模型,再点"打开"按钮打开,如图 3.3.1 所示。

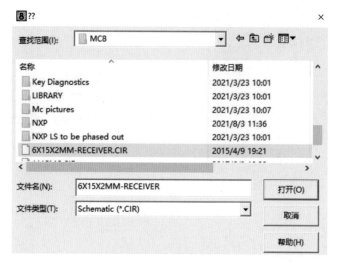

图 3.3.1　打开模型

从下拉菜单中选择"Analysis-AC"命令,打开"AC Analysis Limits"窗口,进行各项参数设置,如图 3.3.2 所示。

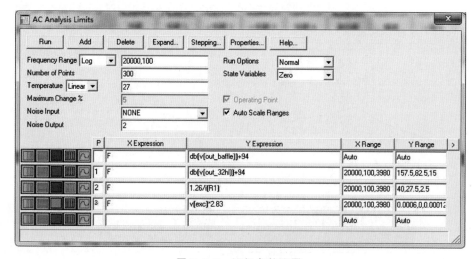

图 3.3.2　运行参数设置

图 3.3.2 中"Y Expression"列为声学曲线的计算公式,第一栏为用 baffle 设备测试得到的 SPL 曲线,第二栏为用 High Leak 设备测试得到的 SPL 曲线,第三栏为复数形式的电阻 R 的曲线,第四栏为 excursion 曲线。因为模型中不能同时连接 baffle 和 High Leak 设备,所以需要显示哪一栏时,就在那一栏的"P"列中填入数字,没填入数字的栏将不显示。

点击"Run"按钮,即得到相应的曲线,以 High Leak 设备为输出端得到的 SPL 曲线如图 3.3.3 所示。

复数形式电阻 R 的曲线如图 3.3.4 所示,其峰值对应的频率 500 Hz 为 F0。

线圈向上和向下的总位移(excursion)曲线如图 3.3.5 所示。

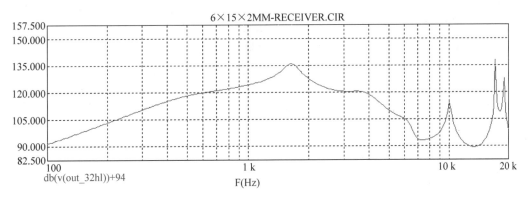

图 3.3.3 High Leak 输出的 SPL 曲线

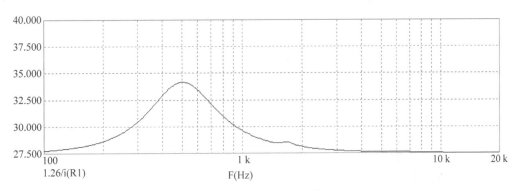

图 3.3.4 复数形式电阻曲线

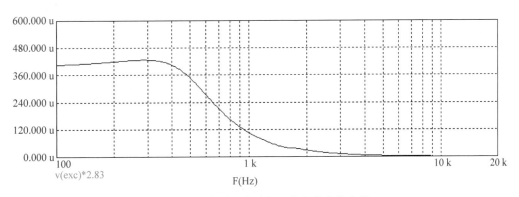

图 3.3.5 线圈上位移加下位移总位移曲线

3.3.2 Micro-Cap 模型的修改

扬声器已经在长、宽方向形成了几个系列的标准尺寸,新产品开发往往只是将厚度减薄并做一些局部修改。一款复杂模型从头开始画是很烦琐的,而且很多产品的设计都是有连续性的,所以根据新尺寸修改以前产品的 Micro-Cap 模型往往是更快的方法。

腔体部分的尺寸一般直接标注在腔体符号旁,双击即可修改,如图 3.3.6 所示。

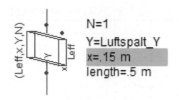

图 3.3.6　腔体部分的尺寸值

未直接标注于符号旁的参数值双击也即可弹出定义界面,可修改定义的公式或参数,如图 3.3.7 所示。

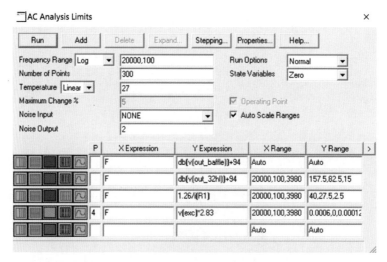

图 3.3.7　双击可修改公式或参数

第*4*章

音圈和磁路的设计与仿真

扬声器作为一款电-声换能器,有两个主要指标:①转换效率要高,即灵敏度高;②信号失真要小,即 THD 低。

根据公式 $SPL_{1w,1m} = 20\lg\left(\dfrac{Bl \times S_d}{\sqrt{R_e \times M_{ms}}}\dfrac{\rho}{2\pi}\dfrac{1}{p_{ref}}\right)$,扬声器灵敏度的高低与电磁驱动力 $(F = Bl \times l)$ 的大小成正比,与运动系统的质量 M_{ms} 成反比。失真度大小则取决于磁路 Bl 曲线(磁力-位移曲线)和振膜 K_{ms} 曲线(刚性-位移曲线)的对称度和线性。

由此可见,扬声器的两个主要声学指标都与磁路 Bl 曲线有关。Bl 曲线的形状不只与磁铁和顶片的设计有关,还与音圈的长度以及音圈在磁路中的位置有关。微型扬声器的电-声转换效率只有 1% 左右,所以一款优秀产品的 K_{ms} 曲线和 Bl 曲线都需要尽量优化。本章将围绕如何优化 Bl 曲线而展开。

4.1 音圈的设计

4.1.1 音圈线的主要种类和生产厂家

1. 按音圈线内部金属材质分类

微型扬声器音圈线都为自融性漆包圆线,有双层漆膜,与内部导体直接接触的是聚氨酯或聚酯类的绝缘漆膜,外覆热塑性或热固性树脂作融着漆膜,如图 4.1.1 所示。

当把音圈线绕成音圈时,其融着漆膜可将相邻音圈线粘在一起,形成具有固定形状的音圈。

音圈线按内部的导体材料分,包括纯铜线、铜合金线、铝线、铜包铝线。

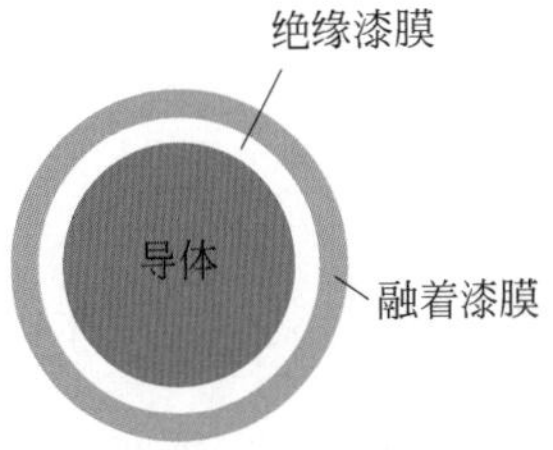

铜包铝线密度小,做成的线圈质量轻,易于提高扬声器灵敏度;但耐高温性能较差。在微型扬声器尽量追求能在高电压下运行(也是为了追求高灵敏度)的情况下,铜包铝线圈在高温运

图 4.1.1 自融性漆包圆线

行试验中常常散圈失效,故在扬声器中应用较少。

铜合金线比铜线能耐更高的张力,加入合金元素后电阻值也易于调节,故目前在功率较大的微型扬声器中普遍采用。

2. 音圈线的主要生产厂家及其音圈线特性

目前音圈线的生产厂家主要有三家:日本的大黑(DAIKOKU)电线株式会社和东特(TOTOKU)株式会社,以及杭州益利素勒(Elektrisola)精线有限公司。

TOTOKU 的音圈线主要参数见表 4.1.1。

表 4.1.1　TOTOKU 的音圈线主要参数

项　　目	Cu	HTW	SPHTW	CCAW	10CCAW
导体材料	铜	铜合金	铜合金	铜·铝(铜面积比 15%)	铜·铝(铜面积比 10%)
密度	8.89	8.9	8.9	3.63	3.31
导电率/%	100	93.2	88.4	67	65
比电气阻抗/(Ω/m)	1.724×10^8	1.850×10^8	1.950×10^8	2.573×10^8	2.652×10^8
抗拉强度/(N/mm^2)	243~297	306~374	342~418	98~137	
焊接性	良好	良好	良好	良好	良好
制造范围/mm	0.025~?	0.025~0.09	0.025~0.09	0.035~0.40	0.055~0.4
延伸率/%	>10	>20	>20		
屈服强度	149~182	180~220	234~297		

以 TOTOKU 直径为 0.05 mm 的音圈线为例,铜和铜合金的应力-应变曲线比较如图 4.1.2 所示。

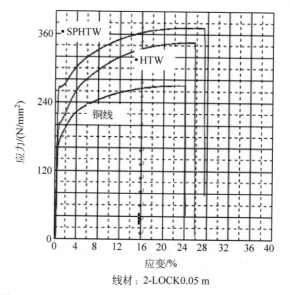

线材: 2-LOCK0.05 m

图 4.1.2　TOTOKU 铜和铜合金音圈线的应力-应变曲线

由图 4.1.2 可见,TOTOKU 的铜合金音圈线的拉伸强度明显高于铜线,且超高张力铜合金线(SPHTW)音圈线的拉伸强度高于高张力铜合金线(HTW)音圈线。

DAIKOKU 的铜合金线型号有：高张力线（DHT）、超高张力线（SDHT）和强高张力线 VDHT。iPhone 6 和 iPhone 6S 的扬声器盒里使用 DAIKOKU 的 SDHT 音圈线，而 iPhone 7 的扬声器使用了 DAIKOKU 的 VDHT 音圈线。DAIKOKU 的 0.08 mm 直径的 Cu、CCA、DCCA、DHT、GDHT、SDHT、VDHT 导线的属性见表 4.1.2。

表 4.1.2　DAIKOKU 的音圈线主要参数

| 类　　　型 | 铜线 | CCA 线 | | 高抗张力线 | | | |
	Cu	CCA	DCCA	DHT	GDHT	SDHT	VDHT
延升率/%	20.8	15.6	6.3	20.7	18.4	17.3	20.2
抗张力/MPa	256	174	261	332	355	369	398
屈服强度/MPa	—	—	—	—	—	304	337
0.2%耐力/MPa	161	125	214	250	277	302	335
杨氏模量/MPa	46 578	43 204	55 488	60 436	71 721	76 257	79 791

各类 DAIKOKU 音圈线的应力-应变曲线如图 4.1.3 所示。

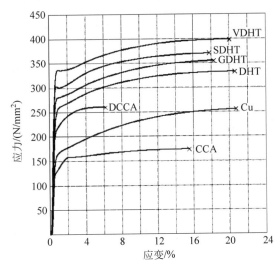

图 4.1.3　DAIKOKU 音圈线的应力-应变曲线

在扬声器中常用的 SDHT 音圈线在音圈设计中需用的参数见表 4.1.3。

表 4.1.3　扬声器盒常用的 SDHT 音圈线部分参数（SDHT 2DS-FH⑤（R））

| 直径/mm | | | 导线电阻 /(Ω/m)（20℃） | 最小拉伸率 /% | 最小拉断力/N |
| 导线 | 总直径 | | | | |
直径	最小	最大			
0.064	0.075	0.082	(5.89±7)%	10	1.152
0.065	0.077	0.084	(5.71±7)%	10	1.188
0.066	0.078	0.086	(5.54±7)%	10	1.225
0.067	0.079	0.087	(5.37±7)%	10	1.262
0.068	0.080	0.088	(5.22±7)%	10	1.300

续表

直径/mm			导线电阻 /（Ω/m）（20℃ ）	最小拉伸率 /%	最小拉断力/N
导线	总直径				
直径	最小	最大			
0.069	0.081	0.089	(5.07±7)%	10	1.339
0.070	0.082	0.090	(4.92±7)%	10	1.378
0.071	0.083	0.091	(4.79±7)%	10	1.418
0.072	0.084	0.092	(4.65±7)%	10	1.458
0.073	0.085	0.093	(4.53±7)%	10	1.499
0.074	0.086	0.094	(4.41±7)%	10	1.54
0.075	0.088	0.096	(4.29±7)%	10	1.582
0.076	0.089	0.097	(4.18±7)%	10	1.624
0.077	0.09	0.098	(4.07±7)%	10	1.667

在扬声器中常用的 VDHT 音圈线在音圈设计中需用的参数见表 4.1.4。

表 4.1.4　扬声器盒常用的 VDHT 音圈线部分参数（VDHT 2DS-FH⑤（R））

直径/mm			导线电阻 /（Ω/m）（20℃ ）	最小拉伸率 /%	最小拉断力/N
导线	总直径				
直径	最小	最大			
0.064	0.075	0.082	(6.09±7)%	10	1.199
0.065	0.077	0.084	(5.90±7)%	10	1.237
0.066	0.078	0.086	(5.73±7)%	10	1.275
0.067	0.079	0.087	(5.56±7)%	10	1.314
0.068	0.080	0.088	(5.39±7)%	10	1.354
0.069	0.081	0.089	(5.24±7)%	10	1.394
0.070	0.082	0.090	(5.06±7)%	10	1.435
0.071	0.083	0.091	(4.92±7)%	10	1.476
0.072	0.084	0.092	(4.78±7)%	10	1.518
0.073	0.085	0.093	(4.65±7)%	10	1.560
0.074	0.086	0.094	(4.53±7)%	10	1.603
0.075	0.088	0.096	(4.41±7)%	10	1.647
0.076	0.089	0.097	(4.29±7)%	10	1.691
0.077	0.09	0.098	(4.18±7)%	10	1.736

4.1.2　音圈的制作过程和设计尺寸

1. 音圈的制作过程

音圈的制作过程分两步。首先用绕线机把音圈线绕在绕线轴上制成圆线圈,如图 4.1.4 所示。再用撑线机把圆线圈撑成成品(方线圈),如图 4.1.5 所示。

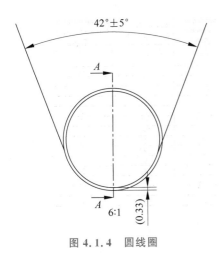

图 4.1.4　圆线圈

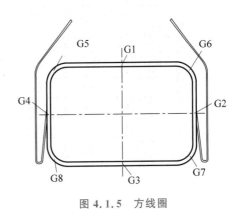

图 4.1.5　方线圈

2. 音圈线的排布和尺寸

iPhone 6S 扬声器盒的音圈线分 4 层排布,音圈横截面如图 4.1.6 所示。

由图 4.1.6 可见,相邻两层音圈线错开排列。因为绕线机的性能不够稳定,音圈线出线端可多绕一圈或少绕一圈。音圈阻值在公差范围内即可。

由于在音圈的绕制过程中,音圈线的融着漆膜厚度会发生变化,音圈的总厚度会比其他尺寸与理论值差别大一些。因为撑线工装从里向外把圆圈撑成方圈,金属工装的尺寸比较精确,所以音圈的设计尺寸常用内长(inner length)、内宽(inner width)、内圆角半径(inner radius)和高度(height)表示,如图 4.1.7 所示。

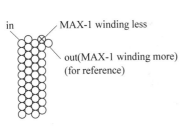

图 4.1.6　音圈横截面

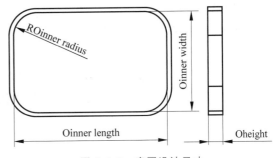

图 4.1.7　音圈设计尺寸

4.1.3　音圈设计表的使用

1. 将导线参数输入导线材料库

关于音圈各个尺寸的计算,请扫文前第 4 章文件包二维码,下载"音圈设计表"。填入设计所需的音圈几何尺寸和电阻值,可以选择合适的音圈线。首先在"Wire Data Base"表单中输入欲选用的音圈线的参数,注意 47♯ 线是导线直径为 77 μm 的 SDHT 线,如图 4.1.8 所示。

#	Material	Specific Resistance	Specific Resistance	Density of core	conductor diameter (Core)	based diameter (Core + Isolation)	overall diameter (Core + Isolation + Glue)
		[Ωmm²/m]	[Ω/m]	[kg/dm³]	[μm]	[μm]	
29	Cu	0.0178		8.89			
30	15% CCA	0.0266	8.80	3.62	62	70	78
31	15% CCA	0.0274	5.94	3.62	74	79.5	86
32	15% CCA	0.0266	16.64	3.62	45	53.5	59.5
33	15% CCA	0.0266	4.72	3.62	83	89	96
34	15% CCA	0.0266	4.50	3.62	85	91	98
37	HTCCA	0.0259	4.71	3.63	86.5	93	103
39	10% CCA	0.0274	6.36	3.31	73	79.5	86
40	10% CCA	0.0274	4.6203	3.31	84	95	103.5
41	10% CCA	0.0274	4.4715	3.31	86	98	107
42	10% CCA	0.0274	4.388	3.31	88	99	108
43	10% CCA	0.0274	27.57	3.31	35	42	50
46	HTW	0.01921	4.99	8.89	70	77	85
47	SDHT	0.0189059	4.06	8.89	77	82.5	90.5
48	HTW	0.01921	3.593	8.89	82.5	90	97.5

图 4.1.8　音圈线材料库

2. 定义音圈参数

在音圈设计表的“Main Coil Calculation”表单里，第一栏是定义音圈的目标电阻值。因为将圆音圈撑成方音圈时音圈线会有拉伸形变，方音圈的电阻值也会比圆音圈大。在“R_{DC} after expansion”栏里输入方音圈的目标电阻：7Ω，并输入类似音圈的拉伸形变值：3%，如图 4.1.9 所示。

(1) Definition of Rdc target value		R_{DC} before Expansion		Strain due to expansion	R_{DC} after expansion	
wanted parameter=empty	Input	6.7	[Ω]	3.0%	7.0	[Ω]
	Result	6.90	[Ω]	3.0%	7.0	[Ω]

图 4.1.9　定义音圈成品目标电阻值和拉伸变形量

表中第二栏是定义线圈的几何尺寸，此处定义线圈的内长(Length)、内宽(Width)、内圆角半径(Corner radius)、线圈高度(Coil height)和线圈层数(Number of layers)，如图 4.1.10 所示。

(2) Definition of geomtry				
	Length (∅ for round coils)	l	9.99	[mm]
	Width (∅ for round coils)	w	7.09	[mm]
	Corner radius (r for round coils)	r_c	1.25	[mm]
	Coil height	h	1.1	[mm]
	Height packing factor total		95%	
	Number of layers	n	4	
	Height perfectly packed		1.05	[mm]

图 4.1.10　定义音圈成品的几何尺寸

首先根据经验试用导体直径为 77 μm 的 DAIKOKU SDHT 音圈线。在“Wire # from wire database”栏中输入音圈线库中的第 47＃线，即可得到这款 DAIKOKU 77 μm SDHT 音圈线的参数。撑线后音圈线有了 3% 拉伸形变，其参数也会有所变化，显示在“Parameters after expansion”列中，如图 4.1.11 所示。

至此音圈设计所需的参数都已输入。

3. 音圈线的计算结果与验证

在表中第四栏中可读出此设计表的建议：与试用的音圈线同类型的音圈线，导体直径为 74.7 μm，如图 4.1.12 所示。

根据经验，实际应选用整数部分作为结果。从表 4.1.3 中找到导线直径为 74 μm 的 SDHT 音圈线的参数填入“Wire Database”表单，即表中的 50＃线，如图 4.1.13 所示。

(3) Choose a reference wire (first step solution)

Parameters after expansion

Wire # from wire database	#	47		overrule		
	Material	SDHT				
	Specific resistance	0.0189	[Ωmm²/m]			
	Resistance / Wirelength	4.060	[Ω/m]		4.182	[Ω/m]
	Density of core	$\rho_{2conductor}$ 8.89	[kg/dm³]			
	Bare wire diameter	d_{2core} 77.0	[μm]		75.9	[μm]
	overall diameter	d_{2total} 90.5	[μm]		89.2	[μm]
	Thickness of Insulation	6.75	[μm]		6.7	[μm]
	Mass of Isolation + Glue	5%				
	Area of core diameter	A_2 4.66E-03	[mm²]		4.52E-03	[mm²]

Reference-purchasing-wire for Material parameters

Length of winding 1. Layer	u	32.29	[mm]
Max. mean winding length 4 Layers	l_1	33.13	[mm]
Total wire length (from R1 and R/l)		1.674	[m]
Needed # of windings der for target Rdc		50.5	
Windings / Layer, (4 Layers) for target Rdc		12.6	
Calculated coil height (including packing factor) for target Rdc		**1.19**	[mm]
Calculated coil thickness		0.36	[mm]
Calculated Rdc		**7.00**	
Calculated coil mass	m_{1Coil}	**70.7**	[mg]

图 4.1.11　调用音圈线

(4) Proposal to reach coil height and Rdc

Parameters after expansion

Ideal wire core ⌀ for given coil height and R_{OC}	d_{2Core}	**74.7**	[μm]	73.6	[μm]
R/l of ideal wire for given height and R_{OC}		4.317	[Ω/m]	4.446	[Ω/m]
Cross-sectional area of the core		4.38E-03	[mm²]	4.25E-03	[mm²]
Max. mean winding length 4 layers	l_1			33.11	[mm]
Total wire length (from R1 and R/l)				1.574	[m]
needed # of windings der for target Rdc				47.6	
Netto windings / layers, rounded (4 layers) for target Rdc				11.9	
Calculated coil height (including packing factor) for target Rdc				**1.10**	[mm]
Calculated coil thickness				0.35	[mm]
Calculated Rdc				**7.00**	
Calculated coil mass	m_{1_total}			**62.6**	[mg]

图 4.1.12　音圈线径计算结果

#	Material	Specific Resistance	Specific Resistance	Density of core	conductor diameter (Core)	based diameter (Core + Isolation)	overall diameter (Core + Isolation + Glue)
▼	▼	[Ωmm²/m] ▼	[Ω/m] ▼	[kg/dm³] ▼	[μm] ▼	[μm] ▼	▼
47	SDHT	0.0189059	4.06	8.89	77	82.5	90.5
48	HTW	0.01921	**3.593**	**8.89**	82.5	90	97.5
50	SDHT	0.0189059	4.41	8.89	74		90

图 4.1.13　增加了 50♯音圈线

再在表中第三栏中输入音圈线号：50，即可得到新的计算结果，如图 4.1.14 所示。

(4) Proposal to reach coil height and Rdc

Parameters after expansion

Ideal wire core ⌀ for given coil height and R_{DC}	d_{2Core}	**73.9**	[μm]	72.9	[μm]
R/l of ideal wire for given height and R_{DC}		4.403	[Ω/m]	4.535	[Ω/m]
Cross-sectional area of the core		4.29E-03	[mm²]	4.17E-03	[mm²]
Max. mean winding length 4 layers	l_1			33.13	[mm]
Total wire length (from R1 and R/l)				1.544	[m]
needed # of windings der for target Rdc				46.6	
Netto windings / layers, rounded (4 layers) for target Rdc				11.6	
Calculated coil height (including packing factor) for target Rdc				**1.10**	[mm]
Calculated coil thickness				0.36	[mm]
Calculated Rdc				**7.00**	
Calculated coil mass	m_{1_total}			**57.2**	[mg]

图 4.1.14　新的音圈线计算结果

新的音圈线计算结果为 73.9 μm，与 50♯线的线径 74 μm 很接近，故 74 μm SDHT 音圈线可首先进行试验。

还可以看到计算出的线圈厚度（calculated coil thickness）为 0.36 mm，由此可算出线圈的外长、外宽和外圆角半径。

4. 音圈线的选择对扬声器灵敏度的影响

音圈的质量占了微型扬声器运动系统质量的大部分。在音圈电阻相等的情况下，音圈线直径越粗，音圈线就越长，Bl 也越大；但音圈线直径增粗时，音圈质量也大大增加。音圈质量增加导致微型扬声器灵敏度下降的程度总是超过 Bl 增加使扬声器灵敏度增加的程度，所以要评估换线带来的对灵敏度的影响。音圈设计表第 5 栏即自动计算了使用此种音圈线时扬声器的 SPL，如图 4.1.15 所示。

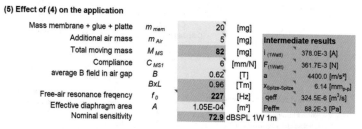

图 4.1.15　使用 74 μm SDHT 音圈线时的灵敏度计算结果

在表中输入振膜和胶/中贴的总质量 20 mg，空气附加质量 5 mg，振膜顺性 6 mm/N，磁隙中的平均 B 为 0.62T 和振膜的有效面积为 $1.05×10^{-4}$ m² 后，得到使用 74 μm SDHT 音圈线，扬声器功率为 1 W 时，1 m 距离处的灵敏度为 72.9 dB。

4.2　磁路仿真

4.2.1　磁路仿真中各物理量的关系

音圈处于内、外磁铁顶片间的磁场中，通电后会受到垂直于磁场方向的电磁力，如图 4.2.1 所示。

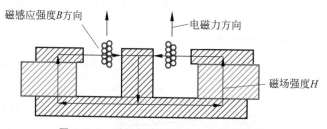

图 4.2.1　磁场与音圈受力方向的示意图

磁场是由内、外永磁体产生的，磁场强度符号为 H。但磁场是通过磁铁顶片和空气传递到线圈中的，线圈中感受到的磁场强度会受到磁铁、磁铁顶片和空气磁导率 μ 的影响，这就是磁感应强度 B。$\mu = B/H$，μ 为一常数，而 B 和 H 有相同的单位。

音圈线受到的电磁力的大小与电流的大小和磁场强度成正比，用公式表示就是 $F = B×l×i$。式中，B 为音圈中磁感应强度的平均值，l 为音圈线的总长度，i 为音圈中的电流。

由灵敏度计算公式 $SPL_{1W,1m} = 20\lg\left(\dfrac{Bl \cdot S_d}{\sqrt{R_e} \cdot M_{ms}}\dfrac{\rho}{2\pi}\dfrac{1}{p_{ref}}\right)$ 可知，B 越大，灵敏度越高。

当音圈在磁场中上下运动时，音圈中磁感应强度 B 也会发生变化，而且 B 与位移的关系是非线性的，B 与音圈位移的关系曲线叫作 B 曲线。扬声器失真度的大小与 B 曲线的对称性和线性强相关。B 曲线的对称性越好，扬声器的偶次失真越低；B 曲线的线性越好，扬声器的奇次失真越低。

为了取得最大 B，需要合理分配磁铁和磁铁顶片的厚度，以及音圈的长度和形状。同时也要兼顾 B 曲线的对称性和线性。

进行产品架构设计时，首先要通过线圈在平衡位置时的 B 仿真来估算产品灵敏度。在详细设计时，还需要通过仿真 B 曲线来优化产品动力系统设计，以获得声学的低失真。

4.2.2 线圈在平衡位置时的磁路仿真

多物理场仿真软件 Comsol 的 mf（带电流）模块和 mfnc（不带电流）模块都可以做磁路仿真，其中 mfnc 模块能使用的自定义材料参数列表更多，本节介绍使用 mfnc 模块进行电磁仿真的方法。

1. 新建仿真模型

启动软件 Comsol 5.4，点击"模型向导"图标，弹出"选择空间维度"对话框，直接点击"完成"按钮，即进入 Comsol 模型窗口，如图 4.2.2 所示。

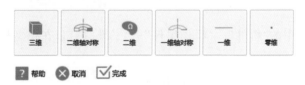

图 4.2.2 启动新模型

2. 定义磁铁材料特性

微型扬声器中的磁铁采用了磁能积密度较高的钕铁硼材料 N48H（H 表示此种材料耐高温），需要在 Comsol 中输入其矫顽力和 $B\text{-}H$ 曲线。

鼠标右击模型开发器中的"Pi 参数 1"按钮，如图 4.2.3 所示。

在参数设置窗口中的第一栏，"名称"栏中输入磁铁的矫顽力

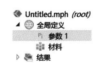

图 4.2.3 定义参数按钮

参数 Hbc,"表达式"栏中输入数值,如图 4.2.4 所示。

鼠标右击模型树中的"全局定义"按钮,从弹出的小菜单中选择"函数"—"插值"按钮,如图 4.2.5 所示。

图 4.2.4 定义磁铁矫顽力

图 4.2.5 定义磁铁 *B-H* 曲线插值函数

在"插值设置"窗口中的"标签"栏中输入"N48H",在"数据源"栏中选择"文件",点击"浏览…"按钮,选择第 4 章文件包中的"BH curve N48H magnet.txt"文件,再点击"导入"按钮,即输入 N48H 磁铁材料测定的 *B-H* 曲线,结果如图 4.2.6 所示。

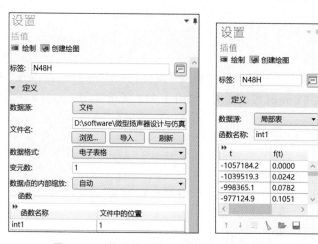

图 4.2.6 从文件中输入磁铁 *B-H* 曲线数值

3. 输入仿真模型

点击顶部菜单栏中的"组件"—"添加组件"—"三维"按钮,在模型树中即出现"几何 1"组件,如图 4.2.7 所示。

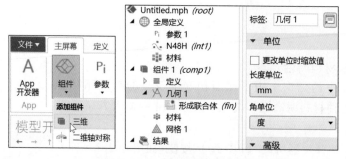

图 4.2.7 添加新分析组件

点击"几何1"，在"设置"对话框里将"长度单位"选项改为"mm"。

因为磁路组件（包括磁铁、磁铁顶片和线圈）有两个互相垂直的对称面，所以只需输入1/4模型即可进行仿真，这样可以加快计算速度。有两种方法可以输入几何模型。

（1）直接输入中间格式的三维CAD文件，如.STP文件和.IGS文件。

右击模型树中的"几何1"按钮，从弹出的小菜单中选择"导入"按钮，出现"导入"设置对话框；点击"浏览…"按钮，请扫文前第4章文件包二维码下载"cllu.stp"文件，打开，再点击"导入"按钮，Comsol模型窗口中即出现磁路系统模型，如图4.2.8所示。

（2）使用LiveLink命令与Pro/E同步模型。

首先在Creo Parametric中打开磁路模型并激活此窗口，然后在Comsol中右击模型树中的"几何1"按钮，从弹出的小菜单中选择"LiveLink接口"中的"LiveLink for PTC Creo Parametric"按钮，如图4.2.9所示。

图 4.2.8　输入中间格式的三维 CAD 文件

图 4.2.9　选择 LiveLink for PTC Creo Parametric 命令

在随后弹出的"LiveLink for PTC Creo Parametric"设置窗口中点击"同步"按钮，Comsol模型窗口中即出现磁路系统模型。

4. 创建空气域

磁力线延伸到了外围的空气域，所以仿真中要创建一个空气域，点击"几何1"—"长方体1"命令，创建一个16×16×16的长方体空气域，把磁铁组件包围在中心位置。大小和位置参数如图4.2.10所示。

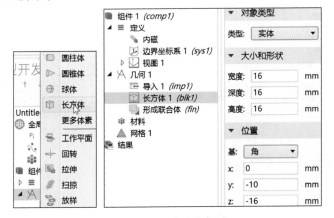

图 4.2.10　创建空气域

5. 定义几何集

将各零件按不同属性事先定义成不同的几何集，后面定义属性选择零件时可以直接选择几何集。这可以简化操作，且更不易出错。

定义几何集的方法为：从模型树中选择"定义"—"选择"—"显式"，如图 4.2.11 所示

图 4.2.11　定义几何集

在"显示设置"界面的"标签"栏里输入几何集名称"内磁"，在"几何实体层"栏里选择"域"，从模型窗口中点选内磁铁，内磁铁会变成蓝色，同时在"域"栏里出现几何序号"4"，如图 4.2.12 所示。

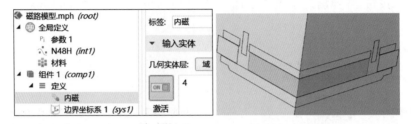

图 4.2.12　定义"内磁"几何集

用同样的方法定义"极片"几何集，因为内磁铁顶片、外磁铁顶片和磁路底片都是同样的材料，所以定义成一个集合，如图 4.2.13 所示。

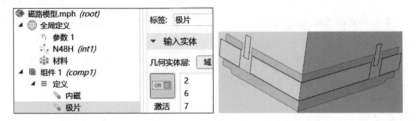

图 4.2.13　定义"极片"几何集

用同样的方法定义"音圈"几何集，几何体选择如图 4.2.14 所示。

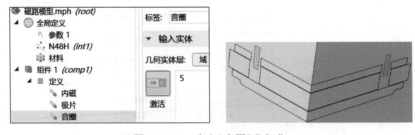

图 4.2.14　定义"音圈"几何集

定义"外磁"几何集，几何体选择如图 4.2.15 所示。
定义"空气"几何集，几何体选择如图 4.2.16 所示。

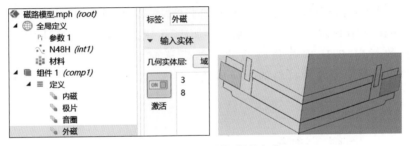

图 4.2.15 定义"外磁"几何集

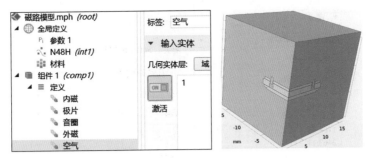

图 4.2.16 定义"空气"几何集

6. 定义内、外磁顶片和磁路底片的材料

在模型树中单击"材料"—"从库中添加材料"按钮,弹出"添加材料"菜单;从中选择"AC/DC"—"Soft Iron(Without Losses)",再点击"添加到组件"按钮,如图 4.2.17 所示。

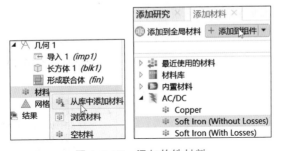

图 4.2.17 添加软铁材料

模型树中出现了"Soft Iron"材料,在材料设置框里设置"选择"为"极片",在模型树中删除"Effective B-H Curve(BHeff)"属性,再点击"B-H Curve"的插值函数"Interpolation 1",如图 4.2.18 所示。

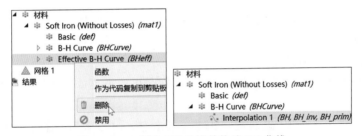

图 4.2.18 删除 HB 曲线并修改 BH 曲线

在"插值"设置对话框里的"数据源"栏里选择"局部表",扫描文前第 4 章文件包二维码下载"SPCC with Calibration"再点击"从文件加载"按钮打开此文件,点击"打开"按钮将通过测试得到的材料 *B-H* 曲线值输进去。然后从模型树中点击"Soft Iron（Without Losses)",弹出选择使用这种材料的几何体的对话框,在"选择"栏里选择"极片",结果如图 4.2.19 所示。

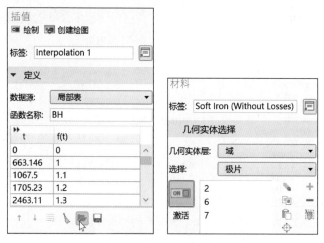

图 4.2.19　修改曲线并选择几何体

7. 定义物理场（无电流磁场）并定义各零件的磁场属性

点击顶部菜单栏中的"添加物理场"图标,在菜单栏中选择"AC/DC"下的"磁场,无电流（mfnc)"模块,再点击"添加到选择"按钮,如图 4.2.20 所示。

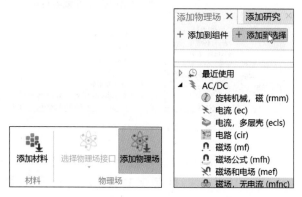

图 4.2.20　选择无电流的磁场模块

在模型树中点击"磁场,无电流（mfnc)"项,在"设置"对话框的"选择"栏里选择"所有域",结果如图 4.2.21 所示。

（1）定义极片的磁场属性。

在模型树中右击"磁场,无电流（mfnc)"项,在弹出的小菜单中选择"磁通量守恒"选项,如图 4.2.22 所示。

在模型树中多出了一项"磁通量守恒 2",单击它,在"设置"对话框的"标签"栏里输入

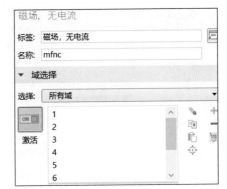

图 4.2.21　选择所有实体

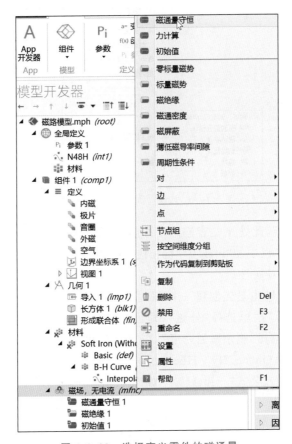

图 4.2.22　选择定义零件的磁通量

"极片",在"域选择"栏里选择"极片",即已选中先前定义好的那三个零件。在"磁场"—"本构关系"栏里选择"B-H曲线",在‖B‖栏里选择"来自材料",如图 4.2.23 所示。

（2）定义内磁的磁场属性。

定义内磁的磁场属性也是先创建一个"磁通量守恒",然后在"设置"对话框的"标签"栏里输入"内磁",在"选择"栏里选择"内磁",即已选中先前定义好的内磁零件。不同之处在于"磁场"—"本构关系"栏里选择"剩余磁通密度",在"μ_r"栏里选择"用户定义",在其下栏中

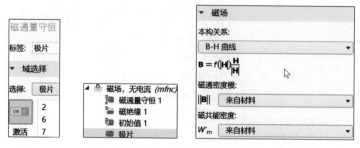

图 4.2.23 定义"极片"的磁场属性

输入公式"int1(mfnc.Hy)/((mfnc.Hy−Hbc)×4×pi×1e−7[H/m])",在"B_r"栏的第二行输入公式"int1(0)",如图 4.2.24 所示。

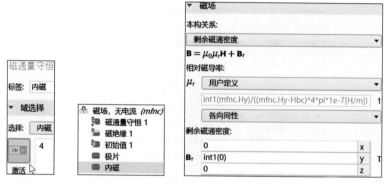

图 4.2.24 定义"内磁"的磁场属性

注意公式中的"Hy",此处 y 是音圈运动方向,如果音圈沿 x 向或 z 向运动,则式中的 y 相应地换成 x 或 z,"B_r"栏中的"int1(0)"也相应地写入第一行或第三行。

（3）定义外磁的磁场属性。

定义外磁的磁场属性也是先创建一个"磁通量守恒",然后在"设置"对话框的"标签"栏里输入"外磁",在"选择"栏里选择"外磁",即已选中先前定义好的四个外磁零件。在"磁场"—"本构关系"栏里选择"剩余磁通密度",在"μ_r"栏里选择"用户定义",在其下栏中输入公式"int1(mfnc.Hy)/((mfnc.Hy−Hbc)×4×pi×1e−7[H/m])",与定义内磁不同之处是在"B_r"栏的第二行输入公式"−int1(0)",如图 4.2.25 所示。

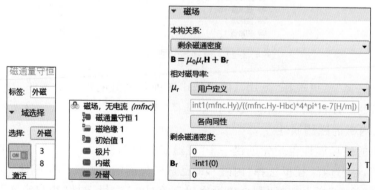

图 4.2.25 定义"外磁"的磁场属性

(4) 定义音圈的磁场属性。

定义音圈的磁场属性也是先创建一个"磁通量守恒",然后在"设置"对话框的"标签"栏里输入"音圈",在"选择"栏里选择"音圈",即已选中先前定义好的音圈模型。在"磁场"—"本构关系"栏里选择"相对磁导率",在"μ_r"栏里选择"用户定义",在其下栏中输入数值"1",如图 4.2.26所示。

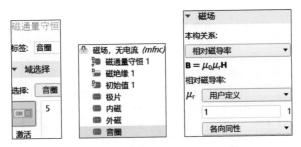

图 4.2.26 定义"音圈"的磁场属性

(5) 定义空气域的磁场属性。

定义空气域的磁场属性也是先创建一个"磁通量守恒",然后在"设置"对话框的"标签"栏里输入"空气",在"选择"栏里选择"空气",即已选中先前定义好的空气域模型。在"磁场"—"本构关系"栏里选择"相对磁导率",在"μ_r"栏里选择"用户定义",在其下栏中输入数值"1"。

8. 划分模型网格

在模型树中单击"网格 1"按钮,弹出"网格设置"对话框,在"序列类型"栏里选择"物理场控制网格"选项,在"单元大小"栏里选择"细化"选项,再点击"全部构建"按钮,即可生成模型网格,如图 4.2.27所示。

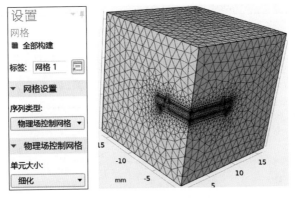

图 4.2.27 生成模型网格

9. 进行计算

在顶部菜单栏中单击"添加研究"按钮,在弹出的"添加研究"对话框中选择"稳态"选项,再单击"添加研究"按钮,模型树中即增加了稳态计算模式。右击"研究 1"栏,弹出定义计算方式的小菜单,从中选择"计算"按钮,即可进行计算,如图 4.2.28所示。

在计算过程中,单击右下方的"进度"按钮,会弹出显示计算进度的信息,点击"停止"按钮即可终止计算,如图 4.2.29所示。

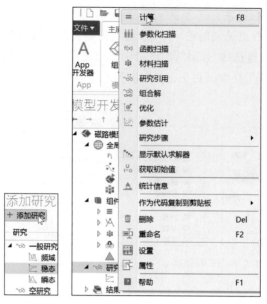

图 4.2.28　选择计算模式

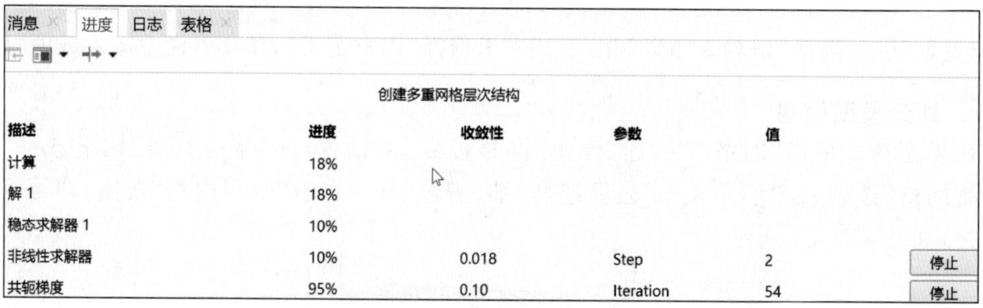

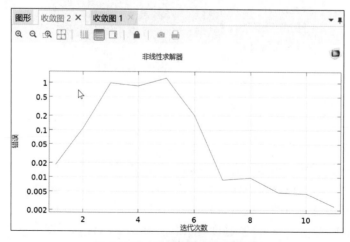

图 4.2.29　计算过程信息

在模型窗口点击"收敛图 2"按钮,可以看见计算残差的收敛过程。如果曲线降低后又逐渐变高,说明计算结果收敛不了,需要更改设置重新计算,如图 4.2.30 所示。

图 4.2.30　计算残差发散的曲线

10. 计算不收敛时的设置更改方法

当计算结果趋向发散时,有两种方法可以获得计算结果,即更改收敛标准和简化模型。下面分别讲述。

(1) 更改收敛标准。

在模型树中点击"研究 1"—"稳态求解器 1"选项,在设置对话框里选择"相对容差"栏,将默认值"0.001"改为"0.01",即当计算残差低于此值时计算就结束。再点击"计算"按钮进行计算,如图 4.2.31 所示。

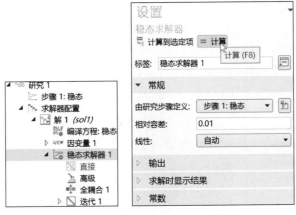

图 4.2.31 将计算残差改为较大值

将计算残差的收敛标准改为较大值时,计算精度稍有下降,但仍然满足需要。

计算完成后模型窗口显示出 B 云图,如图 4.2.32 所示。

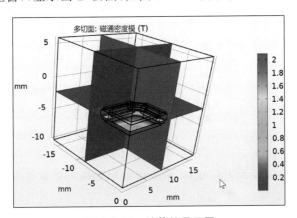

图 4.2.32 计算结果云图

(2) 简化模型。

如果不更改收敛标准,简化模型也可以获得计算结果。通过观察可以发现,磁铁与上顶片和下顶片之间的胶隙很小,这部分的网格与其他部分的网格大小差异很大,这会影响到计算结果的可收敛性。保持磁铁上顶片与线圈的位置不变,将磁铁和下顶片的位置上移以消除胶隙,这样网格单元的数量可以减少很多,更容易获得计算结果。通过仿真的前后对比可以发现,包括胶隙和不包括胶隙时,计算结果相差不到 1%,因而这种简化不会影响产品的实际结果。

　　首先测量胶隙的厚度,在模型树中右击"组件 1"—"几何 1"栏,弹出小菜单,从小菜单中选择"测量"选项,弹出"测量"的设置菜单。在"测量"设置菜单中,"几何实体层"栏选择"点"选项,点选胶隙垂直距离上两点,测得其距离为 0.02 mm,如图 4.2.33 所示。

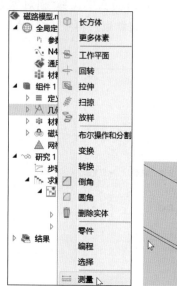

图 4.2.33　胶隙的测量

图 4.2.34　选择"移动"选项

　　然后将内磁向上移动 0.02 mm。从模型树中选择"几何 1"—"变换"—"移动"按钮,如图 4.2.34 所示。

　　在图形窗口中选择内磁和外磁,在"移动"对话框的"输入对象"栏中出现了相应的三项,在"位移 y"栏中输入移动距离"0.02",再点击"构建所有对象"按钮,即可将磁铁向上移动 0.02 mm,消除磁铁与顶片间的胶隙,如图 4.2.35 所示。

　　用同样的方法把磁铁底片上移 0.04 mm 以消除磁铁与磁铁底片间的胶隙。然后进行计算,就可以得到正确结果。

11. 计算结果后处理

计算完成后要得到我们所需的数据和图像,还需要进行正确的后处理。

(1) 得到磁路中磁通量值的分布图像。

　　为了避免因磁路中某些区域的磁通量饱和影响总体磁通量提高,需要查看磁路中磁通量的分布。从模型树中选择"结果"—"磁通密度模(mfnc)"—"多切面 1"选项,从"多切面"对话框中选择"多平面数据"栏,从"X 平面"的"定义方法"栏中选择"坐标"项,从"Z 平面"的"定义方法"栏中选择"坐标"项,如图 4.2.36 所示。

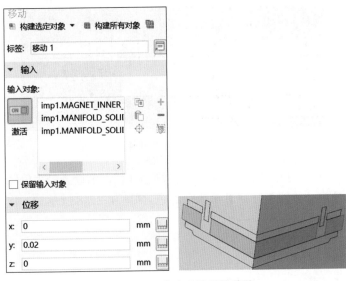

图 4.2.35　移动磁铁消除胶隙

图 4.2.36　定义 x 和 z 平面的位置

x 平面上的磁通量分布如图 4.2.37 所示，红色代表磁通量值大处，蓝色代表磁通量值小处。

为了更直观地看清磁路中哪些位置出现了磁通量饱和，可以更改代表磁通量密度的颜

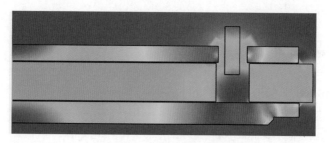

图 4.2.37　x 平面上的磁通量分布图

色设置,从"多切面"对话框中选择"范围"栏,在"最大值"栏中设置最大值"2"(软铁的磁通量饱和值),则磁通量超过 2 的部分都显示为深红色,如图 4.2.38 所示。

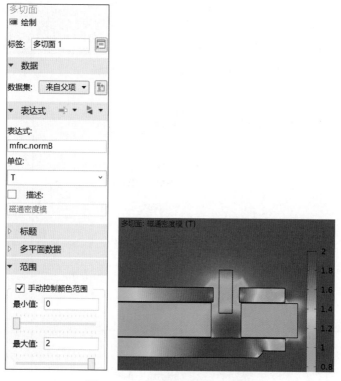

图 4.2.38　更改磁通量颜色设置

　　由图 4.2.38 可见,磁铁顶片和底片位于线圈附近的部分出现了磁通量饱和现象,下一步优化时可以将磁铁厚度进一步减薄,将减少的厚度加在磁铁顶片和底片上,线圈上可以得到更高的磁通量。

　　(2) 计算线圈中磁通量的平均值。

　　将线圈中磁通量的平均值乘以音圈线长,即可得到 Bl 的值。先对音圈内的磁通量进行积分,再用此积分值除以音圈体积,即可得到音圈内的磁通量平均值。

　　在进行体积分计算前先测量音圈的体积。在模型树中右击"组件 1"—"几何 1"按钮,然后在弹出的小菜单中选择"测量"选项,就弹出"测量"对话框。

在"测量"对话框的"几何实体层"栏中选择"域"选项,再在图形窗口中选择音圈,在"测量"对话框的下部就会显示音圈的体积:"体积:3.187 mm³",如图4.2.39所示。

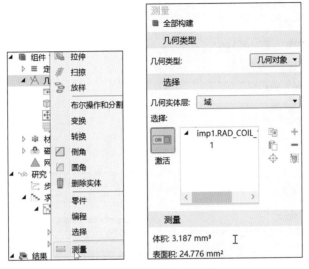

图 4.2.39　测量音圈体积

在模型树中选择"结果"—"派生值"—"积分"—"体积分"按钮进行体积分,如图4.2.40所示。

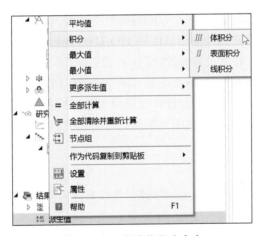

图 4.2.40　启动体积分命令

在体积分对话框的"选择"栏里选择"音圈"选项,在"表达式"栏里输入计算公式"sqrt(mfnc.Bx^2 + mfnc.Bz^2)/3.187e - 9"(此处的 B_x 和 B_z 都垂直于音圈的运动方向),再点击"计算"按钮,在模型下方即可得到音圈中的平均 B 为 0.603 56 T/m³,如图4.2.41所示。

将计算收敛标准由 0.001 改为 0.005 时得到的 B 为 0.603 57,与简化模型得到的 B 结果相差很小,不影响工程应用。但有时更改计算收敛标准后仍不能得到收敛结果,必须简化模型。

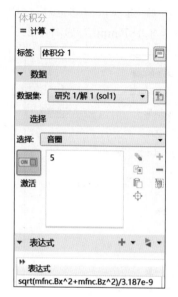

图 4.2.41　计算 B 的结果

4.2.3　线圈运动到不同位置时的 B 仿真计算

在扬声器工作过程中,音圈在静止位置附近上下振动。当音圈在磁场中处于不同位置时,音圈内磁通量的平均值也不一样。音圈磁通量平均值与位移的关系曲线的对称性和线性会严重影响到扬声器的失真大小(THD 和 HOHD),所以在做扬声器磁路优化时需要仿真音圈磁通量平均值与位移的关系曲线(简称 B 曲线)。

计算线圈在不同位置时的 B,需要在输入模型后给线圈增加一个移动参数,将线圈在运动时所处的不同空间位置划分出来。计算线圈中的磁感应强度平均值时,选择音圈运动到某一位置时占用的空间格,则算出线圈处于此位置时的磁感应强度平均值。模型的其他设置与 4.2.2 节中的方法一样。

1. 划分音圈运动空间

在模型树中右击"组件 1"—"几何 1"选项,然后在弹出的小菜单中选择"变换"—"移动"选项,如图 4.2.42 所示。

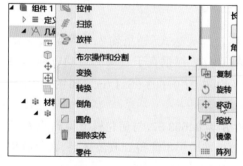

图 4.2.42　选择移动选项

弹出"移动"设置对话框后,在模型窗口中选择线圈,则"输入"栏里有了内容,如图 4.2.43 所示。

点击"位移"—"y"栏后的按钮,弹出"范围"设置对话框,设置音圈向上移动的范围和步长,如图 4.2.44 所示。

一般计算音圈向上和向下的位移各 0.3 mm 时所占的空间即可。为了曲线平滑,分步不宜过少,一般以 0.05 mm 为一个距离点。

设置完成后单击"范围"对话框中的"替换"

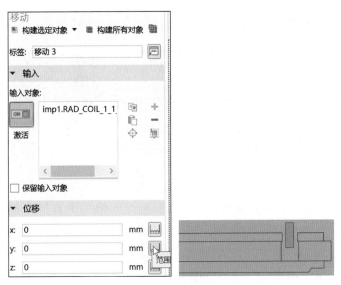

图 4.2.43 选择音圈

按钮,则"移动"对话框中的"位移"—"y"栏显示"range(-0.3,0.05,0.3)",再点击"构建所有对象"按钮则图形窗口生成线圈移动时所占空间格,如图 4.2.45 所示。

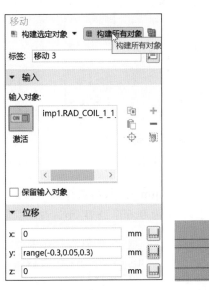

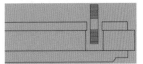

图 4.2.44 设置音圈运动步长和范围　　　图 4.2.45 生成音圈运动时占用的空间格

2. 划分新网格

划分完空间后需重新划分网格,在模型树中点击"网格 1"栏,在网格设置对话框中无需更改设置,直接点击"全部构建"按钮即可生成新网格,结果如图 4.2.46 所示。

3. 提取音圈在不同位置时的磁感应强度平均值

进行计算时,也需要设置静态计算收敛标准为 0.01 才能得到计算结果。计算完成后,进行体积分计算求线圈中的磁感应强度平均值时要谨慎选择不同位移时线圈所占的空间。

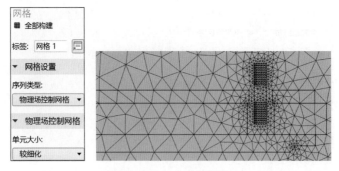

图 4.2.46　生成新网格

比如：音圈位移为 -0.3 mm 时，应选择中间的大格加下方所有的小格，再点击"计算"—"新表格"，即可算得此时音圈中的平均 B 为 0.53637 T/m^3，如图 4.2.47 所示。

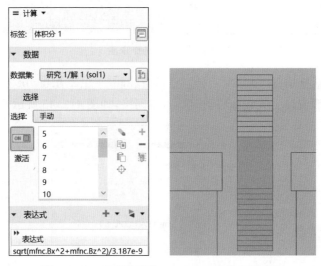

图 4.2.47　音圈位移为 -0.3 mm 时所占的空间

当音圈位移为 -0.25 mm 时，取消选择最下面的小格，而增选大格上面相邻的小格，可算得此时音圈中的平均 B 为 0.55728 T/m^3，音圈位置如图 4.2.48 所示。

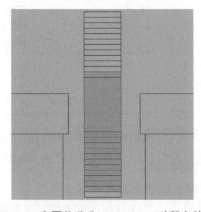

图 4.2.48　音圈位移为 -0.25 mm 时所占的空间

依次把下面的小格取消一个，上面的小格增加一个，就得到了音圈依次向上运动 0.05 mm 时其中的平均 B。将这些位移和 B 输入 Excel 表格，创建一条曲线，就得到了音圈中的平均 B 与运动位移的关系曲线，如图 4.2.49 所示。

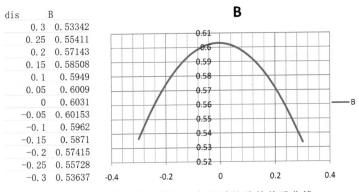

图 4.2.49　音圈中的平均 B 与运动位移的关系曲线

4.2.4　两个常见问题的处理

1. 奇异网格导致计算失败

当模型中存在一些很小的特征，导致此处网格尺寸比系统允许的最小尺寸还小时，在计算过程中就会报一个因为奇异矩阵导致不能求得解的错误，如图 4.2.50 所示。

将这种小特征改大点或去掉就可以解决这个问题。比如，当磁铁顶片的边突出磁铁的距离小于 0.02 mm 时，就会出现奇异矩阵导致的计算失败；当把此距离改为大于或等于 0.03 mm 后，就可避免此计算失败，如图 4.2.51 所示。

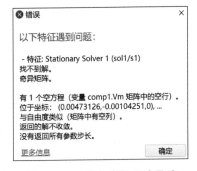

图 4.2.50　因为奇异矩阵导致
不能求得解的错误

2. 计算结果不收敛导致迭代次数超过允许的最大数量

如上例所示，计算进行到很长时间后报错结束，提示"达到最大牛顿迭代次数，返回的解不收敛"，如图 4.2.52 所示。

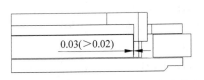

图 4.2.51　磁铁顶片的边突出磁铁的距离应至少 0.03 mm

图 4.2.52　提示解没有收敛

在静态计算的设置中更改收敛标准可以解决这个问题。为了不把收敛标准改得过大（以免降低精度），可在计算过程中观察非线性残差的最小值，把新收敛值改得稍大于此值即可。

比如上例，在残差曲线趋向 0 时曾观察到非线性解得残差为 0.0024，如图 4.2.53 所示。

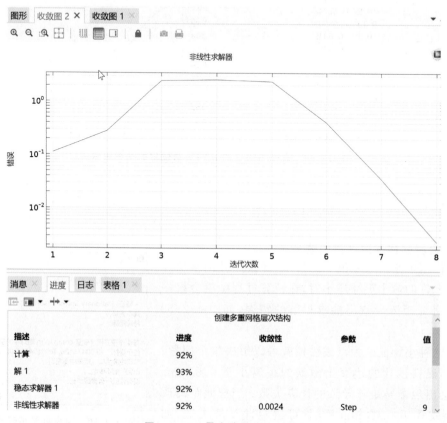

图 4.2.53　最小残差为 0.0024

在静态计算设置中将收敛标准改为 0.01 即可成功得到计算结果，如图 4.2.54 所示。

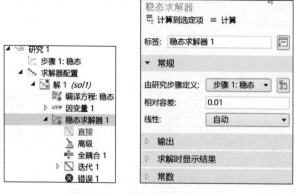

图 4.2.54　最小残差改为 0.01

第 5 章

振膜的设计与画法

扬声器的设计过程一般分为三个步骤：架构设计—结构设计—振膜设计。扬声器是一种结构驱动的产品，振膜是其中最复杂、最核心的零件。振膜是扬声器中最后设计的零件，需要与其他零部件适配才能使产品达到其声学指标。振膜的设计既需要有声学理论指导，又需要了解相关材料和制造工艺，还需要尝试多种画法，才能使产品最终达到设计要求，因而是手机扬声器设计中的核心技术。

5.1 振膜 K_{ms} 曲线与扬声器 THD 曲线的关系

5.1.1 扬声器 THD 的定义和影响因素

扬声器是一种电-声换能器。在把电信号转换为声信号时，因为扬声器的一些非线性的特性，得到的声信号波形会与输入电信号的有所差别，比如图 5.1.1 中的输出信号与输入信号在波峰处的形状不同，这就叫作失真。

根据傅里叶变换，所有时域信号都可以分解为一系列正弦波之和。扬声器发出的声信号也可以分解为 $k_1,k_2,k_3,\cdots,k_n$ 这样一系列正弦波，其中 k_1 与电信号频率相同，叫作基波；$k_2,k_3,\cdots,k_n$ 频率依次升高，叫作谐波。谐波信号是扬声器产生的频率不同于输入信号的额外信号，因而叫作失真，如图 5.1.1(c) 所示。

总谐波失真（total harmonic distortion，THD）有两种算法，扬声器常用美国电气和电子工程师协会（IEEE）的算法 $\mathrm{THD}(f)=\dfrac{\sqrt{\sum\limits_{i=2}^{\infty}(p_i^2)}}{p_1}$，如图 5.1.1(c) 所示。

如果把基波（输入信号频率）和各谐波的压强用柱状图表示，则如图 5.1.2 所示。

微型扬声器常把 $k_2\sim k_5$ 的声压平方和再开方与 k_1 声压的比值定义为 THD，将 $10\sim35$ 次谐波声压平方和再开方与 k_1 的声压比值定义为 RB。

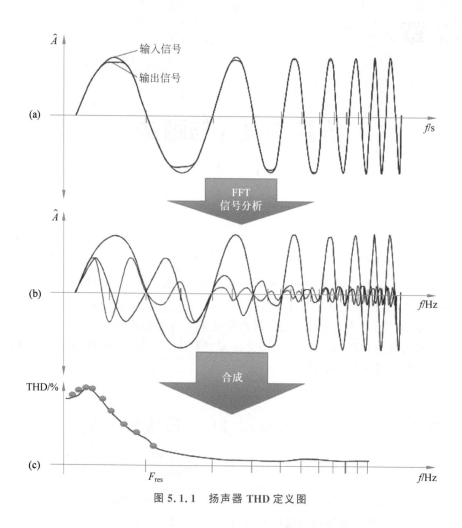

图 5.1.1　扬声器 THD 定义图

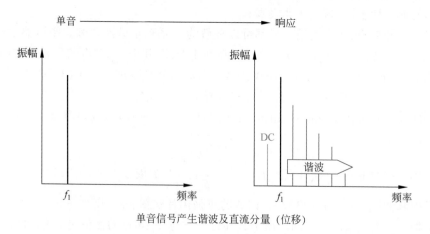

单音信号产生谐波及直流分量（位移）

图 5.1.2　扬声器基波和谐波的声压图

产生 THD 的因素如图 5.1.3 所示，F0 以下频段的 THD 由 Bl 曲线和 K_{ms} 曲线的形状决定。F0 处 THD 由 Bl 曲线、K_{ms} 曲线和阻尼 R_{ms} 曲线共同决定。高于 F0 处的 THD 由应用端，即前腔、后腔和中贴的设计决定。

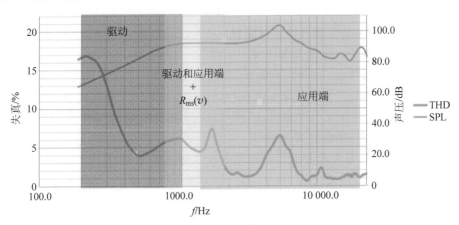

图 5.1.3 不同频段产生 THD 的主要因素图解

需要指出的一点是，扬声器的 K_{ms} 曲线是振膜的 K_{ms} 曲线与背腔的 K_{ms} 曲线之和。扬声器振膜下方的空间叫作背腔。手机扬声器一般会有一个 1 CC 或更小体积的背腔，而笔记本计算机扬声器会有一个 3～5 CC 的背腔。当振膜上下运动时，背腔里的空气被压缩或放松，对振膜的运动施加一个反作用力，相当于在振膜上串联了一个空气弹簧。扬声器的整体刚度曲线 $K(x)$ 由背腔的刚度曲线 K_{mb} 和振膜的刚度曲线 K_{ms} 叠加而成。手机扬声器的背腔刚度曲线 K_{mb} 可以由公式估算，而振膜的刚度曲线 K_{ms} 可以通过仿真得出，然后将两者相加得到扬声器整体刚度的曲线 $K(x)$，如图 5.1.4 所示。

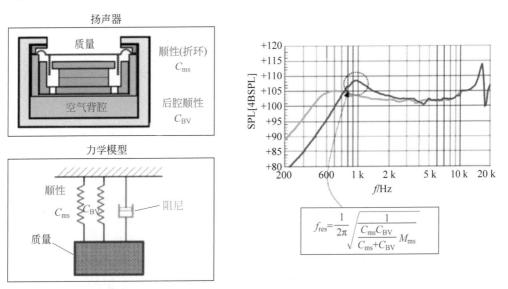

图 5.1.4 扬声器整体的刚度等于振膜和背腔的刚度相加

扬声器背腔相当于一个空气弹簧。音圈的位移越大，背腔的弹性就越大。

扬声器背腔的形状复杂,音圈位移为 x mm 时,其 K_{ms} 曲线可以通过式(5.1.1)来简化计算(只需知道背腔体积,忽略背腔形状)。

$$K_{mb}(x) = \frac{S^2 \kappa p_0}{V} \left[1 - (\kappa+1)\frac{Sx}{V} + (\kappa+1)(\kappa+2)\left(\frac{Sx}{V}\right)^2 \right] \tag{5.1.1}$$

式中: x 为音圈位移; S 为振膜等效辐射面积; V 为音圈在静止位置时扬声器的背腔体积; p_0 为大气压力 100 000 Pa; κ 为常数 1.4。

扫描文前第 5 章文件包二维码,下载 Excel 文件"stiffness_with_back_volume",可用于计算背腔的刚度曲线 K_{mb}。在"back volume stiffness"页里的黄色框里输入振膜等效辐射面积 S 和背腔体积 V,并在 x 列中输入从 -0.4 mm 到 0.4 mm 的一系列数值,即可得到相应位移下的背腔 K_{mb},进而绘出 K_{mb} 曲线。

K_{mb} 曲线的形状总是左高右低。当振膜的有效面积 S 相同时,背腔越小,K_{mb} 曲线的数值越大,而且越陡。例如当 S 都为 95 mm^2,背腔体积分别为 0.5 cm^3 和 1 cm^3 时的 K_{mb} 曲线如图 5.1.5 所示。

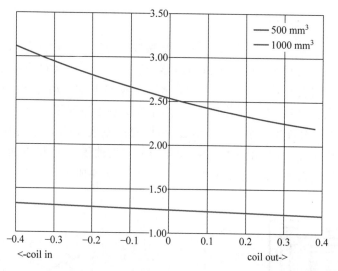

图 5.1.5   0.5 cm^3 与 1 cm^3 背腔时的 K_{mb} 曲线对比图

在新产品研发阶段,振膜 K 曲线可用仿真结果,背腔 K 曲线可用公式计算结果,相加得出的扬声器整体曲线可以用于 THD 性能预测。

将仿真得到的振膜 K_{ms} 曲线各点的数值输入 Excel 文件"stiffness_with_back_volume",用 K_{ms} 曲线上各点的 x 计算出相应的 K_{mb},再将 K_{ms} 和 K_{mb} 曲线上各点的值相加,即得到扬声器的整体刚度曲线 $K(x)$。扫描文前第 5 章文件包二维码,下载"Membrane 8",可得一款振膜 Mem8 的振膜刚度曲线、背腔刚度曲线和整体刚度曲线,如图 5.1.6 所示。

背腔的体积越小,K_{ms} 曲线越陡,对扬声器整体 K_{ms} 曲线的形状影响越大。以一款扬声器为例,当背腔体积由 0.5 cm^3 变到 2 cm^3 时,其整体的 K_{ms} 变化如图 5.1.7 所示。

扬声器整体刚度曲线的非对称性会导致 K_2 失真。理想的扬声器整体刚度曲线应该是平坦、对称的。所以我们需要设计出 K_{ms} 能与背腔刚度曲线 K_{mb} 匹配的振膜,使扬声器刚度曲线尽量对称。

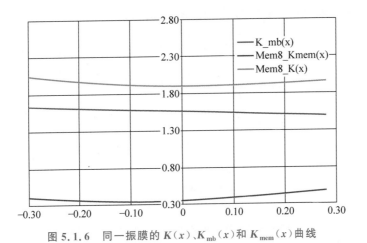

图 5.1.6　同一振膜的 $K(x)$、$K_{mb}(x)$ 和 $K_{mem}(x)$ 曲线

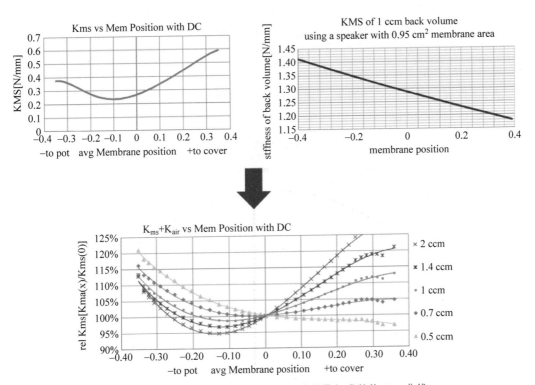

图 5.1.7　振膜 K_{ms} 曲线和背腔 K_{ms} 曲线叠加成整体 K_{ms} 曲线

为了更高的性能,扬声器设计中会尽量增大背腔体积。但因为受到了结构空间的限制,手机扬声器常用一个 1 ccm 以下的背腔。从图 5.1.7 中可知,背腔的刚度曲线 K_{mb} 是负向高正向低的,相应地需要振膜的刚度曲线 K_{ms} 的对称轴位于某一负向位移处,扬声器整体的刚度曲线才会左右对称。

5.1.2　通过仿真来确定影响扬声器 THD 高低的因素

扬声器的失真是由其非线性特性产生的。单体非线性特性的重要性排行榜如图 5.1.8

所示，对微型扬声器来说影响最大的因素是 Bl 曲线和 K_{ms} 曲线。

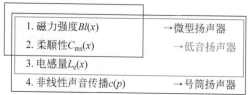

1. 磁力强度 $Bl(x)$ 　 →微型扬声器
2. 柔顺性 $C_{ms}(x)$ 　 →低音扬声器
3. 电感量 $L_e(x)$
4. 非线性声音传播 $c(p)$ 　 →号筒扬声器
5. 电磁场模组 $L_e(i)$
6. 多普勒失真 $\tau(x)$
7. 非线性振膜振动
8. 风管的非线性 $R_A(v)$
9. 其他

图 5.1.8　单体非线性特性的重要性排行榜

二阶失真 K_2 和三阶失真 K_3 是微型扬声器失真中声压最强的部分。K_2 是由非对称的非线性产生的（比如 K_{ms} 和 Bl 曲线基于 y 轴不对称），K_3 是由于对称的非线性产生的（比如 K_{ms} 和 Bl 曲线虽然基于 y 轴对称，但是不平直）。

理想的 K_{ms} 曲线和 Bl 曲线都是一条平行于 x 轴的直线，此时既不会产生 K_2，也不会产生 K_3。但通常微型扬声器的 K_{ms} 曲线是一条开口向上的曲线，而 Bl 曲线是一条开口向下的曲线。一款 3813 扬声器实测的 Bl 曲线（粗黑线）如图 5.1.9 所示。

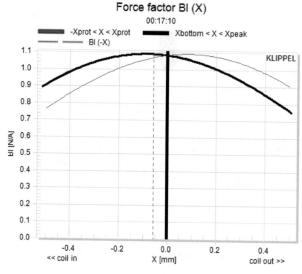

图 5.1.9　3813 扬声器实测的 Bl 曲线

实测的 K_{ms} 曲线如图 5.1.10 所示，此时的整体 K_{ms} 曲线算是比较平坦的。

德国 Klippel 公司的 THD 仿真软件的仿真结果可以为我们说明扬声器的 K_{ms} 曲线、Bl 曲线的非线性和 R_{ms}（阻尼）是如何产生 THD 的：由于 Bl 曲线和 K_{ms} 曲线的不对称产生的 K_2 通常主导 F0/2 和 F0 处的 THD；由于 Bl 曲线和 K_{ms} 曲线的不平直产生的 K_3 通常主导 F0/3 处的 THD；由于阻尼产生的 K_3 还影响 F0 处的 THD。

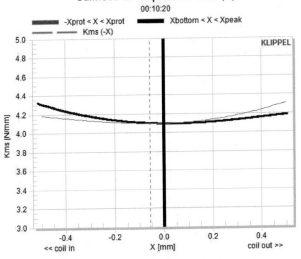

图 5.1.10   3813 扬声器仿真得到的 K_{ms} 曲线和实测的整体 K_{ms} 曲线(图中的粗黑线)

1. 对称的非线性产生 K_3 失真

当扬声器的 K_{ms} 曲线和 Bl 曲线左右对称,但是不平直时,会产生 K_3 失真。例如一款 F0 为 350Hz 的扬声器,K_{ms} 曲线和 Bl 曲线的开口越大,则 K_3 越低,而且 K_3 的峰值在 F0/3 处,如图 5.1.11 所示(左右两图同色的曲线一一对应)。

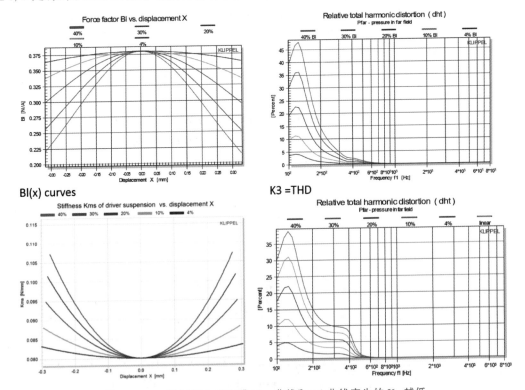

图 5.1.11   开口越大的振膜 K_{ms} 曲线和 Bl 曲线产生的 K_3 越低

因为 Bl 曲线和 K_{ms} 曲线不平坦产生的 K_3 是可以叠加的,总的 THD 等于两者产生的 K_3 相加,如图 5.1.12 所示。

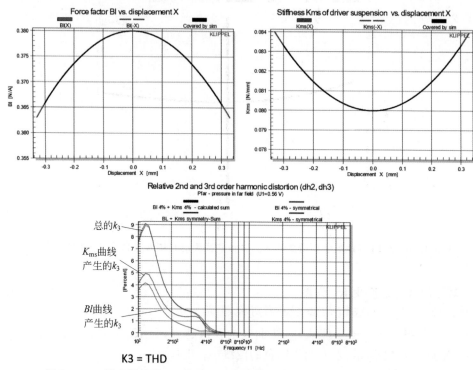

图 5.1.12　扬声器总的 K_3 等于 K_{ms} 曲线产生的 K_3 与 Bl 曲线产生的 K_3 相加

图 5.1.13 表明扬声器(F0 还是 350 Hz)的阻尼越大,因为阻尼产生的 K_3 越低。当阻尼很低时,不仅在 F0/3 处,而且在 F0 处也会产生 K_3 峰。所以为降低 K_3,常采用阻尼较大的厚膜材。而因为阻尼产生的 K_2 为 0。

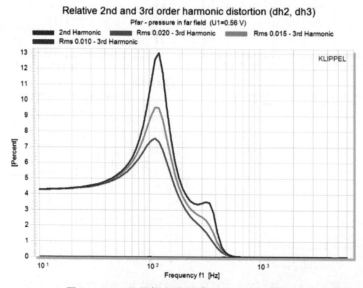

图 5.1.13　阻尼较大的厚膜材产生的 K_3 较低

一个扬声器样品在真空和空气中分别用 Klippel 测得的阻尼曲线如图 5.1.14 所示,可见当速度增大时,空气阻力产生的阻尼远大于材料本身的内阻。

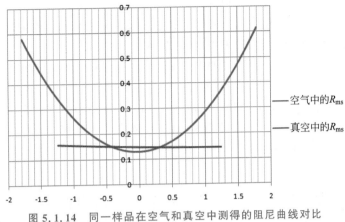

图 5.1.14　同一样品在空气和真空中测得的阻尼曲线对比

总体而言,K_3 主要是由架构设计(决定了振膜折环最大的宽度和高度)和膜材决定的,而 K_2 则是由振膜折环的形状决定的。振膜花纹的形状对振膜性能的影响是较次要的。

2. 不对称的非线性产生 K_2 失真

K_2 对 K_{ms} 曲线和 Bl 曲线对称轴的位置敏感,上升快,因而是 THD 需要重点控制的因素。如图 5.1.15 所示,扬声器 F0 为 350 Hz,当 K_{ms} 曲线的最低点从约 -0.09 mm 的位置移

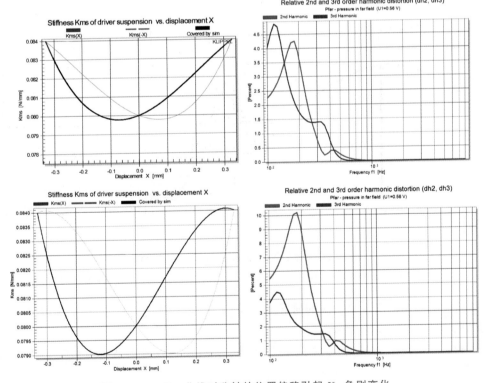

图 5.1.15　K_{ms} 曲线对称轴的位置偏移引起 K_2 急剧变化

动到 -0.12 mm 的位置时,K_2 由 4% 上升到 10% 左右,位于 F0/2 处,而 K_3 基本没有变化。

设计不同形状振膜的主要目的就是优化振膜的 K_{ms} 曲线以得到较低的 K_2。当 K_2 主要是由 Bl 曲线不对称引起时,还可以通过改变音圈形状和音圈在磁路中的位置来将 Bl 曲线调对称。而改变音圈在磁路中的位置可以通过改变振膜中央粘音圈的面与振膜边缘粘盆架的面之间的高度差(俗称有效高)来实现,此时 K_3 基本不变。

例如一款 3813 扬声器的样品 THD 较高,将样品用 Klippel 设备测试后,发现其 Bl 曲线非常不对称,显示音圈位置太高了;而 K_{ms} 曲线比较平坦。因此其基本改进方向是需将对 Bl 曲线调至相对音圈静止位置对称以降低 K_2(F0 为 650 Hz)。首先将这个两层半音圈导线的排布由 9-9-6 改为 10-10-5(三层那端朝下),相当于音圈更深入磁路了。此时 K_2 降低了很多,但 THD 还没有进框线,经测试 Bl 曲线也仍没有完全对称,显得音圈位置仍然有点偏高,如图 5.1.16 所示。

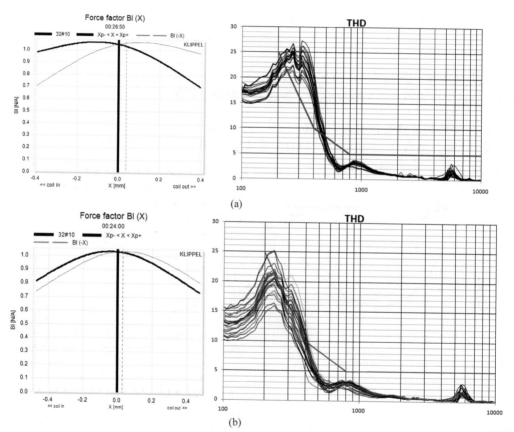

图 5.1.16　改变音圈线排布使 Bl 曲线更对称,因而降低了 K_2

(a)音圈线排布为 9-9-6 时的 THD 和 Bl 曲线;(b)音圈线排布为 10-10-5 时的 THD 和 Bl 曲线

继续改进将振膜中央粘音圈的面下降 0.05 mm,Bl 曲线更对称了,这款扬声器的 THD 也进了框线,如图 5.1.17 所示。

振膜折环横截面的右侧为振膜中央粘音圈面,比左侧振膜边缘粘盆架面低了 0.05 mm。

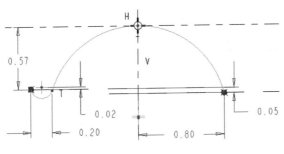

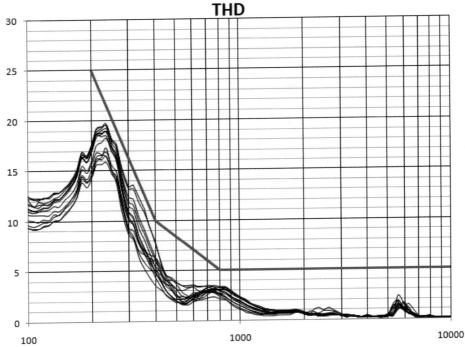

图 5.1.17 降低振膜中央粘音圈的面 0.05 mm 后 THD 进框

3. 反对称的 Bl 曲线和 K_{ms} 曲线可以互补得到更低的 THD

当 Bl 曲线的对称轴与 K_{ms} 曲线的对称轴分别位于平衡位置(0 位)两侧,且与 0 位距离差不多时,称作 Bl 曲线与 K_{ms} 曲线反对称。此时扬声器的 K_2 比 Bl 曲线和 K_{ms} 曲线的对称轴位于平衡位置(0 位)同侧要低得多。这种现象叫作 Bl 曲线与 K_{ms} 曲线反对称补偿。如图 5.1.18 所示,相同的 K_{ms} 曲线与最高点位于 0 位异侧的 Bl 曲线搭配,比其与最高点位于 0 位同侧的 Bl 曲线搭配得到的 K_2 低得多。

试验证明反对称补偿的 K_{ms} 和 Bl 曲线组合得到的 K_2 也比一条曲线对称而另一条曲线不对称时得到的 K_2 要低。比如一款 3411 扬声器,使用两层半的音圈,三层那头朝下时(正装) Bl 曲线比较对称;三层那头朝上时(反装) Bl 曲线最高点与 K_{ms} 曲线最低点位于 0 位一侧。音圈反装时 K_2 比音圈正装时 K_2 更低,如图 5.1.19 所示。

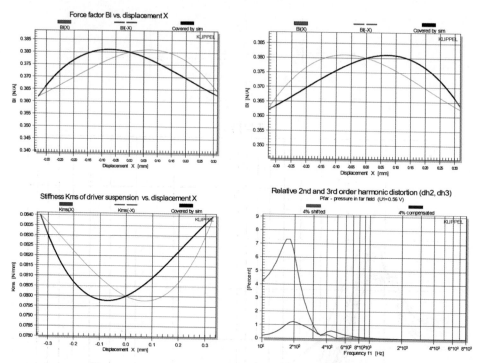

图 5.1.18　K_{ms} 曲线与 Bl 曲线反对称时可以得到更低的 K_2

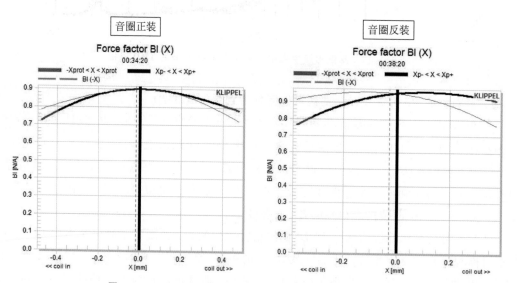

图 5.1.19　K_{ms} 曲线与 Bl 曲线反对称时可以得到更低的 K_2

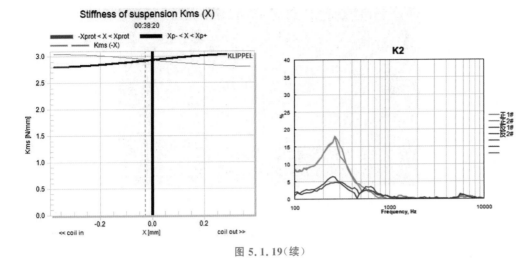

图 5.1.19（续）

5.2　振膜形状与产品性能的关系

能将振膜尺寸与产品声学性能对应起来，才能设计出符合产品需要的振膜。下面以振膜的刚度曲线和产品共振频率（F0）为例说明振膜设计的一些指导原则。

5.2.1　振膜上的应力分布与振膜形状的关系

音圈运动时会使振膜中部跟随运动，而折环边缘固定在盆架上，因而振膜折环部会产生变形。如果没有花纹，一款单折环光膜上的应力分布仿真结果如图 5.2.1 所示。

图 5.2.1　振膜上的应力分布仿真图

图 5.2.1 中红色为应力较大区域，蓝色为应力较小区域。由图 5.2.1 可见，振膜的四个角部是应力最大的区域，如果不设法降低角部应力，则扬声器工作时振膜角部易于破裂。此时 F0 为 671 Hz。

有两个方法可以降低振膜角部的应力。

1. 在折环角部添加花纹

如图 5.2.1 所示，振膜在添加花纹后的应力分布仿真结果如图 5.2.2 所示。

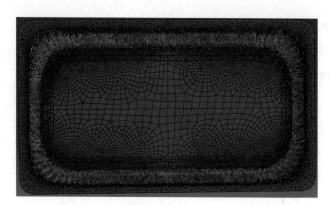

图 5.2.2　添加花纹后振膜上的应力分布仿真图

如图 5.2.2 所示,在折环角部添加花纹后,折环角部的最大应力与其他地方的最大应力差不多。F0 也降到 503 Hz。

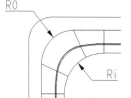

图 5.2.3　折环角部圆角示意图

2. 使四角处的折环宽度大于长、短边上的折环宽度

如果结构允许的话可适当加大 R_i 值。有一款 $13 \times 18 \times 3$ 扬声器,当 R_i 为 2 mm 时,在低温扫频实验中,振膜角部常出现裂痕;当 R_i 变为 2.5 mm 时,振膜在低温扫频实验中不再出现裂痕,如图 5.2.3 所示。

5.2.2　振膜 K_{ms} 曲线对称轴与振膜几何形状的关系

1. 折环最高点位置与 K_{ms} 曲线对称轴位置的关系

K_{ms} 曲线的形状主要由振膜折环的形状决定。对正向单折环振膜而言,当折环最高点位置比较靠近中贴位置时,K_{ms} 曲线的对称轴位置比较偏左;当折环最高点位置比较靠外时,K_{ms} 曲线的对称轴位置比较偏右。对于反向折环则反之。

两款 $12 \times 16 \times 3$ 扬声器振膜的对比如图 5.2.4 所示(两款振膜都是右侧为中贴侧)。

图 5.2.4 中 M1 振膜的折环最高点比 M2 振膜的折环最高点更偏向中贴侧,其 K_{ms} 曲线的对称轴位置也更偏向位移的负方向。

折环最高点向内、外偏移的程度是有限度的,其距离折环内、外边缘的距离不能小于折环高度,否则会造成制造过程中折环无法脱模。

2. 折环上筋的形状与 K_{ms} 曲线对称轴位置的关系

对于正向折环的振膜,如果折环形状相同,当筋的外侧深度大于内侧深度时,K_{ms} 曲线对称轴的位置会更偏向负方向。两款 $12 \times 16 \times 3$ 扬声器振膜的对比如图 5.2.5 所示。

M1 与 M2 振膜的折环形状一样,M1 的筋外深内浅,其 K_{ms} 曲线的对称轴位置也更偏向负方向。

3. 单、双拱折环形状对 K_{ms} 曲线平坦度的影响

振膜 K_{ms} 曲线越平坦,扬声器的 K_3 越低,在 F0/3 频段尤为明显。双拱振膜的 K_{ms} 曲线可以做得比单拱振膜的 K_{ms} 曲线更平坦,因此已经用在了一些尺寸较大的扬声器里。

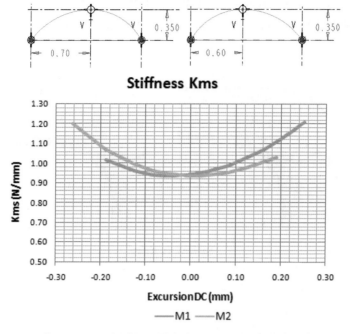

图 5.2.4　两款 12×16×3 振膜折环最高点位置与 K_{ms} 曲线对称轴位置示意图

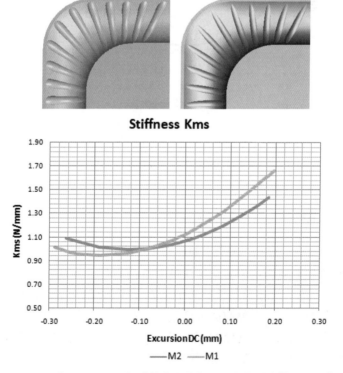

图 5.2.5　两款 12×16×3 振膜筋的形状与 K_{ms} 曲线对称轴位置示意图

下面以 $12\times16\times3$ 扬声器的一款单拱振膜 M1 和一款双拱振膜 M2 为例进行比较。它们的 K_{ms} 曲线的对称轴都在约 -0.2 mm 位置,但振膜 M2 的 K_{ms} 曲线比振膜 M1 的 K_{ms} 曲线更平坦,如图 5.2.6 所示。

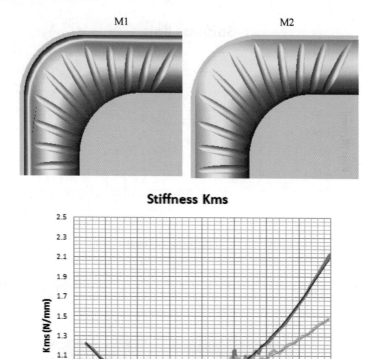

图 5.2.6　单拱振膜与双拱振膜的 K_{ms} 曲线平坦度的比较

5.3　四款常见振膜的画法

为了调整 K_{ms} 曲线的形状以降低 THD 和 HOHD,并适当调整 F0,业界一直在研究各种形状的振膜,使得振膜成为扬声器里形状最复杂的零件。本章介绍四款实际产品中常用的振膜的画法。其中第一款和第二款振膜的筋都是中部深、两端浅的柳叶形花纹;但第一款振膜的折环是单拱的,第二款振膜的折环是双拱的。第三款振膜和第四款振膜的折环都是双拱的,但第三款振膜的筋是连续的,第四款振膜使用了交错双排花纹,如图 5.3.1 所示。

第一款和第二款振膜可以满足大多数项目的需要,画法也较为简单。第三款和第四款振膜的画法比较复杂,但可以增加振膜的刚度。

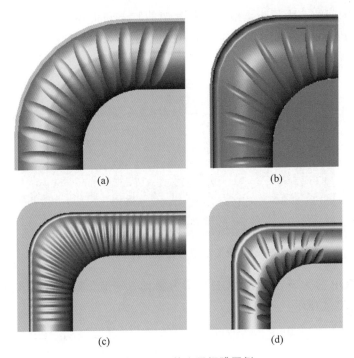

图 5.3.1 四款实用振膜图例

（a）单折环柳叶纹振膜；（b）双折环柳叶纹振膜；（c）双折环波浪纹振膜；（d）双折环双排交错纹振膜

因为现在的手机扬声器振膜多是长方形的，为了减少工作量，所以一般先画四分之一部分，再通过镜像命令得到整个振膜。

5.3.1 单折环柳叶纹振膜的画法

第一款振膜折环是单拱的，筋是中部深、两端浅的柳叶形筋。

折环是用"Pro/E"里的"边界混合"命令绘制的曲面，需要先草绘折环的内、外轮廓曲线，再草绘折环的横截面曲线；然后使用边界混合命令，选择草绘的曲线绘制折环曲面，如图 5.3.2 所示。

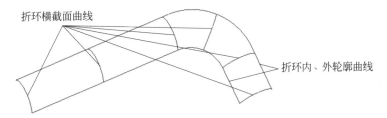

折环横截面曲线

折环内、外轮廓曲线

图 5.3.2 折环内、外轮廓线和横截面曲线的示意图

1. 草绘折环的内、外轮廓曲线

扬声器装配时振膜和音圈相对于盆架中心难免有所偏离。为了防止粘音圈和振膜的胶溢到折环上，除了控制胶量不要太大，折环的内沿与音圈外沿之间还要留至少 0.05 mm 的间隙。为了防止粘振膜和中贴的胶溢到折环上，折环的内沿与中贴边缘之间也要留

0.1～0.15 mm 的间隙。为了防止粘振膜和盆架的胶溢到折环上,折环的外沿与盆架之间也要留 0.05 mm 的间隙。如图 5.3.3 所示,在折环的两条内、外轮廓线(图中蓝线)与盆架和音圈之间,有 0.05 mm 的间隙。

图 5.3.3　振膜内、外轮廓线与盆架和音圈的相对位置示意图

以基准面 TOP 面为草绘面,RIGHT 面为顶部参考面,草绘的振膜折环外侧轮廓线 OUTER,如图 5.3.4 所示。

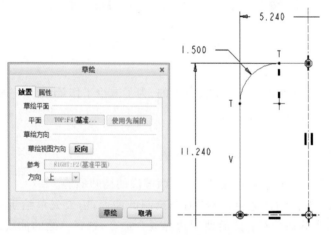

图 5.3.4　振膜折环外轮廓线草绘图

为了能调整音圈位置的高低,另外建立一个平行于 TOP 面的基准面来放置粘音圈的振膜内部平面。点击“模型”菜单栏里“创建基准平面”图标,选择 TOP 面为参考面,输入平移距离 0.02;再点击“属性”栏,在“名称”栏里输入新基准面名称“Z-DISTANCE”,如图 5.3.5 所示。

以“Z-DISTANCE”基准面为草绘平面,RIGHT 面为顶部参考面,草绘的振膜折环内侧轮廓线 INNER 如图 5.3.6 所示。

2. 草绘折环长、短边上的横截面轮廓曲线

在 RIGHT 和 FRONT 面上分别草绘折环长、短边上的横截面轮廓曲线 length 和 short,形状是一样的。注意选取折环长、短轮廓曲线为参照,使横截面曲线端点与折环轮廓线重合,如图 5.3.7 所示。

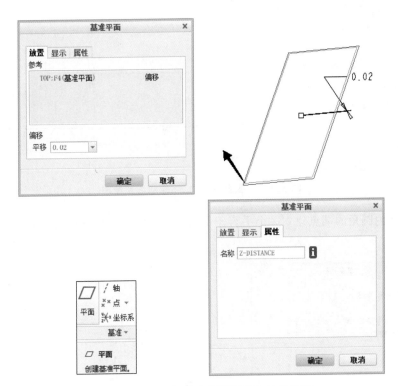

图 5.3.5 建立振膜内部平面所在的基准面

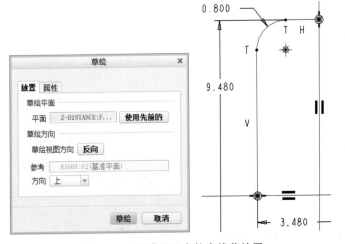

图 5.3.6 振膜折环内轮廓线草绘图

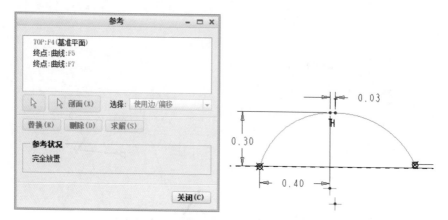

图 5.3.7　振膜折环内、外轮廓线草绘图

通过折环内圆角的端点建立一个平行于 FRONT 面的基准面,命名为 DTM1,如图 5.3.8 所示。

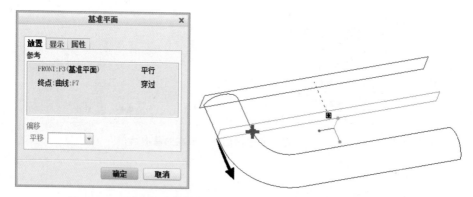

图 5.3.8　通过折环内圆角端点且平行于 FRONT 面的基准面 DTM1

在 DTM1 上将草绘的短边横截面投影过来,生成一条曲线,命名为"short1",如图 5.3.9 所示。

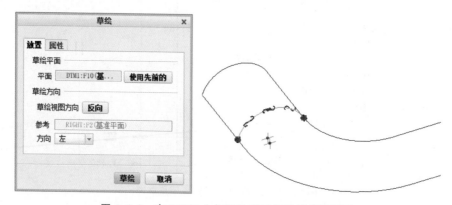

图 5.3.9　在 DTM1 上投影的草绘短边横截面投影

通过折环内圆角的端点建立一个平行于 RIGHT 面的基准面,命名为"DTM2",如图 5.3.10 所示。

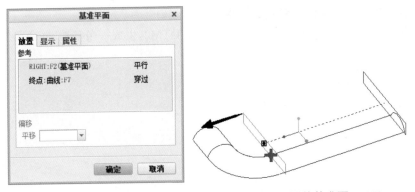

图 5.3.10 通过折环内圆角端点且平行于 RIGHT 面的基准面 DTM2

在 DTM2 上将草绘的长边横截面投影过来,生成一条曲线,命名为"longth1",如图 5.3.11 所示。

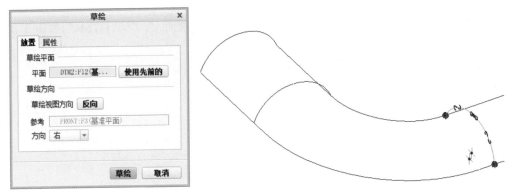

图 5.3.11 在 DTM2 上投影的草绘长边横截面投影

因为折环长边较长,若此时生成边界混合曲面,长边上的折环曲面会变形,故还需在长边上增加一个折环横截面。建立一个平行于 DTM2 面的基准面,距离为 2 mm,命名为"DTM3",如图 5.3.12 所示。

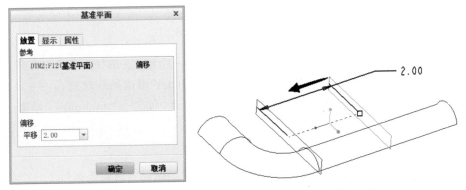

图 5.3.12 建立距 DTM2 上投影的草绘长边横截面投影

在 DTM3 上将草绘的长边横截面投影过来,生成一条曲线,命名为"longth2"。

3. 草绘折环转角中央的横截面轮廓曲线

点击"创建基准轴"命令,选择基准面 DTM1 和 DTM2,生成一条基准轴,命名为"A_1",如图 5.3.13 所示。

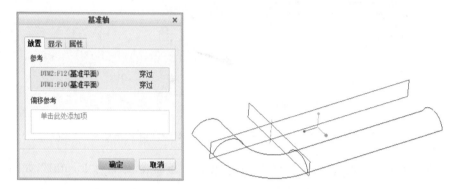

图 5.3.13　通过 DTM1 和 DTM2 相交创建基准轴"A_1"

通过轴 A_1 创建一个与基准面 DTM1 成 45°夹角的基准面,命名为"DTM4",如图 5.3.14 所示。

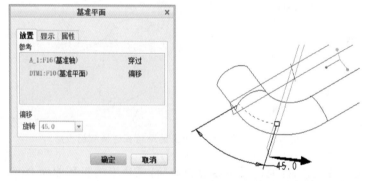

图 5.3.14　通过 A_1 创建与 DTM1 成 45°夹角的基准面 DTM4

在基准面 DTM4 上草绘折环横截面曲线,命名为"center"。注意草绘时需选择折环内、外圆角轮廓线为参考线,以便画圆弧时捕捉端点,如图 5.3.15 所示。

4. 用边界混合命令生成折环曲面

点击"边界混合"按钮,启动边界混合命令,单击第一个框,按住"Ctrl"键选择图 5.3.16 中的内、外轮廓线(图中红线);再单击第二个框,按住"Ctrl"键选择筋轨迹面的 6 条横截面曲线(图中黑线),然后单击 ✓ 按钮,就生成了一个曲面,命名为"zhehuan",如图 5.3.16 所示。

5. 生成筋的轨迹所在曲面

折环角部有数条加强筋,覆盖了整个折环转弯范围。加强筋的轨迹都位于一个内、外边界与折环相同的拱形曲面上,但曲面的顶部比折环顶部高度低,相差一个筋的深度。筋的深度为 0.04 mm。

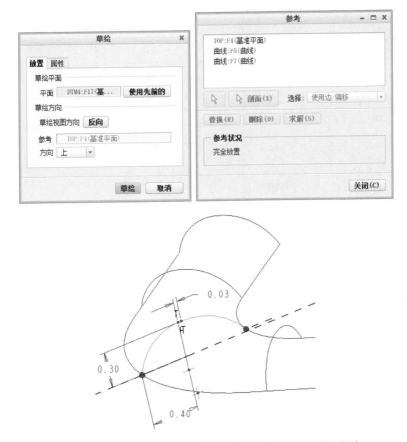

图 5.3.15　在基准面 DTM4 上草绘折环转角处的横截面轮廓

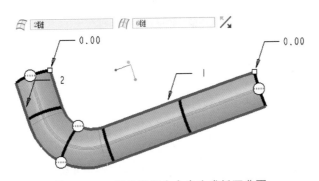

图 5.3.16　用边界混合命令生成折环曲面

在 FRONT 面和 RIGHT 面上各草绘一条筋的横截面曲线，命名为"c_length"和"c_short"，它们形状相同，端点与折环轮廓线重合，如图 5.3.17 所示。

在基准面 DTM2 上用投影的方法生成筋横截面"c_length1"，在基准面 DTM3 上用投影的方法生成筋横截面"c_length2"，在基准面 DTM1 上用投影的方法生成筋横截面"c_short1"。

在基准面 DTM4 上草绘的筋横截面，命名为"c_center"，如图 5.3.18 所示。

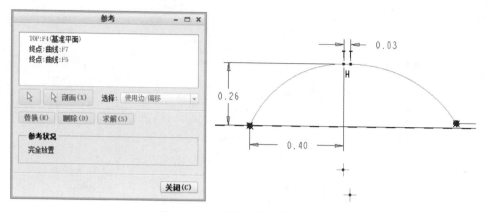

图 5.3.17　草绘的筋横截面曲线

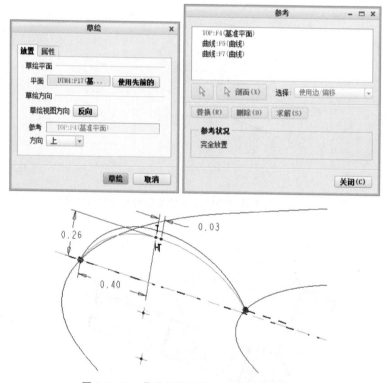

图 5.3.18　草绘的筋在转角处的横截面曲线

　　点击"边界混合"按钮,启动边界混合命令,单击第一个框,按住"Ctrl"键选择折环的内、外轮廓线(图 5.3.19 中红线);再单击第二个框,按住"Ctrl"键选择筋轨迹面的 6 条横截面曲线(图中黑线),然后单击 ✓ 按钮,就生成了一个曲面,命名为"jinguiji",如图 5.3.19所示。

　　在"视图"菜单栏里单击"外观库"按钮,给折环曲面赋予金色,筋轨迹曲面赋予绿色,以方便后续操作。选择曲面时从过滤器中选择"面组",如图 5.3.20 所示。

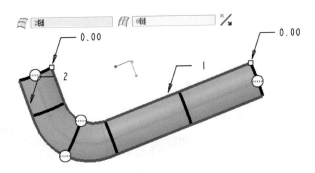

图 5.3.19 用边界混合命令生成筋轨迹所在曲面

图 5.3.20 为折环曲面和筋轨迹曲面着色

6. 绘制第一条筋的轨迹

在 TOP 基准面上草绘一条直线,来定义第一条筋的轨迹在水平面上的位置,命名为"guiji1",如图 5.3.21 所示。

图 5.3.21 草绘第一条筋的轨迹的水平位置

将草绘的直线投影到"jinguiji"曲面上,就形成了筋的轨迹。选中直线"guiji1",再点击"投影"按钮,选择绿色的筋轨迹曲面"jinguiji",再点击 ✓ 按钮,就生成了第一条筋的轨迹,名为"投影 1",如图 5.3.22 所示。

7. 生成第一根筋曲面

点击"扫描"按钮,在主菜单栏里选择"扫描为曲面"选项,在"参考"菜单栏里选择第一条筋的轨迹"投影 1",相关选项如图 5.3.23 所示。

在主菜单栏里点击"创建横截面"按钮绘制筋的截面。首先画一条中心线,再绘制一个过交线定点的三角形,然后将三角形定点倒圆角,最后定义好尺寸和约束的横截面如图 5.3.24 所示。

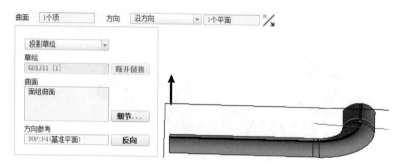

图 5.3.22　投影生成草绘第一条筋的轨迹

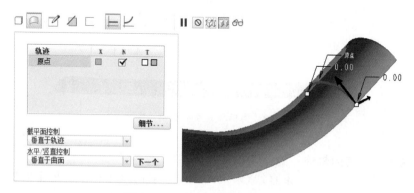

图 5.3.23　选择扫描曲面的轨迹

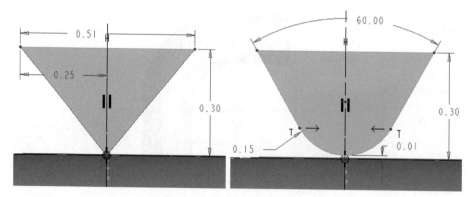

图 5.3.24　草绘第一条筋的横截面

点击 ✔ 按钮,生成的筋曲面如图 5.3.25 所示。

8. 合并第一根筋曲面和折环曲面

按住"Ctrl"键选择第一根筋曲面和折环曲面,再点击菜单栏里的"合并"按钮启动曲面合并命令,点击工具栏里的箭头选择要保留的曲面(带黄色网格的曲面是合并后会保留的部分),再点击 ✔ 按钮就生成了第一条筋,如图 5.3.26 所示。

9. 阵列生成别的筋

振膜折环的一个角部共有 10 条筋,覆盖了整个折环转弯部分。画好第一条后用阵列的

图 5.3.25　生成的第一条筋曲面

图 5.3.26　合并生成第一条筋

方法生成另外 9 条比一条一条单独画省事得多。

　　首先阵列定义筋的轨迹的直线,从模型树种选择"guiji1"特征,再点击"模型"工具栏里的"阵列"按钮,弹出阵列的选项来。在阵列方式栏里选择"轴",以一根轴为中心按角度生成一系列的相同特征;在其后的栏里选择轴"A_1"。在后面的参数栏里输入阵列个数"10"和阵列间距"12 度"。此时在模型窗口出现的每一个黑点代表一个特征,可以预览即将阵列出的特征的位置。点击 ✓ 按钮,就出现了阵列的曲线;模型树中出现了阵列特征 GUIJI1,如图 5.3.27 所示。

　　接下来阵列筋的轨迹。选择模型树中的特征"投影 1",再点击"阵列"按钮,在阵列方式栏里选择"尺寸",此时在模型窗口中显示出了第一条筋轨迹位置直线"轨迹 1"的各个定义

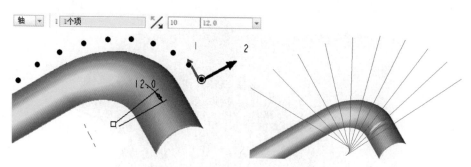

图 5.3.27   阵列出的轨迹位置直线

尺寸；选择尺寸"5°"，在弹出的小窗口中输入阵列间隔"12"°，然后在尺寸后的框里输入阵列的特征个数"10"，则出现可预览的轨迹位置，如图 5.3.28 所示。

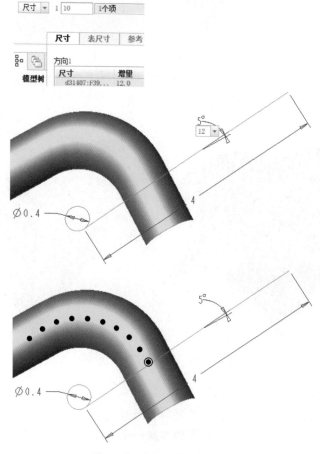

图 5.3.28   阵列轨迹的定义

点击 ☑ 按钮阵列成的轨迹如图 5.3.29 所示，此时模型树上出现了投影曲线的阵列特征。

选择模型树上的特征"扫描 1"，再点击"阵列"按钮，在阵列方式栏里选择"参考"，点击☑ 按钮，生成阵列出的筋曲面按钮，如图 5.3.30 所示。

图 5.3.29　阵列的轨迹

图 5.3.30　阵列的筋曲面

选择模型树上的特征"合并 1",再点击"阵列"按钮,在阵列方式栏里选择"参考",点击
✔ 按钮,生成其他的筋,如图 5.3.31 所示。

图 5.3.31　阵列生成其他的筋

10. 镜像生成整个振膜折环

按住"Shift"键在模型树中选中从"OUTER"到"阵列 12"的所有特征,再点击"模型"工
具栏中的"镜像"按钮,弹出镜像对话框,选择"FRONT"基准面作为镜像平面,再点击✔ 按
钮,就完成了镜像,得到了半个振膜,如图 5.3.32 所示。

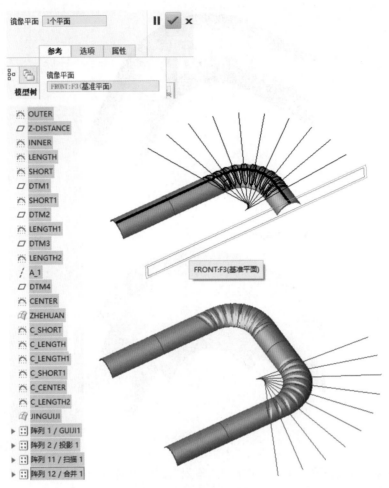

图 5.3.32　镜像得到半个折环

再次按住"Shift"键从模型树中选中从"OUTER"到"镜像 3"的所有特征，并按住"Ctrl"键选中"镜像 3"特征，再点击"模型"工具栏中的"镜像"按钮，弹出镜像对话框，选择"RIGHT"基准面作为镜像平面，再点击 ✓ 按钮完成镜像，就得到了整个振膜，如图 5.3.33所示。

11. 绘制振膜中央贴中贴的平面

点击"模型"工具栏里"创建平面"的图标，选择基准面"Z-DISTANCE"为草绘平面，草绘振膜中央贴中贴的平面。在草绘界面里点击"投影"按钮，在随后弹出的"类型"对话框里选择"环"选项，选择折环内部轮廓线作为中贴面边线，单击"确定"按钮创建中贴平面，如图 5.3.34 所示。

12. 绘制振膜边缘粘胶面

点击"模型"工具栏里创建平面的图标 ▭填充，选择基准面 TOP 为草绘平面，草绘振膜边缘粘胶面。在草绘界面里点击"投影"按钮，在随后弹出的"类型"对话框里选择"环"选项，选择折环外部轮廓线作为粘胶面内边线，如图 5.3.35 所示。

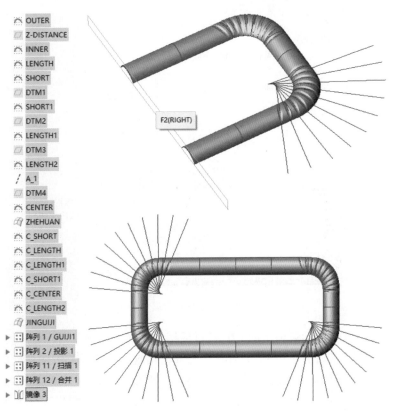

图 5.3.33 镜像生成另一半折环

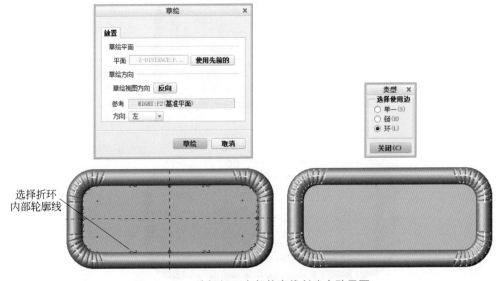

图 5.3.34 选择折环内部轮廓线创建中贴平面

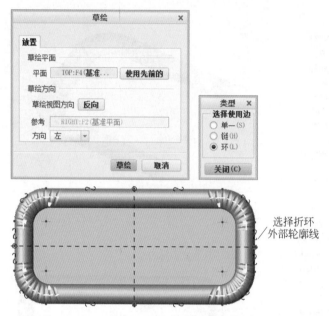

图 5.3.35　选择折环外部轮廓线线

点击"偏移"按钮,在随后弹出的"类型"对话框里选择"环"选项,再次点击折环外部轮廓线,出现了定义偏移距离的对话框,同时在轮廓线上出现了定义偏移方向向外的箭头。在定义偏移距离的对话框里输入折环外轮廓线与扬声器框架间的距离 0.05 mm,点击 ✓ 按钮,就完成了振膜粘胶面草绘,再点击 ✓ 按钮两次完成平面的绘制,如图 5.3.36 所示。

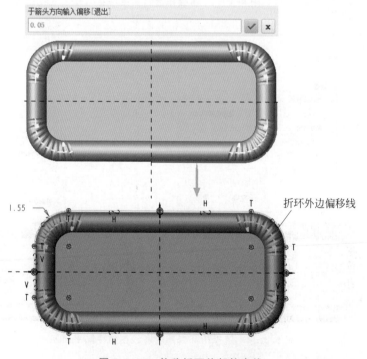

图 5.3.36　偏移折环外部轮廓线

5.3.2　双折环柳叶纹振膜的画法

下面来说明一款 $12×16×3$ 扬声器双拱振膜的画法。

1．草绘折环的内、外轮廓曲线

在 TOP 基准面上草绘折环的外轮廓曲线，如图 5.3.37 所示。

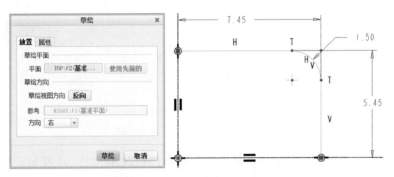

图 5.3.37　草绘折环外轮廓曲线

在 TOP 基准面上草绘折环的内轮廓曲线，如图 5.3.38 所示。

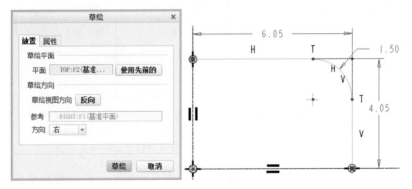

图 5.3.38　草绘折环内轮廓曲线

2．绘制折环短边上的横截面曲线

在 FRONT 面上草绘折环短边上的横截面，两端点与折环的端点重合，如图 5.3.39 所示。

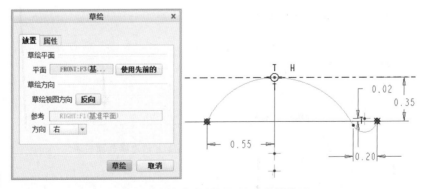

图 5.3.39　草绘折环短边上的横截面

点击"创建基准面"按钮,通过折环内圆角的端点,新建一个平行于 FRONT 面的基准面 DTM1,如图5.3.40所示。

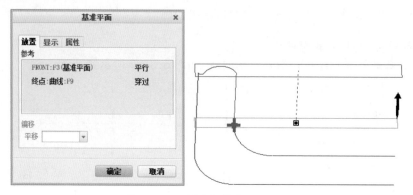

图 5.3.40　创建新基准面 DTM1

再创建一个距 FRONT 面 1.3 mm 的基准面 DTM2,如图 5.3.41 所示。

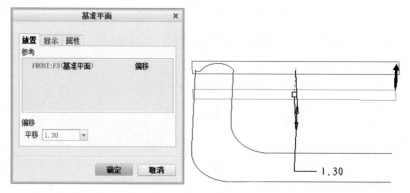

图 5.3.41　创建新基准面 DTM2

在基准面 DTM1 和 DTM2 上用投影的方法创建与草绘的折环横截面形状相同的横截面曲线,如图 5.3.42 所示。

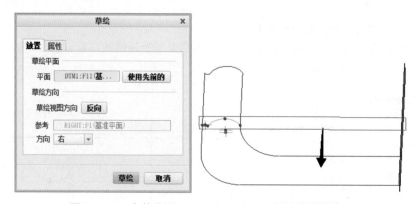

图 5.3.42　在基准面 DTM1 和 DTM2 上创建横截面投影

3. 绘制折环长边上的横截面曲线

在 RIGHT 面上草绘折环长边上的横截面，两端点与折环的端点重合，如图 5.3.43 所示。

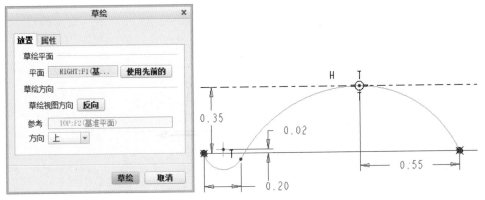

图 5.3.43　在 RIGHT 面上草绘折环横截面投影

点击"创建基准面"按钮，通过折环内圆角的端点，新建一个平行于 RIGHT 面的基准面 DTM3，如图 5.3.44 所示。

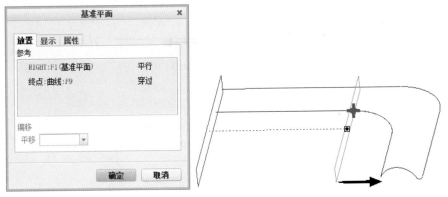

图 5.3.44　创建基准平面 DTM3

接着创建距 RIGHT 面 1.5 mm 的基准面 DTM4，再创建距 DTM4 面 1.5 mm 的基准面 DTM5，如图 5.3.45 所示。

将折环长边上的横截面曲线分别投影到基准面 DTM3、DTM4 和 DTM5 上，如图 5.3.46 所示。

4. 绘制折环转角中央的横截面曲线

点击"创建基准轴"按钮，通过基准面 DTM1 和 DTM3 的交线创建一根基准轴，如图 5.3.47 所示。

创建一个穿过基准轴 A_1，与 DTM1 成 45°角的基准面 DTM6，如图 5.3.48 所示。

在基准面 DTM6 上草绘折环横截面曲线，如图 5.3.49 所示。

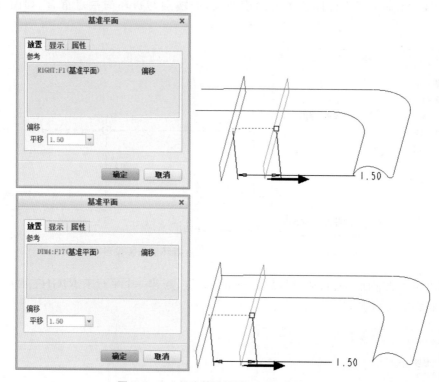

图 5.3.45　创建基准平面 DTM4 和 DTM5

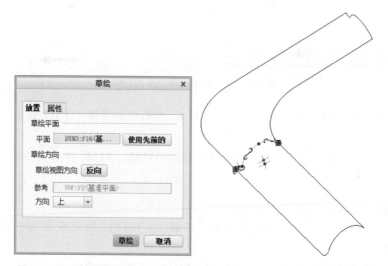

图 5.3.46　在基准平面 DTM3、DTM4 和 DTM5 上创建折环横截面投影

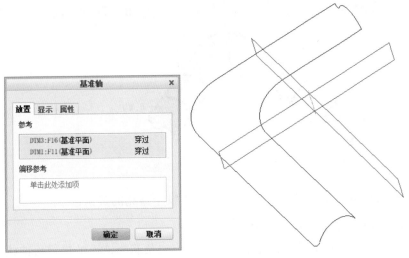

图 5.3.47　创建相交轴

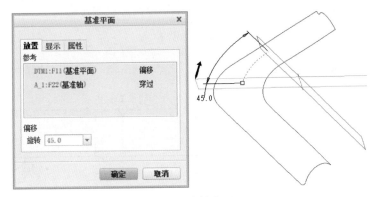

图 5.3.48　创建基准面 DTM6

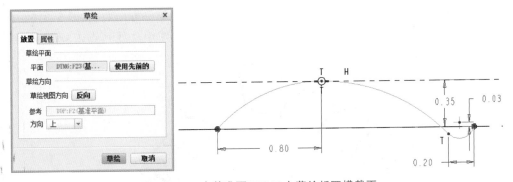

图 5.3.49　在基准面 DTM6 上草绘折环横截面

5. 用边界曲面命令创建四分之一折环曲面

点击"创建边界曲面"的按钮,选择折环的内、外边线作为第一方向曲线(图 5.3.50 中黑线),选择折环的 8 条横截面轮廓线作为第二方向曲线(图中红线),点击 ✔ 按钮,创建四分之一个折环,如图 5.3.50 所示。

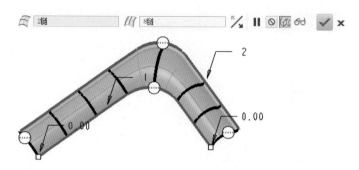

图 5.3.50　创建折环曲面

为便于与筋轨迹所在曲面相区别,给折环曲面赋予磨亮的黄铜色。

6. 创建四分之一筋轨迹所在曲面

在每个草绘折环横截面曲线的基准面上也草绘一条筋轨迹面的横截面曲线,两端与折环横截面曲线相连,但高度为 0.30 mm,相差一个筋的深度,如图 5.3.51 所示。

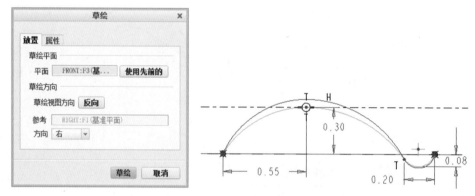

图 5.3.51　绘制短边上的筋轨迹曲面横截面

点击"创建边界曲面"的按钮,选择折环的内、外边线作为第一方向曲线(图 5.3.52 中黑线),选择筋轨迹面的 8 条横截面轮廓线作为第二方向曲线(图中红线),点击 ✔ 按钮,创建

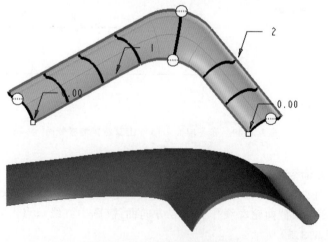

图 5.3.52　创建筋轨迹所在曲面

四分之一个筋轨迹面。此时两个有共同内、外边界的边界混合曲面如图 5.3.52 所示,其中黄铜色的是折环曲面,而蓝色的是筋轨迹所在曲面。

7. 绘制第一条筋

首先绘制第一条筋的位置曲线。它是一个直径为 0.6 mm 的圆形构造线,如图 5.3.53 所示。

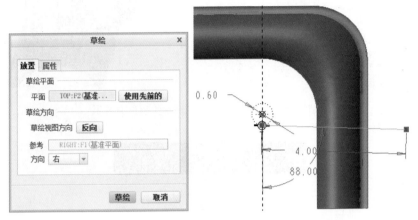

图 5.3.53　创建筋轨迹所在曲面

然后选中第一条筋的位置曲线,再点击"投影"按钮,选择筋轨迹面作投影曲面,生成第一条筋的轨迹,如图 5.3.54 所示。

图 5.3.54　投影生成第一条筋轨迹

单击"扫描"按钮,选择"扫描为曲面"选项,筋的轨迹和方向如图 5.3.55 所示。

再单击"创建横截面"按钮,草绘筋的横截面如图 5.3.56 所示。

按住"Ctrl"键选中筋曲面和折环曲面,点击"合并"按钮,再点击定义保留曲面方向的两个箭头,定义好合并后保留的面(上有黄色网格),将生成的筋曲面与折环曲面合并,就生成了第一条筋,如图 5.3.57 所示。

8. 阵列生成其他筋

每个折环角部共有 9 条筋,可以每条都按第一条筋的画法画,但用阵列的方法生成其他筋更简单,可以减少很多工作量。

图 5.3.55 选择第一条筋轨迹和绘制曲面选项

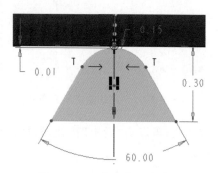

图 5.3.56 草绘筋的横截面

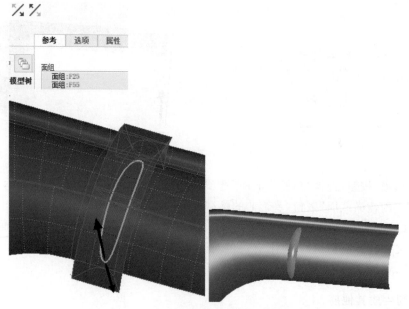

图 5.3.57 合并筋曲面和折环曲面

在模型树中选中"JINWEIZHI"曲线,再单击"阵列"图标启动阵列命令。在阵列方式选项中选择"轴",然后选择折环圆角的中心轴线"A_1"作为阵列轴线,输入阵列间隔"﹣12°",阵列个数"9个"。在折环角部显示出一组代表新特征位置的黑原点,再点击对话框里的 ✓ 图标即生成了9条筋轨迹位置曲线,如图5.3.58所示。

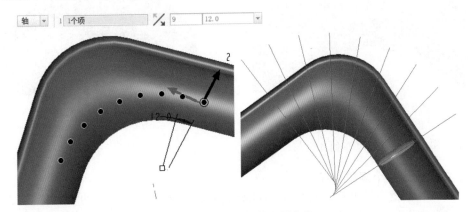

图5.3.58　轴阵列筋位置曲线

再从模型树中选择"投影1"特征,点击"阵列"图标启动阵列命令。在阵列方式选项中选择"尺寸",然后选择第一条筋位置曲线的角度尺寸88°作为阵列参照尺寸,输入阵列间隔"﹣12°",阵列个数"9个",在折环角部显示出一组代表新轨迹位置的黑原点。再点击对话框里的 ✓ 图标即生成了11条筋轨迹,如图5.3.59所示。

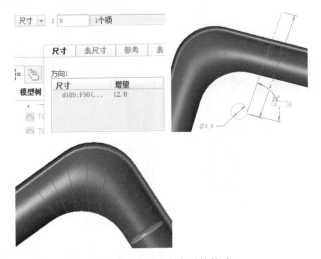

图5.3.59　尺寸阵列筋轨迹

从模型树中选择"扫描1"特征,再点击"阵列"图标启动阵列命令。选择默认的"参考"选项,再点击对话框里的 ✓ 图标即生成了其他的筋曲面,如图5.3.60所示。

从模型树中选择"合并1"特征,再点击"阵列"图标启动阵列命令。选择默认的"参考"选项,再点击对话框里的 ✓ 图标即将其他的筋曲面与折环曲面合并,如图5.3.61所示。

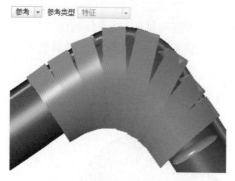

图 5.3.60　参考阵列筋曲面

图 5.3.61　合并生成其他筋

将此阵列重命名为"阵列 4"。

9. 镜像生成整个振膜折环

按住"Shift"键在模型树中选中从"TORUS_OUTER"到"阵列 4"的所有特征,再点击"模型"工具栏中的"镜像"按钮,弹出镜像对话框,选择"FRONT"基准面作为镜像平面,再点击 ✔ 按钮,就完成了镜像,得到了半个振膜,如图 5.3.62 所示。

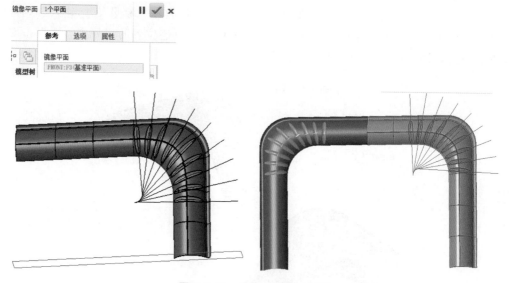

图 5.3.62　镜像生成半个折环

再按住"Shift"键从模型树中选中从"TORUS_OUTER"到"镜像 1"的所有特征,再点击"模型"工具栏中的"镜像"按钮,弹出镜像对话框,选择"RIGHT"基准面作为镜像平面,再点击 ✔ 按钮,就完成了镜像,得到了另外半个振膜,如图 5.3.63 所示。

按住"Ctrl"键选中折环的四部分,点击"合并"按钮启动合并命令,直接按 ✔ 按钮,将它们合并成整个折环。

最后用与绘制单拱折环振膜的中贴面和粘胶面相同的方法绘制双拱折环的内、外平面。

图 5.3.63　镜像生成另半个折环

5.3.3　双折环波浪纹振膜的画法

波浪纹振膜是指在折环角部花纹比较深，由角部向折环中间花纹逐渐变浅的设计。由于花纹深度是渐变的，因而振膜角部应力更小，更不易开裂，振膜顺性也更好。

1. 草绘折环的内、外轮廓曲线

在 TOP 基准面上草绘折环的外轮廓曲线，如图 5.3.64 所示。

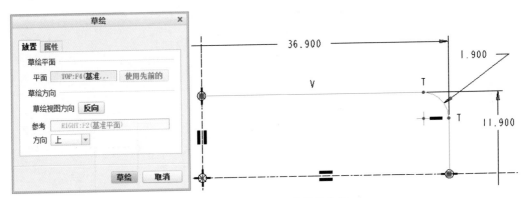

图 5.3.64　草绘折环外轮廓曲线

为了能调整音圈位置的高低，另外建立一个平行于 TOP 面的基准面来放置粘音圈的振膜内部平面。点击"模型"菜单栏里创建基准平面的图标，选择 TOP 面为参考面，输入平移距离 0.02；再点击"属性"栏，在"名称"栏里输入新基准面名称"Z-DISTANCE"，如图 5.3.65 所示。

以"Z-DISTANCE"基准面为草绘平面，RIGHT 面为顶部参考面，草绘的振膜折环内侧轮廓线 inner，如图 5.3.66 所示。

2. 绘制折环短边上的横截面曲线

在 FRONT 面上草绘折环短边上的横截面，两端点与折环的端点重合，如图 5.3.67 所示。

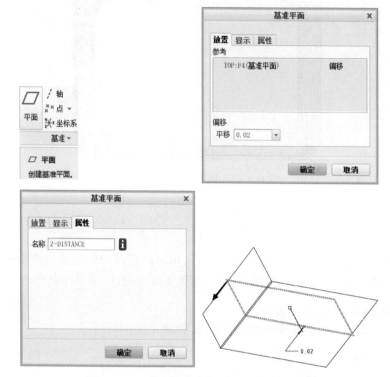

图 5.3.65　建立振膜内部平面所在的基准面

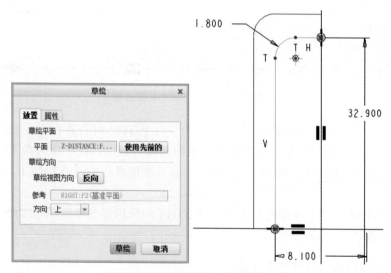

图 5.3.66　振膜折环内轮廓线草绘图

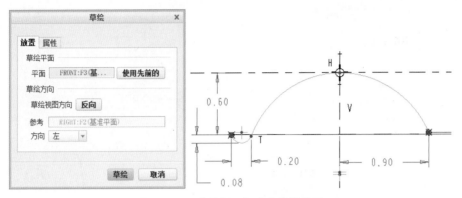

图 5.3.67 草绘折环短边上的横截面

点击"创建基准面"按钮,通过折环内圆角的端点,新建一个平行于 FRONT 面的基准面 DTM1,如图 5.3.68 所示。

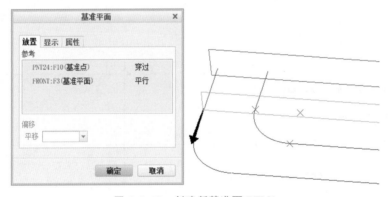

图 5.3.68 创建新基准面 DTM1

再在 FRONT 面和 DTM1 面中间位置创建一个距 FRONT 面 1.1 mm 的基准面 DTM2,如图 5.3.69 所示。

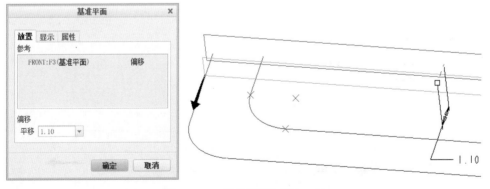

图 5.3.69 创建新基准面 DTM2

在基准面 DTM1 和 DTM2 上用投影的方法创建与草绘的折环横截面形状相同的横截面曲线,如图 5.3.70 所示。

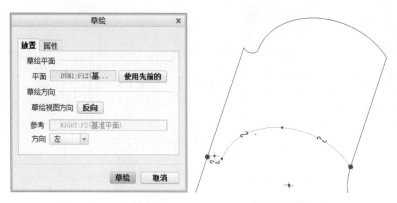

图 5.3.70   在基准面 DTM1 和 DTM2 上创建横截面投影

3. 绘制折环长边上的横截面曲线

在 RIGHT 面上草绘折环长边上的横截面，两端点与折环的端点重合，如图 5.3.71 所示。

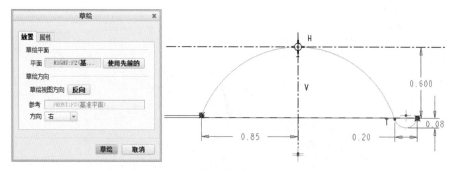

图 5.3.71   在 RIGHT 面上草绘折环长边上的横截面投影

点击"创建基准面"按钮，通过折环内圆角的端点，新建一个平行于 RIGHT 面的基准面 DTM3，如图 5.3.72 所示。

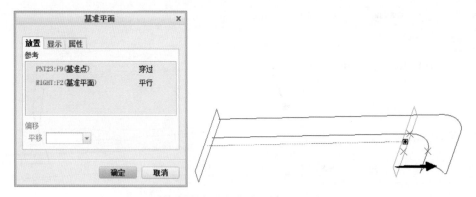

图 5.3.72   创建新基准平面 DTM3

接着创建距 DTM3 面 5 mm 的基准面 DTM4，再创建距 DTM4 面 5 mm 的基准面 DTM5，如图 5.3.73 所示。

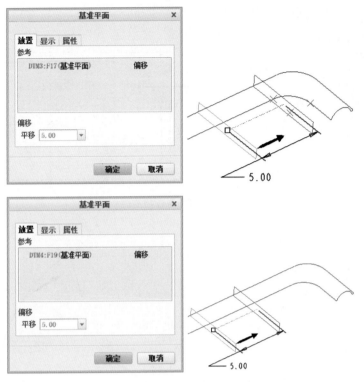

图 5.3.73　创建基准平面 DTM4 和 DTM5

将折环长边上的横截面曲线分别投影到基准面 DTM3、DTM4 和 DTM5 上,如图 5.3.74 所示。

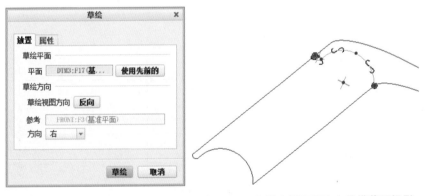

图 5.3.74　在基准平面 DTM3、DTM4 和 DTM5 上创建折环长边上的横截面投影

4. 绘制折环转角中央的横截面曲线

在"Z-DISTANCE"面上草绘一条通过 DTM1 和 DTM3 交点的直线,如图 5.3.75 所示。

创建一个穿过刚草绘的直线,并与"Z-DISTANCE"面垂直的基准面 DTM6,如图 5.3.76 所示。

在基准面 DTM6 上草绘折环横截面曲线,如图 5.3.77 所示。

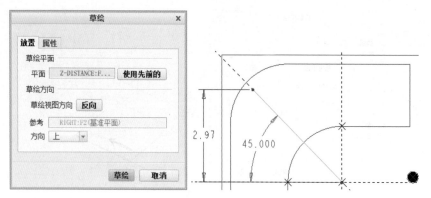

图 5.3.75　创建相交轴

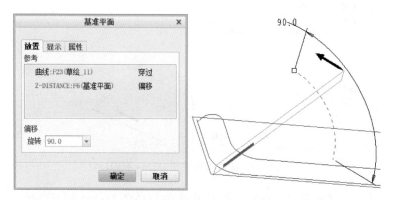

图 5.3.76　创建基准面 DTM6

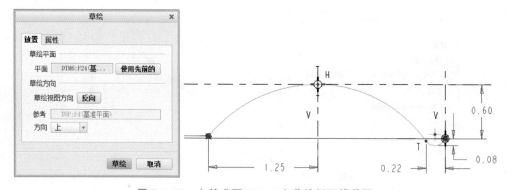

图 5.3.77　在基准面 DTM6 上草绘折环横截面

5．用边界曲面命令创建四分之一折环曲面

点击"创建边界曲面"的按钮，选择折环的内、外边线作为第一方向曲线（图中黑线），选择折环的 8 条横截面轮廓线作为第二方向曲线（图中红线），点击 ✔ 按钮，创建四分之一个折环，如图 5.3.78 所示。

为便于与筋轨迹所在曲面相区别，给折环曲面赋予磨亮的黄铜色。

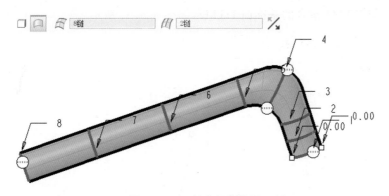

图 5.3.78　创建折环曲面

6. 用拉伸命令创建经过折环最高点的曲面

点击创建拉伸曲面的按钮"拉伸"，在"Z-DISTANCE"面上草绘一条经过折环截面最高点的曲线，设置拉伸高度为 1 mm，点击 ✔ 按钮，创建四分之一个折环，如图 5.3.79 所示。

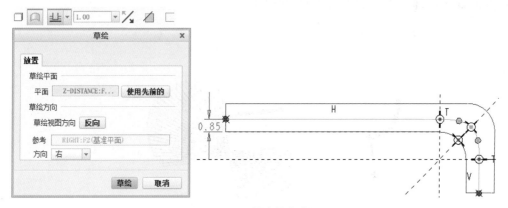

图 5.3.79　创建拉伸曲面

7. 创建振膜角部的筋的纵截面所在基准面阵列

点击"创建基准轴"按钮，通过基准面 DTM1 和 DTM3 的交线创建一根基准轴"A_1"，如图 5.3.80 所示。

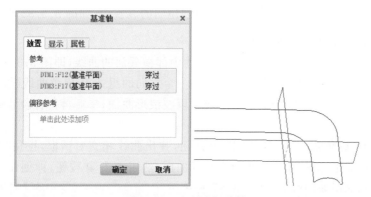

图 5.3.80　创建相交轴

创建一个与 DTM1 重合的基准面 DTM7,如图 5.3.81 所示

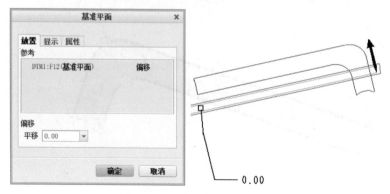

图 5.3.81　创建基准面 DTM7

先选择基准面 DTM7,再点击"阵列"命令的图标,在阵列设置栏的第一项里选择"轴",第二栏选择基准轴"A_1",第三项输入阵列数量 31(可绘 15 条筋),第五项输入旋转范围 90°,点击 ✓ 按钮,创建阵列的基准面组,如图 5.3.82 所示。

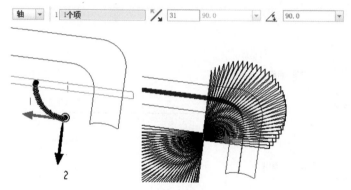

图 5.3.82　创建阵列的基准面

8. 偏移折环面,生成筋的波谷面

波浪形花纹筋的中部横截面像连续的波浪一样,波峰位于折环面(黄色曲面)上,波谷位于一个折环向下偏移的面(绿色曲面)上。选择折环曲面,再点击"偏移"图标,设置偏移量为 0.08 mm(即筋中部的深度),点击 ✓ 按钮,即创建筋的波谷面,如图 5.3.83 所示。

9. 生成筋的波峰纵截面最高点

生成波浪纹折环首先要创建一条连接筋的中部横截面的曲线,即图 5.3.84 中标号 2 的曲线。然后以图 5.3.84 中的三条红色曲线为一个方向的组,5 条黑色曲线(波峰纵截面线)为另一个方向的组,用边界混合的命令生成一段波浪形曲面,最后再把各段波浪形曲面合并在一起。

选择 DTM7 基准面,然后点击"相交"按钮,弹出曲线相交对话框,按住"Ctrl"键,在屏幕右下角的选择器里选择"面组",再点击折环曲面,然后点击 ✓ 按钮,即创建了通过折环角部边缘的筋波峰纵截面曲线,如图 5.3.85 所示。

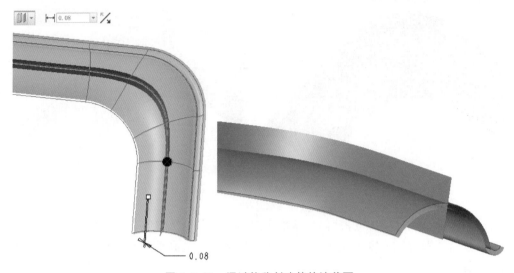

0.08

图 5.3.83　通过偏移创建筋的波谷面

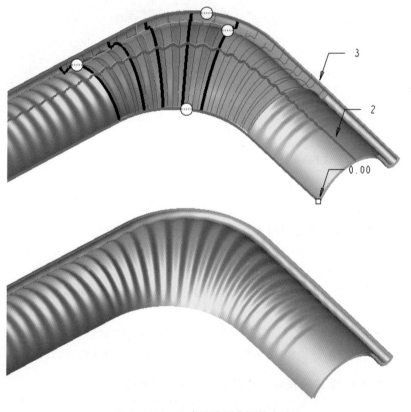

图 5.3.84　生成波浪形曲面的方法

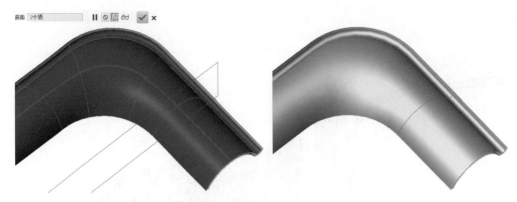

图 5.3.85　生成筋的波峰纵截面线

　　选择波峰纵截面线，再点击"创建基准点"按钮，按住"Ctrl"键，选择过筋中间截面的拉伸曲面，然后点击"确定"按钮，就生成了筋波峰纵截面线最高处的点 PNT177，如图 5.3.86 所示。

图 5.3.86　生成筋的波峰纵截面线最高点 PNT177

10. 生成筋的波谷纵截面最高点

　　先隐藏"torus"曲面，再选择阵列曲面中与 DTM7 相邻的那个基准面，然后点击"相交"按钮，弹出曲线相交对话框；按住"Ctrl"键，在屏幕右下角的选择器里选择"面组"，再点击折环偏移曲面，然后点击 ✔ 按钮，即创建了通过折环角部边缘的筋波谷纵截面曲线，如图 5.3.87 所示。

　　选择波谷纵截面线，再点击"创建基准点"按钮，按住"Ctrl"键，选择过筋中间截面的拉伸曲面，然后点击"确定"按钮，就生成了筋波谷纵截面线最低处的点 PNT178，如图 5.3.88 所示。

11. 生成角部 15 条筋的波峰纵截面最高点和波谷纵截面最高点

　　按照与第 9 步和第 10 步相同的方法，使用由 DTM7 阵列出来的一系列基准面，与折环面"torus"相交生成共 16 条波峰纵截面线，与折环偏移面相交生成共 15 条波谷纵截面线（波峰纵截面和波谷纵截面是间隔生成的）。然后用波峰纵截面线与拉伸面相交生成波峰纵截面最高点，用波谷纵截面线与拉伸面相交生成波谷纵截面线最高点，如图 5.3.89 所示。

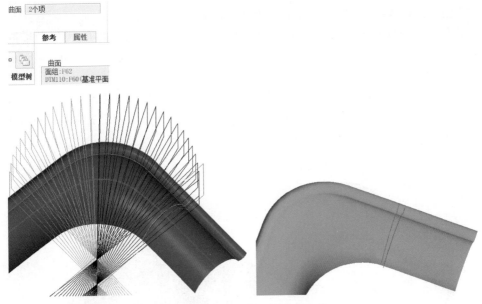

图 5.3.87　生成筋的波谷中央线

图 5.3.88　生成筋的波谷纵截面线最高点 PNT178

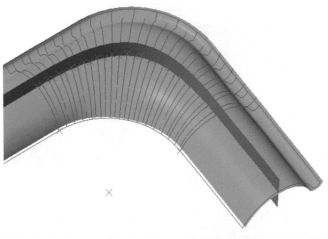

图 5.3.89　生成所有角部筋的波峰中央线最高点和波谷中央线最低点

12. 创建振膜角部的筋的纵截面所在基准面阵列

振膜短边上共有 4 条筋,筋的波峰中央线共有 5 条,波谷中央线共有 4 条,故需阵列出 9 个基准面。筋的宽度都是 0.15 mm,每一条筋比前一条筋深度减少 0.1 mm,最浅的筋深度为 0.04 mm。

先选择基准面 DTM7,再点击"阵列"命令的图标,在阵列设置栏的第一项里选择"方向",第二栏选择 DTM7 平面,第三项输入阵列数量 9(可绘 4 条筋),第五项输入间距 0.15,点击 ✔ 按钮,创建阵列的基准面组,如图 5.3.90 所示。

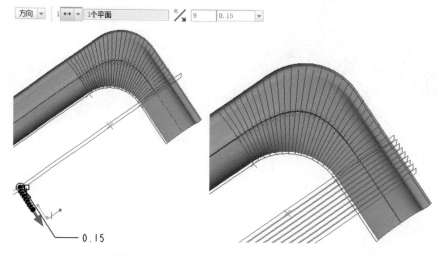

图 5.3.90　生成短边上的平行基本面阵列

13. 偏移折环面,生成短边第一条筋的波谷面和波谷纵截面最高点

隐藏折环向下偏移 0.08 mm 形成的曲面,然后选择折环曲面,再点击"偏移"图标,设置偏移量为 0.07 mm(筋中部的深度),点击 ✔ 按钮,即创建筋的波谷面,如图 5.3.91 所示。

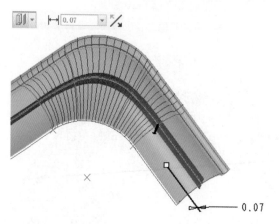

图 5.3.91　生成短边上第一条筋底部所在曲面

选择阵列曲面中与 DTM7 相邻的那个基准面,然后点击"相交"按钮,弹出曲线相交对话框;按住"Ctrl"键,在屏幕右下角的选择器里选择"面组",再点击折环偏移曲面,然后点

击 ✔ 按钮,即创建了位于折环短边边缘的筋波谷纵截面的曲线,如图 5.3.92 所示。

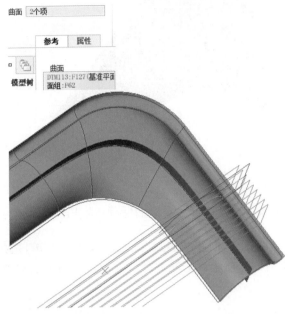

图 5.3.92　第一条筋波谷所在基准面和折环偏移面生成相交曲线

选择波谷纵截面线,再点击"创建基准点"按钮,按住"Ctrl"键,选择过筋中间截面的拉伸曲面,然后点击"确定"按钮,就生成了筋波谷纵截面线最低处的点 PNT207,如图 5.3.93 所示。

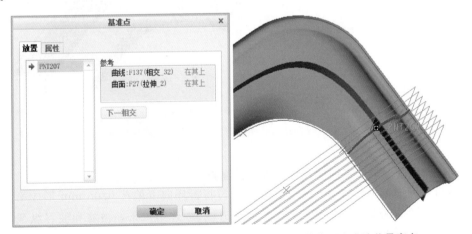

图 5.3.93　折环短边第一条筋波谷纵截面线和拉伸曲面生成波谷最高点

14. 生成筋的波峰纵截面最高点

选择短边阵列出的第三个基准面,然后点击"相交"按钮,弹出曲线相交对话框,按住"Ctrl"键,在屏幕右下角的选择器里选择"面组",再点击折环曲面,然后点击 ✔ 按钮,即创建了通过折环短边第一条筋另一波峰纵截面的曲线,如图 5.3.94 所示。

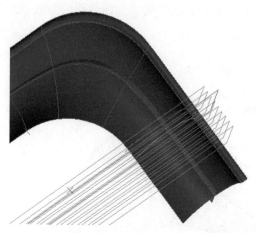

图 5.3.94　折环短边第三基准面和折环曲面生成波峰纵截面线

选择波峰纵截面线,再点击"创建基准点"按钮,按住"Ctrl"键,选择过筋中间截面的拉伸曲面,然后点击"确定"按钮,就生成了筋波峰纵截面线最高处的点 PNT208,如图 5.3.95所示。

图 5.3.95　短边折环波峰纵截面线与拉伸曲面生成波峰纵截面最高点

15. 生成振膜短边所有筋的波峰和波谷最高点

隐藏折环向下偏移 0.07 mm 形成的曲面,再将折环向下偏移 0.06 mm 形成第二条筋波谷最高点所在曲面,用与第 13、14 步相同的方法,创建第二条筋波峰和波谷纵截面的最高点。

依次再创建第三和第四条筋波峰和波谷纵截面的最高点,完成后如图 5.3.96 所示。

16. 生成振膜长边所有筋的波峰和波谷最高点

用与生成振膜短边所有筋同样的方法生成振膜长边所有筋的波峰和波谷最高点。长边上的筋每一条都比上一条浅 0.05 mm,宽度也是 0.15 mm,最浅的筋深度为 0.03 mm。所以折环长边共有 10 条筋,需阵列出 21 个基准面。故阵列出的基准面如图 5.3.97 所示。

最后得到的所有筋的波峰和波谷纵截面最高点如图 5.3.98 所示。

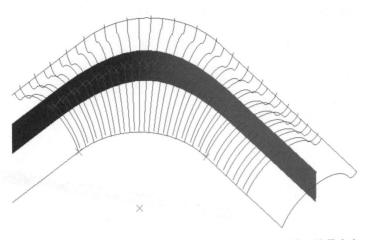

图 5.3.96　创建短边折环第二、三、四条筋波峰和波谷纵截面的最高点

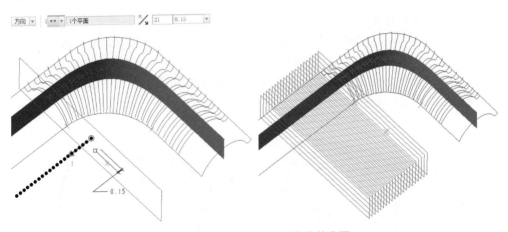

图 5.3.97　振膜长边阵列出的基准面

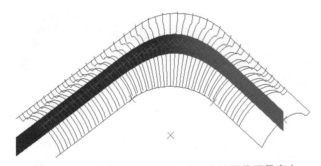

图 5.3.98　振膜上所有筋的波峰和波谷纵截面最高点

17. 生成通过振膜所有筋的波峰和波谷纵截面最高点的曲线

点击"模型"界面上的"基准"—"曲线"—"通过点的曲线"命令，在命令栏中单击"放置"按钮，依次点击振膜上筋波峰纵截面上的最高点、波谷纵截面上的最高点和折环中部最高点，将各点连成一条基准曲线。筋波峰和波谷间的点通过样条曲线连接，筋上和折环中部最

高点通过直线连接,如图 5.3.99 所示。

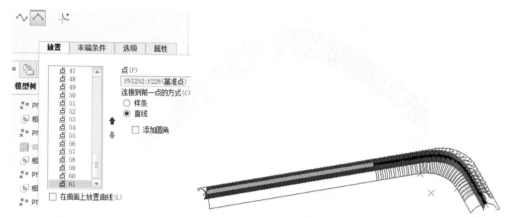

图 5.3.99　连接振膜上所有筋的波峰和波谷纵截面最高点以及折环中部最高点

18. 生成振膜折环面

将拉伸曲面隐藏,点击"边界混合"按钮,选择折环内、外边界和中间通过筋波峰和波谷最高点的曲线(图中红线)作为一组,两条波峰纵截面线作为另一组(图中黑线),生成一段曲面。由于折环上的混合曲面不能一次全部生成,只能分几段生成,然后把这几段合并成四分之一折环,如图 5.3.100 所示。

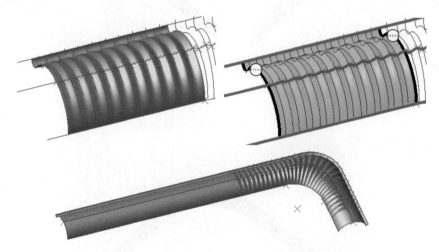

图 5.3.100　用曲面混合命令生成多段折环面

按住"Ctrl"键依次选择两段相邻的曲面,然后点击"曲面合并"按钮,启动曲面合并命令;然后再按住"Ctrl"键依次选择其他曲面,被选中的曲面变成红色,上面出现网格。出现网格的面就是可以成功合并在一起的曲面,点击 ✓ 按钮即将几个小曲面合并成一整个曲面,如图 5.3.101 所示。

19. 生成整个折环和中间及边缘平面

通过先复制折环曲面,然后镜像复制曲面的方法也可以生成整个折环,而且更不易出错。

图 5.3.101　多个曲面合并生成四分之一段折环面

先点击折环曲面,再按下"Ctrl"和"C"键,然后按下"Ctrl"和"V"键,就启动了曲面复制命令,如图 5.3.102 所示。

图 5.3.102　复制四分之一折环曲面

此时曲面上出现了网格,点击 ✔ 按钮即得到复制的曲面,在模型树中也出现曲面"复制"图标。

通过镜像命令生成另三部分的折环,并通过合并命令把这四段折环合并成一个整体。最后按"填充"按钮,创建振膜的中间和边缘平面,生成的整个振膜曲面如图 5.3.103 所示。

图 5.3.103　生成的整个振膜曲面

5.3.4　双折环双排交错纹振膜的画法

扬声器振膜对 THD 的影响主要是由折环形状决定的,但振膜花纹也有一些影响。在一些项目的对比中,扬声器用双排交错花纹的振膜比用单排花纹的振膜获得的 THD 更低。如图 5.3.104 所示的两款振膜,折环形状和尺寸完全一样,只有花纹形状不同,其中双排花纹的振膜 THD 更低。

1. 草绘折环的内、外轮廓曲线
在 TOP 基准面上草绘折环的外轮廓曲线,如图 5.3.105 所示。
为了能调整音圈位置的高低,另外建立一个平行于 TOP 面的基准面来放置粘音圈的振

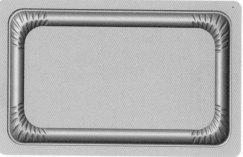

单排花纹振膜　　　　　　　　　　　　　　　　双排花纹振膜

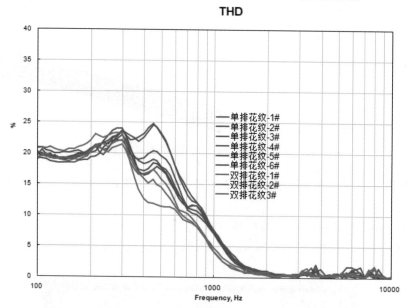

图 5.3.104　单排花纹振膜和双排花纹振膜 THD 对比

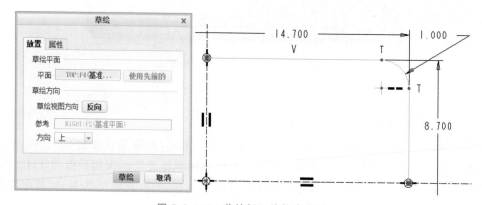

图 5.3.105　草绘折环外轮廓曲线

膜内部平面。点击"模型"菜单栏里创建基准平面的图标，选择 TOP 面为参考面，输入平移距离 0.15；再点击"属性"栏，在"名称"栏里输入新基准面名称"Z-DISTANCE"，如图 5.3.106 所示。

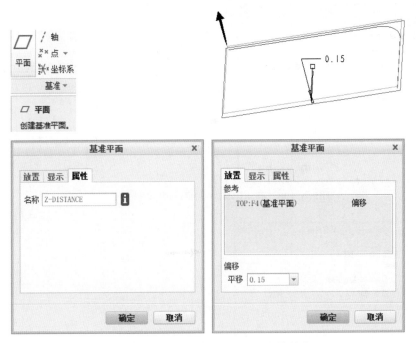

图 5.3.106　建立振膜内部平面所在的基准面

以"Z-DISTANCE"基准面为草绘平面,RIGHT 面为顶部参考面,草绘的振膜折环内侧轮廓曲线 inner,如图 5.3.107 所示。

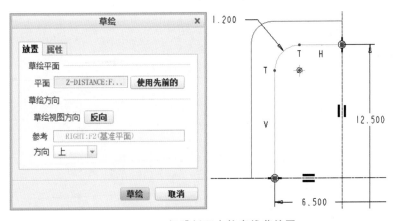

图 5.3.107　振膜折环内轮廓线草绘图

2. 绘制折环长边上的横截面曲线

在 RIGYT 面上草绘折环长边上的横截面,两端点与折环的端点重合,如图 5.3.108 所示。

点击"创建基准面"按钮,通过折环内圆角的端点,新建一个平行于 RIGHT 面的基准面 DTM1,如图 5.3.9 所示。

接着创建距 DTM1 面 1.5 mm 的基准面 DTM2,再创建距 DTM2 面 1.5 mm 的基准面 DTM3,如图 5.3.110 所示。

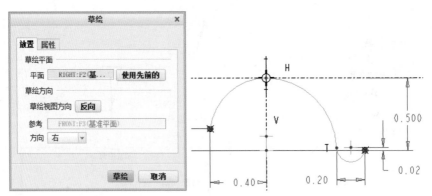

图 5.3.108 在 RIGHT 面上草绘折环横截面投影

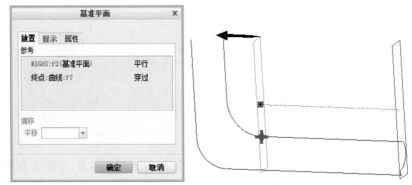

图 5.3.109 创建基准平面 DTM1

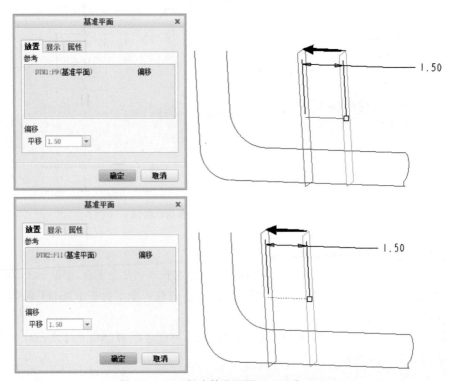

图 5.3.110 创建基准平面 DTM2 和 DTM3

　　将折环长边上的横截面曲线分别投影到基准面 DTM2 和 DTM3 上，如图 5.3.111 所示。

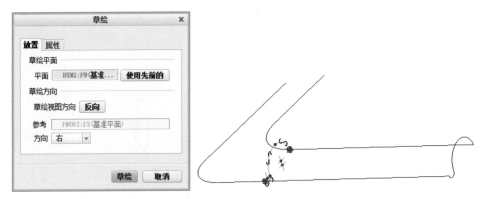

图 5.3.111　在基准平面 DTM2 和 DTM3 上创建折环横截面投影

3. 绘制折环短边上的横截面曲线

　　在 FRONT 面上草绘折环短边上的横截面，两端点与折环的端点重合，如图 5.3.112 所示。

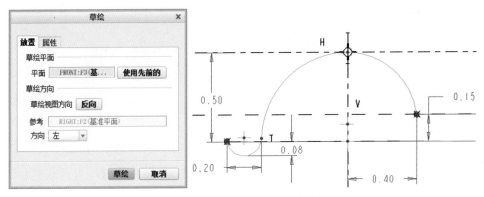

图 5.3.112　草绘折环短边上的横截面

　　点击"创建基准面"按钮，通过折环内圆角的端点，新建一个平行于 FRONT 面的基准面 DTM4，如图 5.3.113 所示。

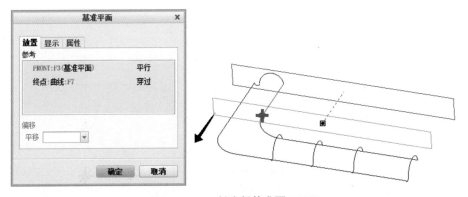

图 5.3.113　创建新基准面 DTM4

再在 FRONT 面和 DTM4 面中间位置创建一个距 FRONT 面 1.1 mm 的基准面 DTM5,如图 5.3.114 所示。

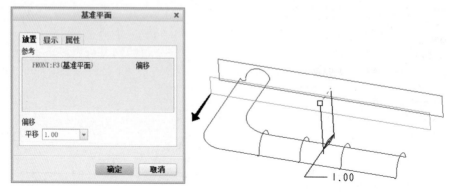

图 5.3.114　创建新基准面 DTM5

在基准面 DTM4 和 DTM5 上用投影的方法创建与草绘的折环横截面形状相同的横截面曲线,如图 5.3.115 所示。

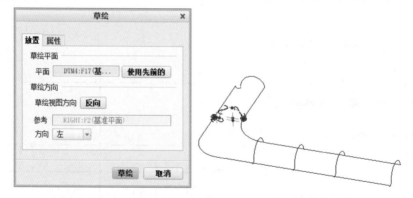

图 5.3.115　在基准面 DTM4 和 DTM5 上创建横截面投影

4. 绘制折环转角中央的横截面曲线

在"Z-DISTANCE"面上草绘一条通过 DTM1 和 DTM4 交线的直线,如图 5.3.116 所示。

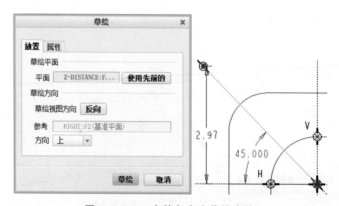

图 5.3.116　在转角中央草绘直线

创建一个穿过草绘的直线，与"Z-DISTANCE"面垂直的基准面 DTM6，如图 5.3.117 所示。

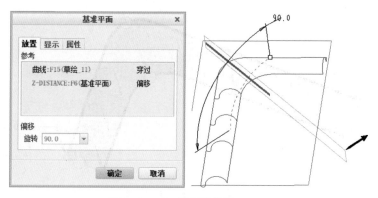

图 5.3.117 创建基准面 DTM6

在基准面 DTM6 上草绘折环横截面曲线，如图 5.3.118 所示。

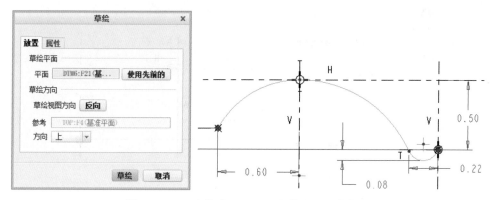

图 5.3.118 在基准面 DTM6 上草绘折环横截面

5. 用边界曲面命令创建四分之一折环曲面

点击创建边界曲面的按钮，选择折环的内、外边线作为第一方向曲线（图 5.3.119 中黑线），选择折环的 8 条横截面轮廓线作为第二方向曲线（图中红线），点击 ✔ 按钮，创建四分之一个折环，如图 5.3.119 所示。

为便于与筋轨迹所在曲面相区别，给折环曲面赋予磨亮的黄铜色。

6. 创建四分之一折环内侧筋轨迹所在曲面

在每个草绘折环横截面曲线的基准面上也草绘一条折环内侧筋轨迹面的横截面曲线和一条折环外侧筋轨迹面的横截面曲线，然后可以把这些横截面曲线合成内侧筋轨迹面和外侧筋轨迹面。

折环短边内侧筋轨迹面的横截面曲线左端与折环横截面曲线端点相连，右端比折环最高点更靠右 0.05 mm，高度与折环相同，如图 5.3.120 中黄线所示。

折环长边内侧筋轨迹面的横截面曲线形状与折环短边内侧筋轨迹面的横截面曲线形状相同。

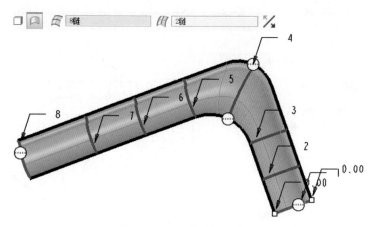

图 5.3.119　创建折环曲面

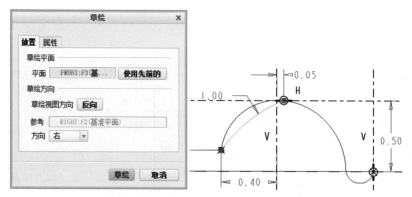

图 5.3.120　绘制短边上的内侧筋轨迹曲面横截面

在转角中央的 DTM6 基准面上草绘一条折环内侧筋轨迹面转角的横截面曲线,它左端与折环横截面曲线端点相连,右端比折环最高点更靠右 0.05 mm,高度与折环相同,如图 5.3.121 中黄线所示。

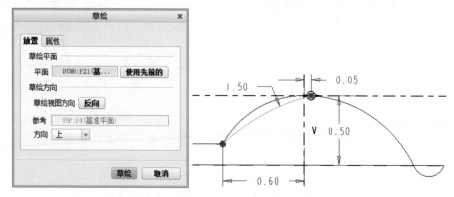

图 5.3.121　绘制转角中央的内侧筋轨迹曲面横截面

点击"模型"界面上的"基准"—"曲线"—"通过点的曲线"命令,在命令栏中单击"放置"按钮,依次点击折环内侧轨迹面各横截面曲线最高点,将各点连成一条基准曲线。各点都通过样条曲线连接,如图5.3.122所示。

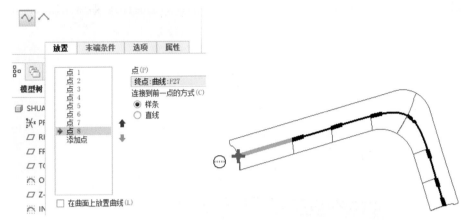

图5.3.122　绘制短边上的筋轨迹曲面各横截面曲线顶点的连线

　　点击创建边界曲面的按钮,选择折环的内、外边线作为第一方向曲线(图5.3.123中红线),选择筋轨迹面的8条横截面轮廓线作为第二方向曲线(图中黑线),点击 ✔ 按钮,创建四分之一个折环内侧筋轨迹面,如图5.3.123所示。

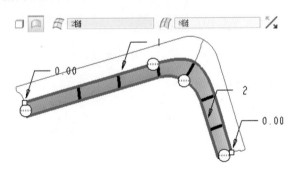

图5.3.123　创建筋内侧轨迹所在曲面

7. 创建第一条四分之一折环内侧的筋

　　在TOP面上草绘折环内侧第一条筋的方向线(黄线),如图5.3.124所示。图中的圆为构造线,圆心在折环内圆角中心,直线与圆相切。

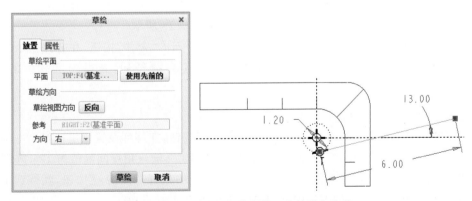

图5.3.124　草绘折环内侧第一条筋的方向线

　　选择这条方向线,再点击"投影"按钮,弹出投影定义命令栏。选择 TOP 面为投影方向面,点击✔按钮,创建第一条筋的方向线在折环内侧筋轨迹所在面上的投影,如图 5.3.125 所示。

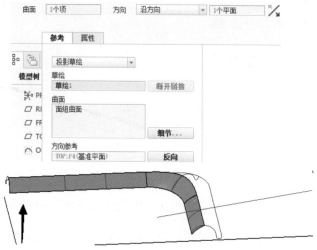

图 5.3.125　投影出折环内侧第一条筋的轨迹

　　点击"扫描"按钮,然后在扫描命令栏中点击"扫描为曲面"按钮,再点击"参考"按钮,选择第一条筋的轨迹,如图 5.3.126 中的红线所示。

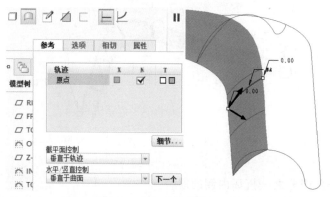

图 5.3.126　定义扫描轨迹

　　再点击扫描命令栏中"草绘截面"的按钮,草绘筋的横截面(黄线),如图 5.3.127 所示。点击✔按钮,就创建了第一条筋的扫描曲面,如图 5.3.128 所示。
　　按住"Ctrl"键选择折环曲面和筋的扫描曲面,然后点击"合并"按钮,在合并命令栏中点击"改换方向"按钮,使需要留下的面为网格面,再点击 ✔ 按钮,就得到了第一条筋,如图 5.3.129 所示。

8. 阵列四分之一折环内侧的筋

　　先在模型树中选择"投影"特征,然后点击"阵列"按钮,在阵列设置栏里选择第一项的设置,阵列类型为"尺寸",点击轨迹方向线的角度尺寸"13°",输入角度间隔值为 12°,阵列特征数量为 10 个,在折环上出现的黑点即将来阵列出的筋的位置。点击✔按钮,就得到了阵列出的 10 条筋的轨迹(右下图中的 10 条红线),如图 5.3.130 所示。

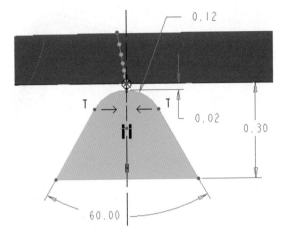

图 5.3.127　草绘扫描轨迹

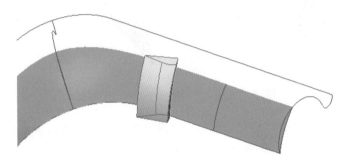

图 5.3.128　创建的第一条筋的扫描曲面

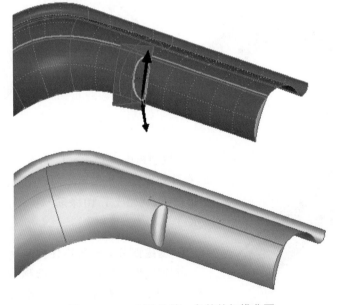

图 5.3.129　创建的第一条筋的扫描曲面

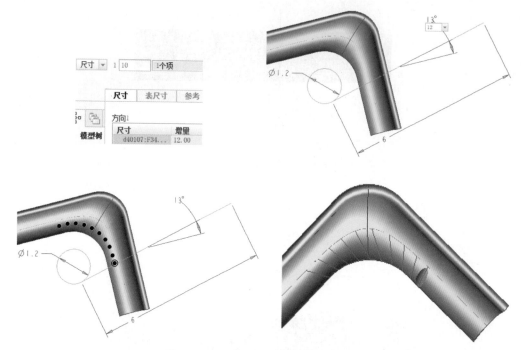

图 5.3.130　按尺寸类型阵列筋的轨迹

再从模型树中选择"扫描"特征,然后点击"阵列"按钮,在阵列设置栏里设置阵列类型为默认的"参考",点击 ☑ 按钮,就阵列出了 10 条筋,如图 5.3.131 所示。

图 5.3.131　按参考类型阵列筋

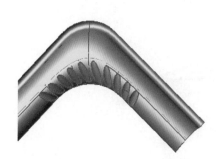

图 5.3.132　按参考类型阵列筋

从模型树中选择"合并"特征,然后点击"阵列"按钮,在阵列设置栏里设置阵列类型为默认的"参考",点击 ☑ 按钮,就完成了 10 条筋与折环合并,如图 5.3.132所示。

9. 创建四分之一折环外侧筋轨迹所在曲面

折环短边外侧筋轨迹面的横截面曲线右端与折环横截面曲线端点相连,左端比折环最高点更靠左0.05 mm,高度与折环相同,如图 5.3.133 中黄线所示。

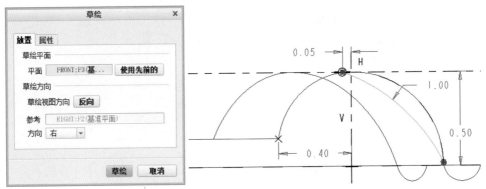

图 5.3.133　绘制短边上的外侧筋轨迹曲面横截面

折环长边外侧筋轨迹面的横截面曲线形状与折环短边外侧筋轨迹面的横截面曲线形状相同。

在转角中央的 DTM6 基准面上草绘一条折环外侧筋轨迹面转角的横截面曲线,它右端与折环横截面曲线端点相连,左端比折环最高点更靠左 0.05 mm,高度与折环相同,如图 5.3.134 中黄线所示。

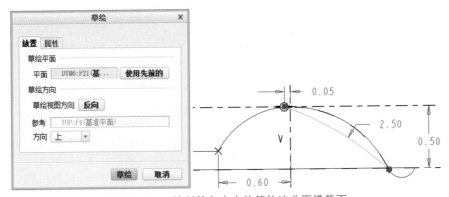

图 5.3.134　绘制转角中央的筋轨迹曲面横截面

为了更好地控制折环转角处筋的形状,在折环中央两侧再增加两个通过转角中心的基准面,在每个基准面上各画一条筋轨迹所在曲面的纵截面曲线。基准面位置如图 5.3.135 中红线所示,通过内圆角中心和外圆角端点。

点击"创建基准轴"按钮,弹出定义基准轴的对话框;按住"Ctrl"键选择 DTM1 和 DTM4 基准面,点击"确定"按钮即创建了基准轴 A_1,如图 5.3.136 所示。

点击"创建基准面"按钮,弹出定义基准面对话框,按住"Ctrl"键选择"A_1"基准轴和折环外圆角的左端点,点击"确定"按钮创建基准面 A7,如图 5.3.137 所示。

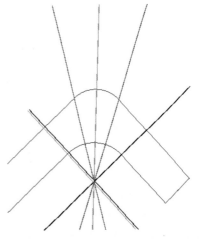

图 5.3.135　在转角中央两侧增加的基准面

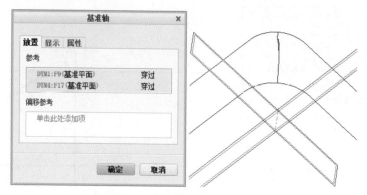

图 5.3.136　创建经过转角中心的基准轴

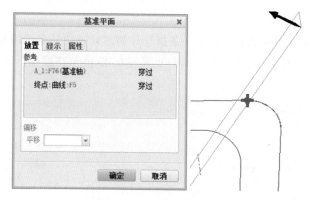

图 5.3.137　创建基准面 A7

在基准面 A7 上草绘一条折环外侧筋轨迹面的横截面曲线,左参考点为折环外边缘,右参考点为折环内边缘,如图 5.3.138 所示。

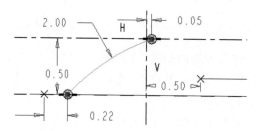

图 5.3.138　基准面 A7 上的折环外侧筋轨迹面的横截面曲线

点击"创建基准面"按钮,弹出定义基准面对话框,按住"Ctrl"键选择"A_1"基准轴和折环外圆角的右端点,点击"确定"按钮创建基准面 A8,如图 5.3.139 所示。

在基准面 A8 上草绘一条折环外侧筋轨迹面的横截面曲线,形状与 A7 面上折环外侧筋轨迹面的横截面曲线一样。

点击"模型"界面上的"基准"—"曲线"—"通过点的曲线"命令,在命令栏中单击"放置"按钮,依次点击折环外侧轨迹面各横截面曲线最高点,将各点连成一条基准曲线。各点都通过样条曲线连接,如图 5.3.140 所示。

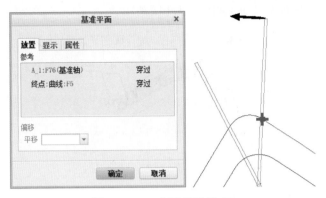

图 5.3.139　创建基准面 A8

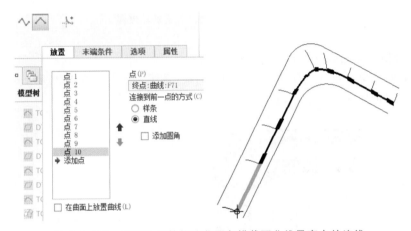

图 5.3.140　绘制外侧筋轨迹曲面各横截面曲线最高点的连线

点击"模型"界面上的"基准"—"曲线"—"通过点的曲线"命令,在命令栏中单击"放置"按钮,依次点击折环外侧轨迹面各横截面曲线最低点,将各点连成一条基准曲线。转角各点通过样条曲线连接,其余各点通过直线连接,如图 5.3.141 所示。

图 5.3.141　绘制外侧筋轨迹曲面各横截面曲线最低点的连线

点击创建边界曲面的按钮,选择刚建立的两条基准曲线作为第一方向曲线(图 5.3.142 中红线),选择筋轨迹面的 10 条横截面轮廓线作为第二方向曲线(图中黑线),点击 ✓ 按钮,创建四分之一个折环外侧筋轨迹面,如图 5.3.142 所示。

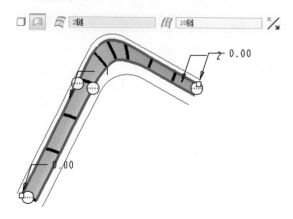

图 5.3.142　创建折环外侧筋轨迹面

10.　创建第一条四分之一折环外侧的筋

在 TOP 面上草绘折环内侧第一条筋的方向线(黄线),如图 5.3.143 所示。图中的圆为构造线,圆心在折环内圆角中心,直线与圆相切。

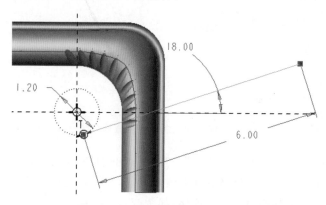

图 5.3.143　草绘折环内侧第一条筋的方向线

选择这条方向线,再点击"投影"按钮,弹出"投影定义"命令栏。选择 TOP 面为投影方向面,点击 ✔ 按钮,创建第一条筋的方向线在折环外侧筋轨迹所在面上的投影,如图 5.3.144 中红线所示。

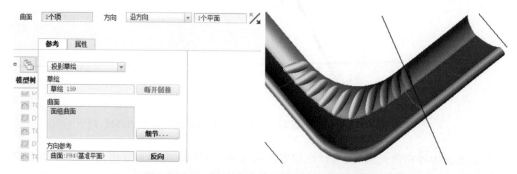

图 5.3.144　投影出折环内侧第一条筋的轨迹

点击"扫描"按钮,然后在扫描命令栏中点击"扫描为曲面"的按钮,再点击"参考"按钮,选择第一条筋的轨迹,如图5.3.145中红线所示。

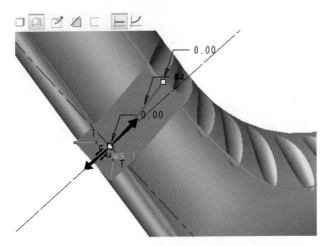

图5.3.145 定义扫描轨迹

再点击扫描命令栏中"草绘截面"的按钮,草绘筋的横截面,如图5.3.146所示(黄线)。

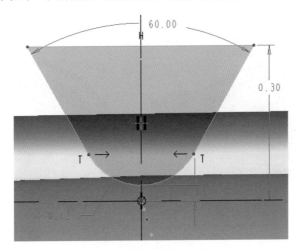

图5.3.146 草绘扫描轨迹

点击 ✓ 按钮,就创建了第一条筋的扫描曲面,如图5.3.147所示。

按住"Ctrl"键选择折环曲面和筋的扫描曲面,然后点击"合并"按钮,在合并命令栏中点击"改换方向"按钮,使需要留下的面为网格面,再点击 ✓ 按钮,就得到了第一条筋,如图5.3.148所示。

11. 阵列四分之一折环外侧的筋

先在模型树中选择"投影"特征,然后点击"阵列"按钮,在阵列设置栏里选择第一项的设置,阵列类型为"尺寸",点击轨迹方向线的角度尺寸"18°",输入角度间隔值为12°,阵列特征数量为9个,在折环上出现的黑点即将来阵列出的筋的位置。点击 ✓ 按钮,就得到了阵列出的9条筋的轨迹(最右图中的10条红线),如图5.3.149所示。

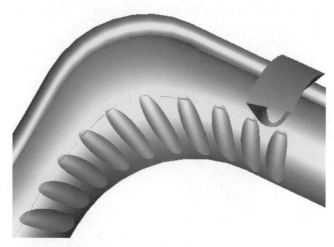

图 5.3.147　创建的第一条筋的扫描曲面

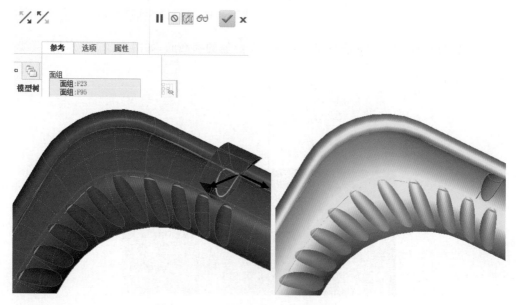

图 5.3.148　创建的第一条筋的扫描曲面

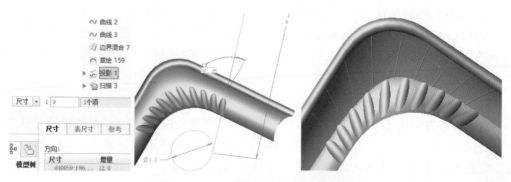

图 5.3.149　按尺寸类型阵列筋的轨迹

再从模型树中选择"扫描"特征,然后点击"阵列"按钮,在阵列设置栏里设置阵列类型为默认的"参考",点击 ✔ 按钮,就阵列出了 9 条筋,如图 5.3.150 所示。

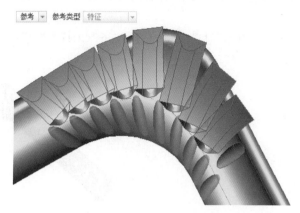

图 5.3.150　按参考类型阵列筋

用外侧第一条筋与折环曲面合并的办法,把其他 8 条筋也分别与折环合并,最后得到的折环角部如图 5.3.151 所示。

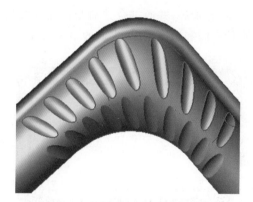

图 5.3.151　按参考类型阵列筋

在模型树中按住"Shift"键选中所有合并特征,右击鼠标,从弹出的小菜单中选择"分组"—"组",把这 9 个合并特征合并成一组,如图 5.3.152 所示。

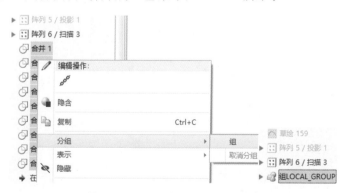

图 5.3.152　将合并特征合成一组

12. 生成整个折环和中间及边缘平面

通过先复制折环曲面,然后镜像复制曲面的方法也可以生成整个折环,而且更不易出错。

先点击折环曲面,再按下"Ctrl"和"C"键,然后按下"Ctrl"和"V"键,就启动了曲面复制命令,如图 5.3.153 所示。

图 5.3.153　复制四分之一折环曲面

此时曲面上出现了网格,点击 ✓ 按钮即得到复制的曲面,在模型树中也出现曲面复制图标。

通过镜像命令生成另三部分折环,并通过合并命令把这四段折环合并成一个整体。最后按"填充"按钮,创建振膜的中间和边缘平面,生成的整个振膜曲面如图 5.3.154 所示。

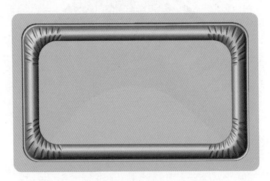

图 5.3.154　生成的整个振膜曲面

第 *6* 章

用Abaqus进行振膜的仿真

振膜的刚性和运动系统总质量决定了扬声器的共振频率(F0)。扬声器失真度大小取决于磁路 Bl 曲线(磁力-位移关系曲线)和振膜 K_{ms} 曲线(刚性-位移关系曲线)对称性的匹配和线性。

扬声器的两个主要声学指标都与振膜 K_{ms} 曲线有关,振膜是扬声器里形状最复杂的零件,也是最易变形的零件,而且振膜一般是在扬声器架构设计完成后才进行具体设计,需要与磁路和音腔进行匹配。因为试验一款新振膜的成本不高,实践中还常通过设计新振膜来补偿其他部分的缺陷。所以振膜是影响扬声器声学性能的核心零件,扬声器开发过程中常需设计和试验多款振膜以追求最佳性能。

K_{ms} 曲线的形状跟振膜材料、折环形状、折环上的花纹(数量、形状和位置)都有关系。Abaqus 是一款长于计算结构非线性特性的软件,本章将介绍振膜的一些典型设计与仿真方法。

6.1 影响微型扬声器失真的主要因素

使用集中参数法进行扬声器仿真,通用的扬声器电路模型如图 6.1.1 所示。

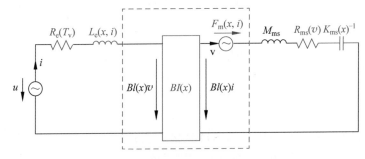

图 6.1.1 扬声器通用的电路模型图

由电路模型得到扬声器运动平衡公式,扬声器的非线性部分如图 6.1.2 所示。

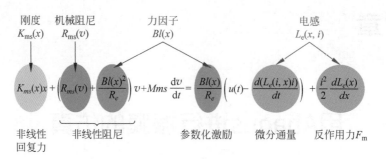

图 6.1.2　扬声器运动平衡公式

因为微型扬声器线圈的电感非常小,其自感电动势也非常小,在声学性能仿真中可不考虑,故微型扬声器的运动平衡方程可简化为

$$K_{ms}v(t)\mathrm{d}t + R_{ms}v(t) + M_{ms}\mathrm{d}v(t)\mathrm{d}t = Bl \times u(t)/R_e$$

影响微型扬声器非线性的因素为三个:振膜的 K_{ms}、线圈的 B 和系统的 R_{ms}(包括振膜的阻尼和声腔的阻尼)。

6.2　扬声器共振频率的仿真

本节以一款手机里的振膜仿真来说明用 Abaqus 进行振膜仿真的一般流程。

Abaqus 被认为是非线性仿真做得最好的软件,用它进行振膜 K_{ms} 曲线仿真的步骤如下。

6.2.1　输入模型

振膜工作时是和音圈、中贴用胶水粘在一起的,进行 K_{ms} 曲线仿真时需要把音圈和中贴的模型也一起加入仿真,即对扬声器的整个振动系统进行仿真。三维设计软件画的模型需要先转为中性格式的文件,然后再输入 Abaqus 中进行仿真。可以把振膜中间的整个平面当作中贴的模型来处理,这样实际上只需要两个模型,即振膜的模型和音圈的模型。需要注意的是,振膜和音圈建模时,应尽量使其几何中心位于模型坐标系的原点上。这样将模型输入 Abaqus 后,进行装配时就不需要调整它们的距离,否则还需通过测量和平移操作来调整某一个零件的位置。

1. 将 Pro/E 里的模型转存为 STEP 格式文件

(1)将振膜模型转存为 STEP 格式文件。

因为振膜很薄,所以可以用曲面来建立其三维模型,并用曲面模型在 Abaqus 里进行仿真。

将 Pro/E 里的振膜曲面模型转为 STEP 格式文件的方法是:点击下拉菜单中的"文件"—"另存为"—"保存副本"命令,在"保存副本"对话框中的"类型"中选择"STEP"选项,如图 6.2.1 所示。

图 6.2.1　另存为 STEP 文件

在"导出 STEP"对话框中选择"曲面"选项,点击"面组"按钮,选择模型窗口中的振膜曲面,再点击"选择"对话框中的"确定"按钮,则对话框中的"面组"按钮后出现了"选择了1项"字样,如图 6.2.2 所示。

点击"导出 STEP"对话框中的"确定"按钮,则生成了振膜的 STEP 文件模型。

(2) 将音圈模型转存为 STEP 格式文件。

用同样的方法把音圈的模型输入 Abaqus 中,但从 Pro/E 中把音圈模型转存为 STEP 文件时要选择"实体"选项,如图 6.2.3 所示。

图 6.2.2　STP 文件输出对话框

图 6.2.3　将音圈模型存为实体 STEP 文件

2. 将振膜和音圈的 STP 格式文件输入 Abaqus

打开 Abaqus 6.14 软件,在菜单栏里选择"文件"—"导入"—"部件"选项,如图6.2.4所示。

在"导入部件"对话框中选择之前保存的振膜 STEP 模型,如图 6.2.5 所示。

随后弹出"从 STEP 文件创建部件"对话框,选择"合并成单个部件"选项,如图 6.2.6 所示。

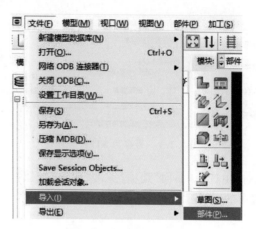

图 6.2.4 选择输入零件

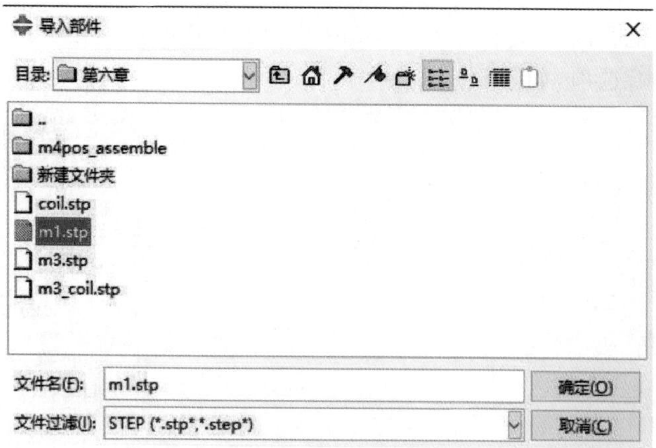

图 6.2.5 选择振膜模型 STP 文件

图 6.2.6 选择合成单个零件选项

　　输入后，振膜模型上会有很多红点，同时会有一个对话框提示零件包含不正确的几何特征，询问是否需要自动修复零件，如图6.2.7所示。

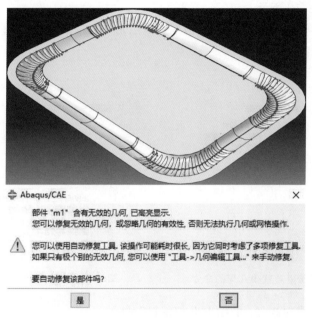

图6.2.7　输入的模型包含不正确特征的提示

　　这是因为曲面模型的形状比较复杂，所以输入Abaqus后不能立刻完全识别。点击"是"按钮，软件即可开始进行修复。修复完成后有些红点消失，但会提示还有一些不精确的几何，如图6.2.8所示。

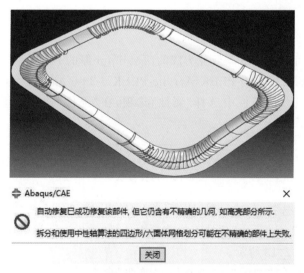

图6.2.8　修复后的模型包含不精确几何的提示

　　修复了这些不精确的几何特征，模型才能进行仿真计算。在菜单中点击"工具"—"几何编辑"命令，在"几何编辑"对话框中选择"部件"—"转换到精确"选项，会弹出提示和说明的对话框,如图 6.2.9 所示。

点击"确定"按钮继续,会询问把零件转换精确的方式,选择"缩小的间隙"选项,则开始进行转换,如图 6.2.10 所示。

转换完成后询问是否升级模型合理性状态,点击"是"按钮,如图 6.2.11 所示。

图 6.2.9　启动修复不精确几何的命令

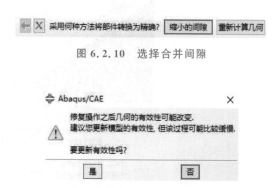

图 6.2.10　选择合并间隙

图 6.2.11　升级模型合理性状态的提示

至此模型已经成功修复,可关闭"几何编辑"对话框。

因为音圈模型很简单,将音圈模型 coil.step 输入 Abaqus 中时,无需进行修复。

6.2.2　设置零件的材料

设置零件的材料需要分三步:第一步,创建材料属性;第二步,创建型材;第三步,把型材赋予零件。

1. 创建振膜、音圈和中贴的材料

振膜原料由中间夹 30 μm 厚亚克力胶的两层 6 μm 厚的 PEEK 薄膜复合而成。振膜经热压成型。振膜材料常标记为 PEEK-Acrylic-PEEK 6-30-6 μm。

在仿真模块"模块"选择栏中选择"属性"选项,在"部件"选择栏里选择"m1"零件,如图 6.2.12 所示。

图 6.2.12　选择模块和零件

在图标工具栏中选择"创建材料"按钮,弹出"编辑材料"对话框,在对话框的"名称"栏里输入材料名称"peek",从"通用"项的下拉菜单中选择"密度"项,输入 PEEK 的密度"1.3e-9 Tone/mm^3",如图 6.2.13 所示。

再点击对话框中的"力学"—"弹性"—"弹性"命令,设置 PEEK 的杨氏模量为 2400 MPa,泊松比为 0.33,最后结果如图 6.2.14 所示。

点击"确定"按钮关闭"编辑材料"对话框。在图形工具栏里点击"材料管理器"按钮,弹出"材料管理器"对话框,其中显示出了刚创建的振膜材料 PEEK,如图 6.2.15 所示。

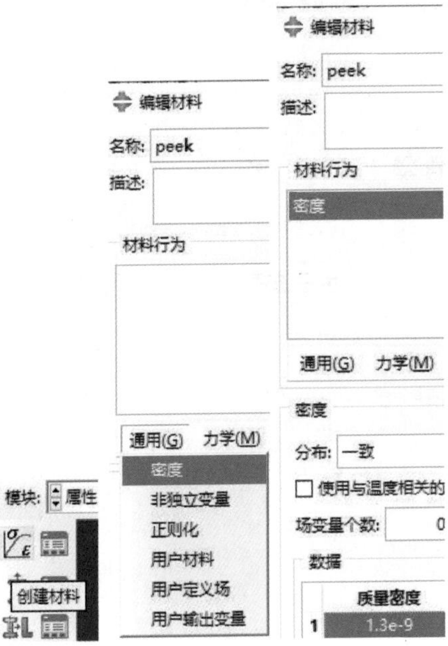

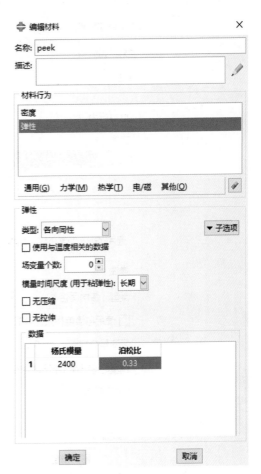

图 6.2.13　设置 PEEK 材料密度

图 6.2.14　设置 PEEK 杨氏模量和泊松比

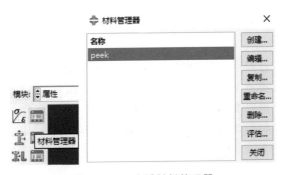

图 6.2.15　查看材料管理器

点击材料管理对话框中的"创建"按钮,也弹出一个"编辑材料"对话框,在"名称"栏里输入胶的名称"Acrylic",再设置材料密度为"1.2e-9Tone/mm^3",杨氏模量为 5 MPa,泊松比为 0.45,如图 6.2.16 所示。

音圈由包含铜芯和塑料表层的音圈线绕成,由电子秤可称得质量为 59 mg,密度需要通过计算才能得知。

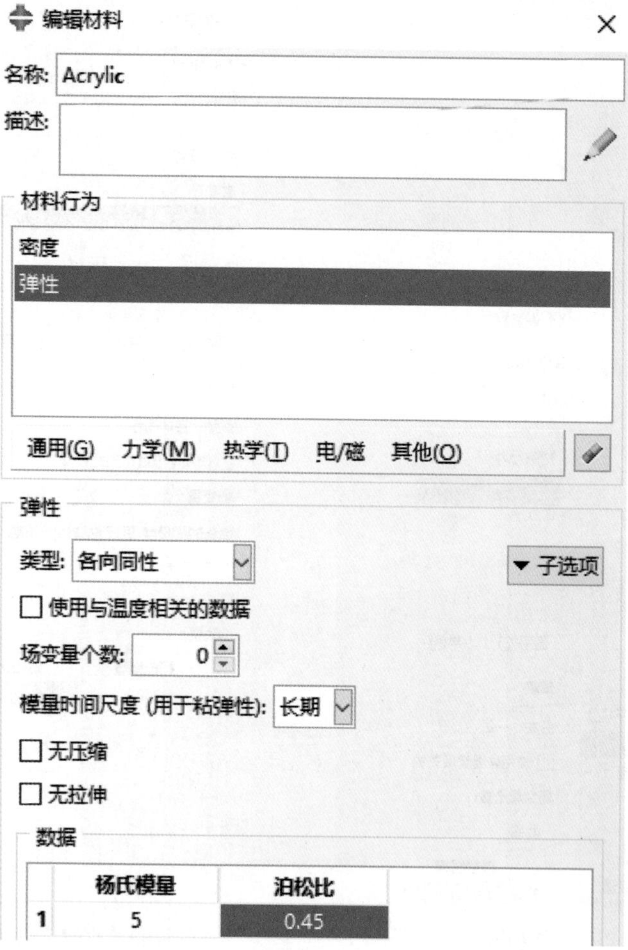

图 6.2.16　设置亚克力胶的材料属性

从 Pro/E 中量出音圈模型的体积为 12.148 mm^3，则音圈密度为 59/12.148 = 4.86×10^{-9} T/mm^3。

因为在扬声器工作过程中，音圈的变形与振膜的变形比较起来可以忽略不计，音圈的杨氏模量可使用铜的杨氏模量 110 GPa，泊松比为 0.35，如图 6.2.17 所示。

振膜的折环部分是可以变形的，中间部分贴有一层 220 μm 厚的铝膜复合材料以保持平面形态。创建中贴的材料为"Rohacell 220um"，其密度为"8.8e-10 Tone/mm^3"，杨氏模量为 7700 Mpa，泊松比为 0.33。

2. 创建音圈和中贴的型材

点击图形工具栏中的"创建截面"按钮，弹出"创建截面"对话框，在"名称"栏中输入音圈截面的名称"coil"，在"类别"栏里选择"实体"选项，在"类型"栏里选择"均质"选项，单击"继续"按钮，弹出"编辑截面"对话框；在"材料"栏里选择"coil"材料，点击"确定"按钮，就创建了音圈的截面属性，如图 6.2.18 所示。

单击图形工具栏里的"截面管理器"命令，弹出"截面管理器"对话框，如图 6.2.19 所示。

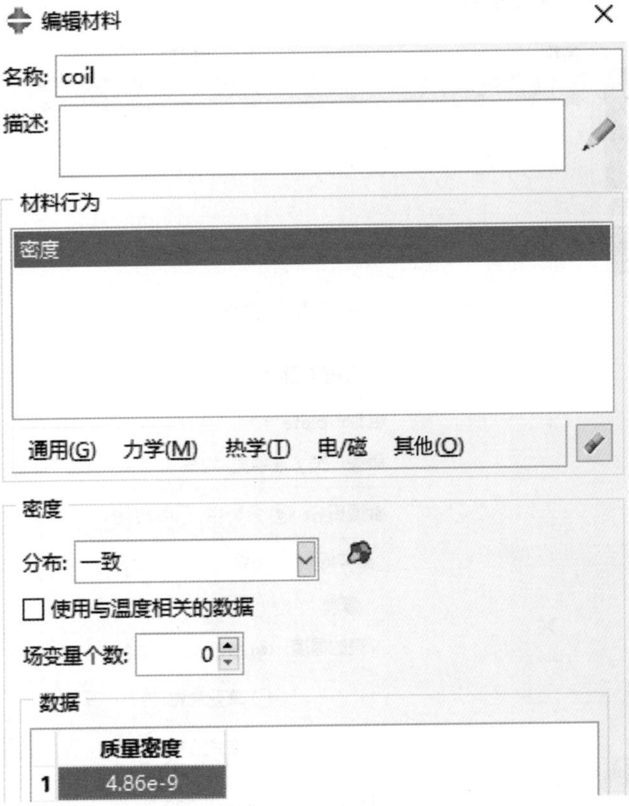

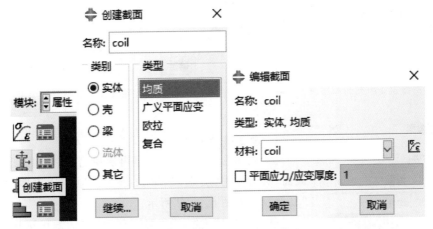

图 6.2.17　设置音圈的材料属性

图 6.2.18　创建音圈的材料截面

单击型材管理对话框中的"创建"按钮,弹出"创建截面"对话框,在"类别"栏里选择"壳"选项,在"类型"栏里选择"均质"选项,如图 6.2.20 所示。

点击"继续"按钮,弹出"编辑截面"对话框。在"壳的厚度"栏的"数值"项后输入厚度 0.22 mm,在"材料"栏选择材料"Rohacell 220um",如图 6.2.21 所示。

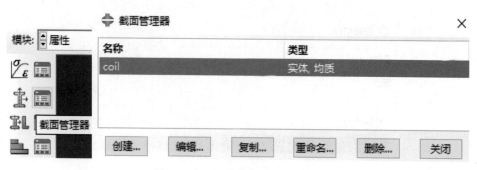

图 6.2.19　打开型材管理对话框

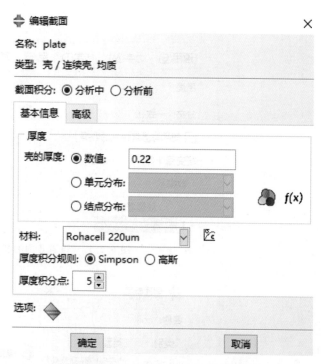

图 6.2.21　定义中贴的材料和厚度

图 6.2.20　选择定义中贴为单层膜

图 6.2.22　定义振膜为复合膜

3. 定义振膜的型材

在"截面管理器"对话框里再次单击"创建"按钮,在"创建截面"对话框的"类别"栏里选择"壳"项,在"类型"栏里选择"复合"项,如图 6.2.22 所示。

单击"继续"按钮,在"编辑截面"对话框里选择第一层薄膜为 PEEK,输入厚度 0.006 mm,方向角度为 0;选择第二层薄膜为亚克力胶,输入厚度为 0.03 mm,方向角度为 0。然后鼠标右击第二栏,从弹出的小菜单中选择"插入到此行后"项,如图 6.2.23 所示。

表中会出现第三栏。在第三栏中选择材料 PEEK,输入厚度 0.006 mm 和方向角度 0。

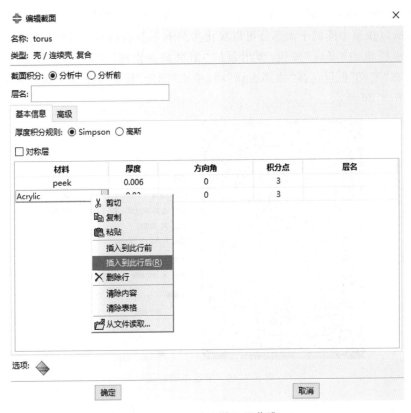

图 6.2.23　定义前两层薄膜

4. 分配型材

点击图形工具栏上的"指派截面"按钮,弹出"选择要指派截面的区域"提示栏,选择振膜除了中间平面以外的部分,单击"完成"按钮,如图 6.2.24 所示。

弹出了"编辑截面指派"对话框,在"截面"栏里选择"torus"项,单击"确定"按钮,选中的振膜部分变为浅蓝色,如图 6.2.25 所示。

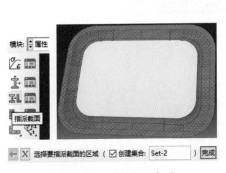

图 6.2.24　选择折环部分

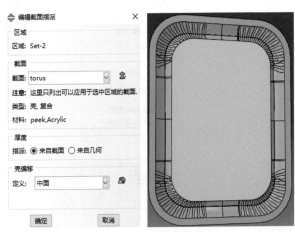

图 6.2.25　指定折环的型材

接着可以继续指定振膜其他部分的型材。因为铝复合材料的厚度和杨氏模量远大于振膜材料的,所以振膜中间的平面部分可以简化为只有铝复合材料。选择振膜中间的平面部分,单击提示栏里的"完成"按钮,弹出新的"编辑截面指派"对话框,在"截面"栏里选择"plate"项,在"定义"栏里选择"顶部表面"项,单击"确定"按钮就给整个振膜都定义了型材属性,如图 6.2.26 所示。

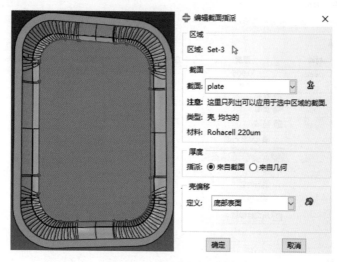

图 6.2.26 指定中贴的型材

在图形显示栏上部的"模块"对话框里,将"部件"栏里的零件换为"coil"零件,再单击图形工具栏里的"指派截面"命令,选择音圈模型,将"coil"型材赋予音圈,如图 6.2.27 所示。

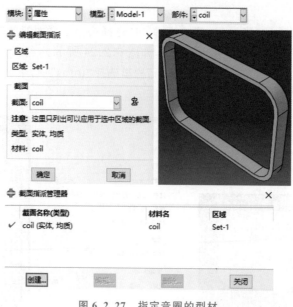

图 6.2.27 指定音圈的型材

6.2.3　装配模型

在图形显示区上部的"模块"对话框里选择"装配"模块进入装配环节,如图 6.2.28 所示。

图 6.2.28　选择装配模块

再单击图形工具栏里的"创建实例"按钮,弹出"创建实例"对话框,按住"Ctrl"键选择"coil"和"m1"零件,在"实例类型"栏里选择"独立"项,则两个零件进入图形显示区,如图 6.2.29 所示。

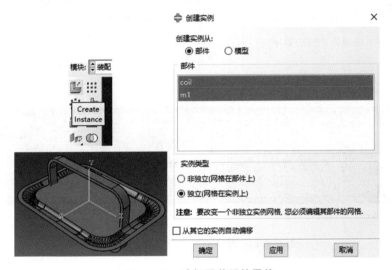

图 6.2.29　选择要装配的零件

刚加入装配体的两个零件相对位置与工作时并不一样,需要将它们进行平移和翻转操作才能装配成在扬声器里工作时的形态。

1. 旋转振膜

单击图形工具栏里的"旋转实例"按钮,出现"选择待旋转的实例"的提示栏;在图形窗口中选择振膜模型,再点击"完成"按钮,如图 6.2.30 所示。

此时系统需要选择两个点或输入两个点的坐标以创建振膜的旋转轴,振膜上也出现了很多可供选择的点,屏幕下方出现了要求选择旋转轴的起点的提示。为了让振膜折环拱起的一面朝向装配体坐标 z 轴的正方向,选择振膜左边的中点作为旋转轴的起点。屏幕下方又出现了要求选择旋转轴终点的提示,选择振膜右边的中点作为旋转轴的终点,如图 6.2.31 所示。

屏幕下方提示输入转动的角度度数,输入 $-90°$,振膜即转到折环拱起面朝向 z 轴正向的位置。同时屏幕下方出现需要确认零件位置的提示,单击"确定"按钮,即完成了振膜的旋转操作,如图 6.2.32 所示。

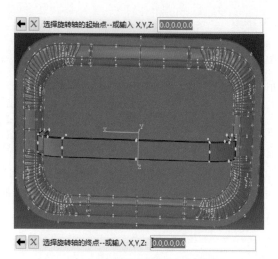

图 6.2.30　选择要旋转的零件

图 6.2.31　选择旋转轴的起点和终点

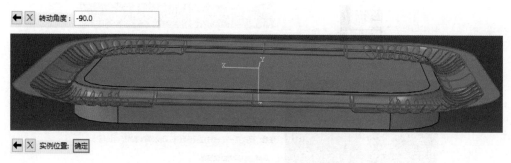

图 6.2.32　输入旋转角度完成振膜旋转

2. 平移振膜

音圈是贴在振膜中间平面的下表面的,而此时还位于振膜中间平面的上表面。故需要将振膜向上移动一个与音圈高度相同的距离,音圈和振膜才能处于正确的位置。

（1）测量音圈高度。

单击图形区域顶部菜单中的"查询信息"按钮,弹出查询菜单,从中选择"距离"选项,系统提示选择计算距离的第一点,如图 6.2.33 所示。

选择音圈底部的一点;系统又提示输入测量距离的第二点,选择音圈顶部的一点,如图 6.2.34 所示。

此时在图形窗口下方的提示栏里出现了测量结果,"分量"后的数值为两点间距离在 3 个坐标轴方向上的分量,其中 z 轴上的分量为 1.06 mm,这就是音圈的高度,如图 6.2.35 所示。

（2）平移振膜。

在图形工具栏中点击"平移实例"按钮,屏幕下方出现选择要旋转的零件的提示,选择图形窗口中的振膜零件,如图 6.2.36 所示。

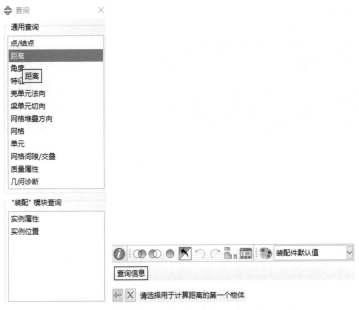

图 6.2.33 选择测量距离的第一点

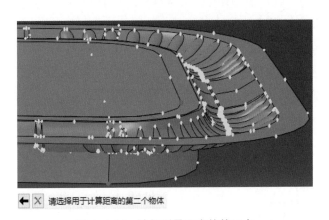

图 6.2.34 选择测量距离的第二点

点 1: -5.605, -2.3, 0. 点 2: -4.255, -3.98, 1.06
距离: 2.40177 分量: 1.35, -1.68, 1.06

图 6.2.35 距离测量结果

图 6.2.36 启动零件平移命令

　　系统提示选择起点或输入起点坐标,此处不做更改,直接回车;系统提示选择终点或输入终点坐标,此处把 z 轴坐标改为 1.06,回车即将振膜向上移动 1.06 mm。然后按"确定"按钮确认零件位置,如图 6.2.37 所示。

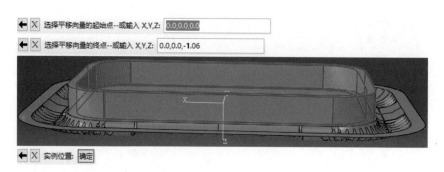

图 6.2.37　完成振膜平移

6.2.4　创建频率分析步

在图形显示区上部的"模块"对话框里选
择"分析步"模块进入创建分析步环节,如
图 6.2.38 所示。

图 6.2.38　进入分析步模块

在图形工具栏里点击"创建分析步"按钮,弹出"创建分析步"对话框;在对话框里的"名
称"栏后输入"频率",在"程序类型"栏里选择"线性摄动"项,在下方选择"频率"项,再单击
"继续"按钮,如图 6.2.39 所示。

在"编辑分析步"定义对话框中,需要提取的频率阶数选择 8 项,在"数值"栏里输入 8,
如图 6.2.40 所示。

图 6.2.39　选择频率分析

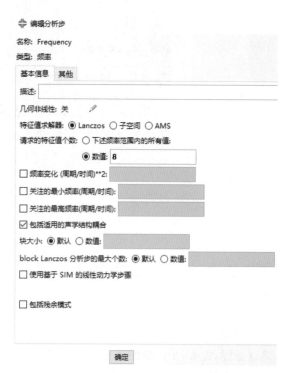

图 6.2.40　频率分析步定义框

单击"确定"按钮,就创建好了频率分析步。

6.2.5　设定零件间的相互作用

在图形窗口上部菜单的"模块"栏中选择"相互作用"选项来设置模型上的耦合关系,如图 6.2.41 所示

创建振膜与音圈的绑定连接(tie),点击图形工具栏里的"创建约束"按钮,弹出"创建约束"对话框。在"类型"栏里选择"绑定"选项,如图 6.2.42 所示。

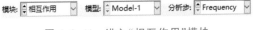

图 6.2.41　进入"相互作用"模块　　　　　图 6.2.42　创建"绑定"约束

单击"继续"按钮,弹出"选择主表面类型"的提示栏;点击"表面"选项,弹出选择主表面区域的提示栏,选择振膜的中间平面,单击"完成"按钮,如图 6.2.43 所示。

系统此时询问选择振膜中间平面的哪一面建立约束;振膜向上的面显示为棕色,向下的面显示为紫色,因为振膜向下的那面与音圈粘合,故选择"紫色"选项。此时系统提示选择从表面的类型,也选择"表面"选项,系统又提示选择从表面的区域,如图 6.2.44 所示。

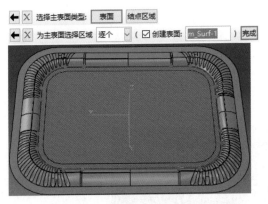

图 6.2.43　选择"绑定"约束的主表面　　　图 6.2.44　选择振膜下表面作为主表面和从表面类型

因为音圈的上表面完全与振膜下表面重合,为了选择音圈的上表面,需要先隐藏振膜。在图形窗口上方的显示工具栏里,点击"创建显示组"命令,弹出"创建显示组"对话框;在"项"栏里选择"Part/Model instances"选项,在右边栏里选择零件"m1-1",再在下方点击"删除"按钮,则振膜被隐藏,如图 6.2.45 所示。

图 6.2.45 隐藏振膜

关闭"创建显示组"对话框，点击音圈与振膜粘接的那一面，弹出"编辑约束"对话框，从此对话框中可以看到"绑定"连接的主、从表面都已定义好，点击"确定"按钮就可完成"绑定"连结的定义。点击显示工具栏里的"全部替换"按钮，则振膜可以重新显示出来，如图 6.2.46 所示。

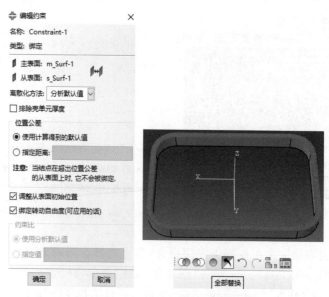

图 6.2.46 选择从表面和显示振膜

6.2.6　设定载荷

在图形窗口上部菜单的"模块"栏中选择"载荷"选项,如图 6.2.47 所示。

图 6.2.47　进入"载荷"模块

创建振膜的边界条件(boundary condition)。

振膜的边缘与盆架用胶水粘接在一起,故对振膜边缘施加完全固定的边界条件。在图形工具栏中点击"创建边界条件"命令,弹出"创建边界条件"对话框,在"可用于所选分析步的类型"栏中选择"对称/反对称/完全固定"项,如图 6.2.48 所示。

单击"继续"命令,弹出选择要施加边界条件区域的提示栏,选择折环外边的平面,此时被选中的面变成紫色,再单击提示栏中的"完成"按钮,如图 6.2.49 所示。

图 6.2.48　选择"完全固定"项

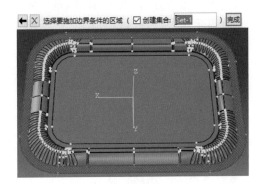

图 6.2.49　选择边界区域

单击提示栏中的"完成"按钮后出现"编辑边界条件"对话框,从中选择最后一项"完全固定",再点击"确定"按钮,振膜边缘出现有了固定约束的符号,如图 6.2.50 所示。

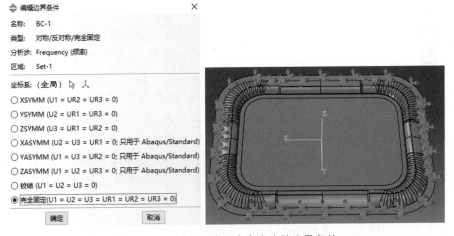

图 6.2.50　选择固定 6 个自由度的边界条件

6.2.7 划分网格

在图形窗口上部菜单的"模块"栏中选择"网格"选项,在"对象"栏里选择"装配"选项,如图 6.2.51 所示。

图 6.2.51 进入"网格"模块

1. 为线圈划分网格

在"网格"模块里,未划分网格时振膜为暗红色,音圈为黄色。因为是在"装配"状态下为振膜和音圈划分网格,所以先要隐藏振膜,为音圈划分网格;然后隐藏音圈,为振膜划分网格。从图形窗口上方的显示工具栏里点击"创建显示组"命令,如图 6.2.52 所示。

在"创建显示组"对话框的"项"栏里选择"为部件实例布种"项,在右边栏里选择"m1-1"零件,再点击下方的"删除"按钮,则振膜不再显示,只剩黄色的音圈。单击"关闭"按钮,关闭"创建显示组"对话框,如图 6.2.53 所示。

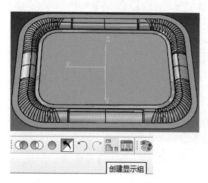

图 6.2.52 启动显示设置命令

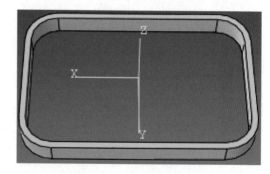

图 6.2.53 设置隐藏振膜

图 6.2.54 启动布置全局种子命令

在划分网格之前,先要设置网格密度。在图形工具栏中点击"为部件实例布种"命令,弹出选择零件以布置全局种子密度的提示栏,如图 6.2.54 所示。

选择音圈模型,音圈模型的边变为橙色。单击提示栏里的"完成"按钮,弹出设置全局种子大小的对话框。在"近似全局尺寸"栏里输入网格边长:0.2 mm,再单击"确定"按钮,就完成了全局种子大小的设置。音圈边上出现了代表网格节点的小白点,如图所示 6.2.55 所示。

在图形工具栏里点击"为部件实例划分网格"按钮,弹出选择要网格化的零件的提示栏,选择音圈模型,再点击"完成"命令,则音圈生成了绿色的结构化网格,如图 6.2.56 所示。

2. 为振膜划分网格

点击显示工具栏里的"全部替换"按钮,使得振膜重新显示出来,如图 6.2.57 所示。

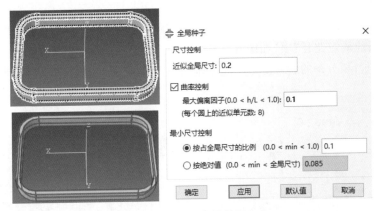

图 6.2.55　布置全局种子大小

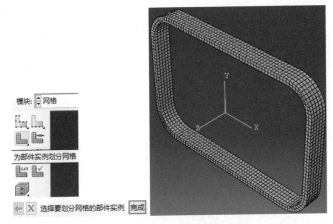

图 6.2.56　音圈网格化

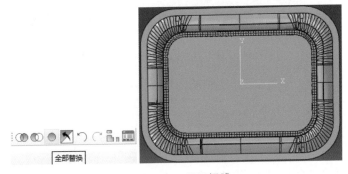

图 6.2.57　显示振膜

　　用与隐藏振膜同样的方法隐藏音圈,只显示振膜。因为振膜形状复杂,故折环上的网格密度需设为 0.05 mm,以保证计算精度。但中间的平面网格可以设置得间距大一些,这样可以减少总体的网格数量,加快计算速度。故首先将振膜中间平面分为两个小平面,以在分界处部署种子。

（1）分割振膜中间平面。

在上部菜单栏里点击"工具"—"分区"命令，启动"创建分区"对话框；在"方法"栏里选择"使用两点间的最短路径"项，如图 6.2.58 所示。

系统出现选择要分割的面的提示栏，选择振膜中间的平面，再点击"完成"按钮，如图 6.2.59 所示。

图 6.2.58　启动平面分割命令

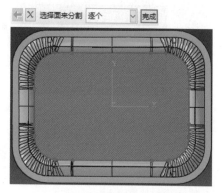

图 6.2.59　选择振膜中间平面

这时出现了"选择起始点"的提示，选择振膜内侧长边的中点作为起点，如图 6.2.60 所示。

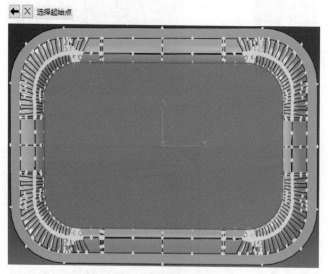

图 6.2.60　选择振膜长边中点

这时弹出选择终点的提示，选择长边另一边的中点作为终点，如图 6.2.61 所示。

系统此时弹出分割面定义已完成的提示，单击"创建分区"按钮，振膜中间平面即已被分割成两半，如图 6.2.62 所示。

（2）用虚拟拓扑工具合并小曲面。

振膜折环上有很多小曲面，在划分网格时会出现错误。所以先把单条筋合并为一个曲面，再把折环的其余部分合并为一个曲面。

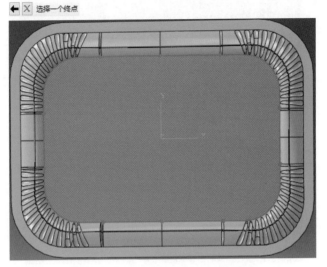

图 6.2.61　选择振膜另一边长边中点

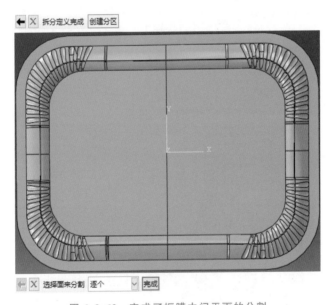

图 6.2.62　完成了振膜中间平面的分割

在图形工具栏中点击"虚拟拓扑：合并面"按钮，弹出选择要合并的面的提示栏，如图 6.2.63 所示。

图 6.2.63　启动合并曲面的虚拟拓扑工具

选择折环一角上所有的筋所包含的曲面，如图 6.2.64 所示。可以先选择角部所有曲面，再按住"Ctrl"键去掉多余的面。

单击提示栏上的"完成"按钮，又弹出一条提示消息；单击"是"按钮又弹出一条提示栏；继续点击"是"按钮，每一条筋就合并成了一个单独的曲面，如图 6.2.65 所示。

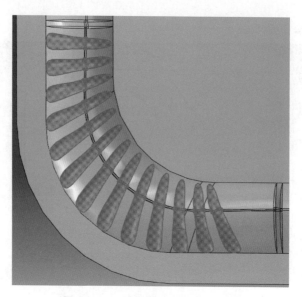

图 6.2.64　选择筋包含的所有曲面

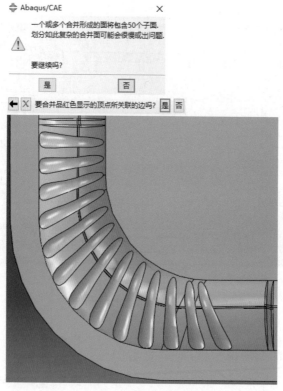

图 6.2.65　合并后的筋曲面

这时又弹出了选择要合并的面的提示栏。再次选择这个角上所有曲面，并按住"Ctrl"键去掉筋所在的面，如图 6.2.66 所示。

单击提示栏上的"完成"按钮，又弹出一条提示消息；单击"是"按钮又弹出一条提示栏；继续点击"是"按钮，每一条折环角部除筋外的曲面就合并成了一个单独的曲面，如图 6.2.67 所示。

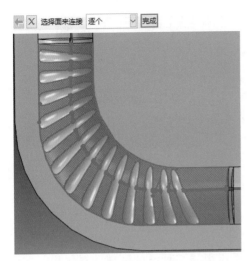

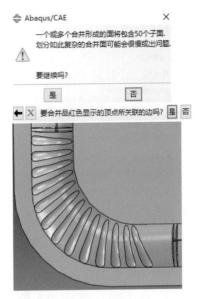

图 6.2.66 选择折环角部除了筋以外的所有曲面　　图 6.2.67 合并折环角部除了筋以外的所有曲面

　　用同样的方法合并其他角部曲面,并把折环高、低连接部合并成一个单独的曲面,如图 6.2.68 所示。

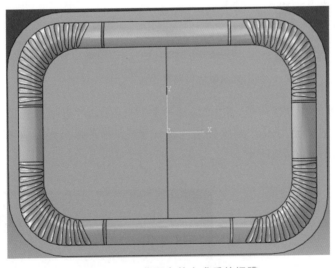

图 6.2.68 曲面合并完成后的振膜

　　(3) 布置网格全局种子密度。

　　在图形工具栏中点击"为部件实例布种"命令,弹出选择零件以布置全局种子密度的提示栏,同时振膜上出现很多代表网格节点的小白点,如图 6.2.69 所示。

　　选择振膜模型,音圈模型的边变为橙色。单击提示栏里的"完成"按钮,弹出设置"全局种子"大小

图 6.2.69 启动布置全局种子命令

的对话框。在"近似全局尺寸"栏里输入网格边长 0.05 mm，再单击"确定"按钮，就完成了全局种子大小的设置，点击"确定"按钮关闭选择零件的提示栏即可，如图所示 6.2.70 所示。

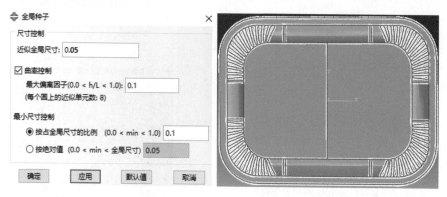

图 6.2.70　设置全局种子大小

（4）布置网格局部种子密度。

在图形工具栏里选择"为边布种"命令，弹出选择应用局部种子的区域的提示栏。按住"Shift"键，选择振膜的外边缘各段线，如图 6.2.71 所示。

图 6.2.71　启动设置局部种子命令并选择振膜外边缘

单击提示栏里的"完成"命令，弹出"局部种子"对话框，在"近似单元尺寸"栏里输入种子间距 0.1 mm，单击"确定"按钮，振膜外边缘变成紫色，并又弹出提示选择设置局部种子的区域的提示栏，如图 6.2.72 所示。

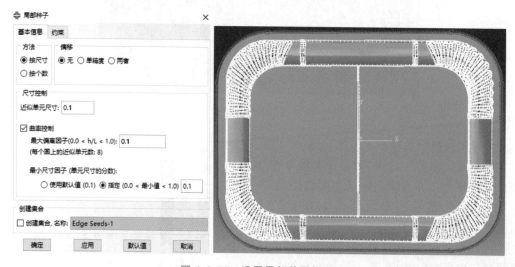

图 6.2.72　设置局部种子间距

　　选择振膜中间平面的分界线,再单击选择设置局部种子的区域提示栏里的"完成"按钮,则又弹出"局部种子"对话框,在"近似单元尺寸"栏里输入种子间距 0.2 mm,再单击对话框的"确定"按钮,则振膜中间平面的分界线也变为紫色,并弹出选择设置局部种子的区域的提示栏。单击提示栏中的"确定"按钮,即可关闭提示栏,如图 6.2.73 所示。

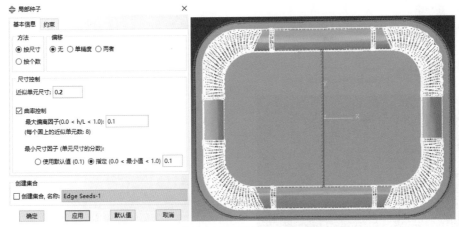

图 6.2.73　设置中间平面分界线的局部种子间距

　　(5)设置网格类型。

　　在图形工具栏里点击"指派网格控制属性"按钮,弹出选择要指定网格控制的区域的提示栏,如图 6.2.74 所示。

图 6.2.74　设置网格控制的区域

　　选择整个振膜模型,模型上的线型边界变为红色。点击提示栏上的"完成"按钮,弹出网格设置对话框,在"单元形状"栏里选择"四边形为主"项,"技术"栏里选择"自由"项,"算法"栏里选择"进阶算法"项,如图 6.2.75 所示。

图 6.2.75　设置四边形为主网格

　　点击"网格控制属性"对话框中的"确定"按钮,又弹出选择网格控制区域的提示栏;点击提示栏中的"完成"按钮,就完成了振膜网格类型的定义。

　　(6)振膜网格化。

　　点击图形工具栏中的"为部件实例划分网格"按钮,弹出选择要网格化的零件的提示栏。选择振膜模型,点击"完成"按钮,振膜就生成了网格,如图 6.2.76 所示。

6.2.8　创建计算任务

在图形窗口上部菜单的"模块"栏中选择"作业"选项,如图 6.2.77 所示。

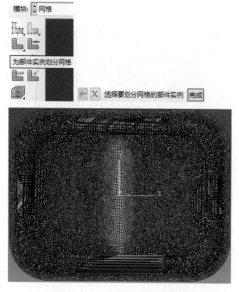

图 6.2.76　生成的振膜网格

图 6.2.77　选择"作业"模块

在图形工具栏中点击"创建作业"图标,弹出"创建作业"对话框。在"名称"栏中输入仿真名称"m1frequency",点击"继续"按钮,弹出"编辑作业"对话框;单击"确定"按钮,完成共振频率计算任务的创建,如图 6.2.78 所示。

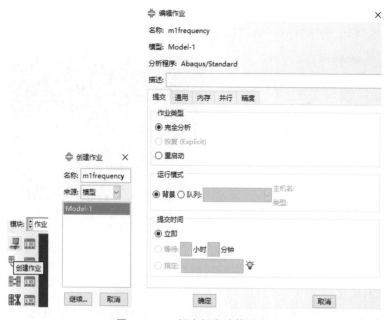

图 6.2.78　创建频率计算任务

在图形工具栏中点击"作业管理器"图标,弹出"作业管理器"对话框;在对话框中选择任务"m1frequency",再单击右边的"提交"按钮,就开始进行仿真计算,对话框中"状态"栏中的状态由"无"变为"运行中",当状态栏变为"已完成"时,计算就结束了,如图6.2.79所示。

图6.2.79　开始频率计算

6.2.9　提取频率计算结果

在"作业管理器"对话框中单击"结果"按钮,进入后处理模块,此时模型也变成了绿色,如图6.2.80所示。

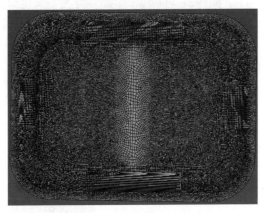

图6.2.80　后处理模块中的模型

在顶部菜单栏中点击"结果"—"分析步/帧"命令,弹出"分析步/帧"对话框,从中可以读出单体系统的各阶谐振频率,如图6.2.81所示。

在图形工具栏中点击"在变形图上绘制云图"按钮,显示出了选中谐振频率下的变形形态和条形栏,比如共振频率下的振膜振动形态,如图6.2.82所示。

扬声器单体二阶和三阶的形态显示出了其滚振情况,也是需要重点关注的。双击二阶模态的频率,显示出二阶谐振频率的形态,如图6.2.83所示。

扬声器三阶谐振频率的谐振形态如图6.2.84所示。

振膜中部拱起的形态显示出了中贴的共振频率,这对频响曲线的高频截止频率有很大影响,也是需要记录的。中贴的共振频率和形态如图6.2.85所示。

图 6.2.81　计算出的扬声器单体系统的各阶谐振频率

图 6.2.82　扬声器共振频率下的振膜振动形态

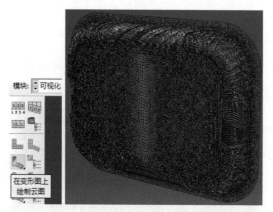

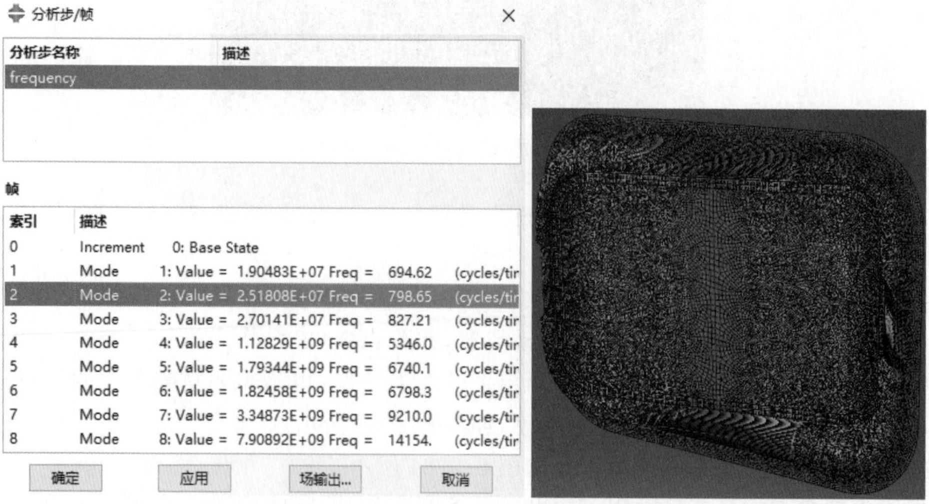

图 6.2.83　扬声器二阶谐振频率的形态

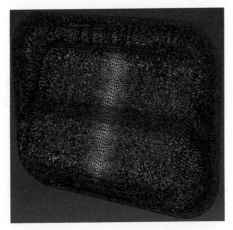

图 6.2.84　扬声器三阶谐振频率的形态

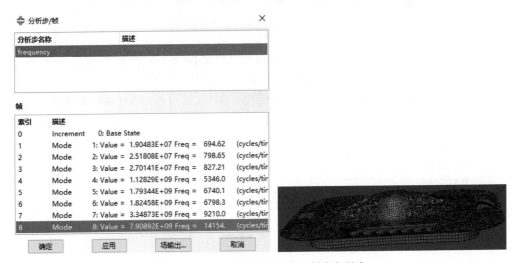

图 6.2.85　扬声器中贴的共振频率和形态

6.3　振膜 K_{ms} 曲线的静态仿真法

微型扬声器振膜很薄,一般由高分子材料制成。常见的振膜材料有:PEN、PAR、PEI和 PEEK 等。振膜的折环部分相当于一个弹簧,受力极易变形,而且其弹性系数有很大的非线性,随形变大小呈现出一条明显的曲线,叫作 K_{ms} 曲线。

K_{ms} 曲线仿真有两种方法:施加静态力法和施加动态质量法。施加静态力法对计算机要求较低,计算速度较快;但形状复杂的振膜计算难以收敛,往往振膜不到所需长度计算就终止了。施加动态质量法计算时间较长,但可以计算到任意长度位移。当我们计算扬声器盒里振膜的 K_{ms} 曲线时,要求负方向的 K_{ms} 曲线的位移达到 0.2 mm 以上,此时对于复杂形状的振膜,就需要使用施加动态质量法。本节先介绍施加静态力法。

6.3.1 创建静态分析步

计算振膜的 K_{ms} 曲线使用的方法是：在振膜上由小到大输入一系列的力，计算出振膜中贴相应的位移，然后再算出振膜在不同位移下的刚性，因此需要进行静态分析。

在图形窗口上部菜单的"模块"栏中选择"分析步"选项。从图形工具栏里点击"分析步管理器"图标，弹出"分析步管理器"对话框，在对话框中单击"创建"按钮，弹出"创建分析步"对话框，如图 6.3.1 所示。

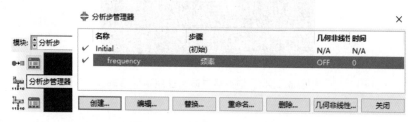

图 6.3.1　管理分析步定义框

在"创建分析步"对话框中的"名称"栏中输入分析名称"KMS"；在"程序类型"栏中选择"通用"选项，并在下方选择分析类型"静力，通用"，如图 6.3.2 所示。

单击"继续"按钮，弹出"编辑分析步"对话框；在"编辑分析步"对话框中的"几何非线性"项选择"开"选项，如图 6.3.3 所示。

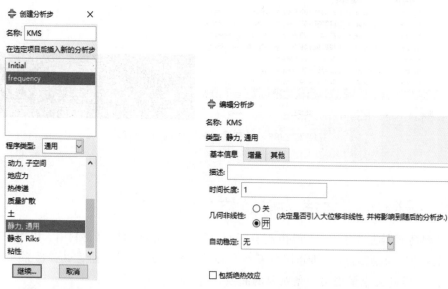

图 6.3.2　选择分析类型为静态分析　　　图 6.3.3　选择分析类型为非线性分析

点击"增量"栏按钮，编辑分析步起始量和增量。将增量步大小"初始"改为 0.01，如图 6.3.4 所示。

"其他"栏里的设置可不用更改。单击"确定"按钮关闭"编辑分析步"对话框，这时在"分析步管理器"对话框里出现了名为"KMS"的静态分析步，如图 6.3.5 所示。

图 6.3.4 设定分析步初始值为 0.01

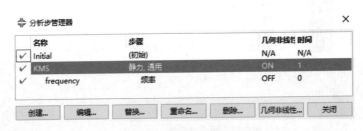

图 6.3.5 创建好的静态分析步

在进行静态仿真时,需要先让频率仿真的分析步不工作。点击"frequency"分析步前的"√",使其变为"×",即关闭了频率分析步,如图 6.3.6 所示。

图 6.3.6 关闭频率分析步

6.3.2 创建加负载点与线圈的耦合

1. 创建参考点
在图形窗口上部菜单的"模块"栏中选择"相互作用"选项。负载需要加在一个点上,再建立此点与线圈的耦合,故先建立一个参考点。

在顶部菜单栏里选择"工具"—"参考点"命令,弹出选择一个点或输入一点坐标的提示栏,输入坐标值"0,0,−1",建立一个位于音圈中心,但位置比音圈低的参考点 RP-1,如图 6.3.7 所示。

2. 创建参考点与音圈的耦合
在图形工具栏里点击"约束管理器"命令,弹出"约束管理器"对话框,如图 6.3.8 所示。

单击"约束管理器"对话框中的"创建"按钮,弹出"创建约束"对话框;从"类型"栏里选择"耦合的"选项,再单击"继续"按钮,系统弹出选择约束控制点的提示栏;在图形显示框中选择参考点 RP-1,如图 6.3.9 所示。

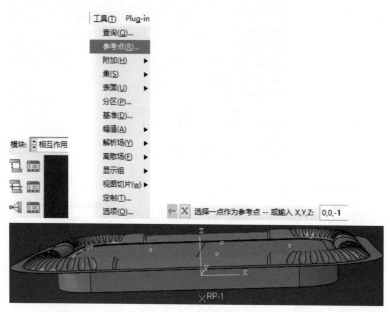

图 6.3.7　建立参考点

图 6.3.8　打开约束管理器对话框

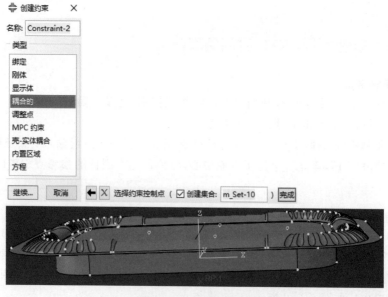

图 6.3.9　选择约束点

在选择约束点的提示栏后点击"完成"按钮,出现选择约束区域类型的提示栏,点击"表面"按钮,弹出选择平面区域的提示栏,选择线圈底部平面,此平面变为紫色,如图6.3.10所示。

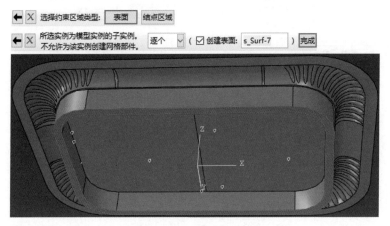

图6.3.10 选择耦合平面

单击选择平面区域提示栏中的"完成"按钮,弹出"编辑约束"对话框。单击此对话框中的"确定"按钮,参考点和音圈平面之间就出现了耦合的符号,而"约束管理器"对话框中出现了约束2,如图6.3.11所示。

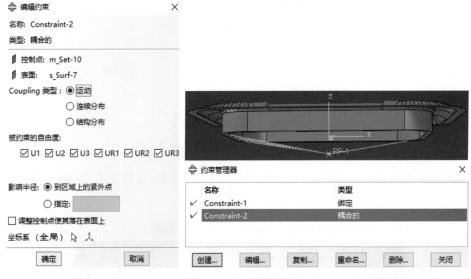

图6.3.11 完成耦合

6.3.3 创建正向位移作为载荷

在图形窗口上部菜单的"模块"栏中选择"载荷"选项,在图形工具栏中点击"边界条件管理器"按钮,弹出"边界条件管理器"对话框,如图6.3.12所示。

在"边界条件管理器"对话框中单击"创建"按钮,弹出"创建边界条件"对话框,在"分析步"栏里选择"KMS"项,在"可用于所选分析步的类型"栏里选择"位移/转角"项,如图6.3.13所示。

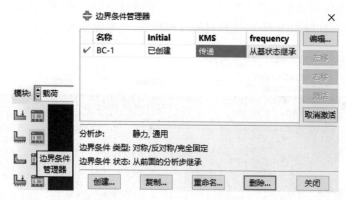

图 6.3.12　启动边界条件管理器对话框

图 6.3.13　定义边界条件对话框

单击"继续"按钮,弹出选择应用边界条件的区域的提示栏,选择参考点 RP-1,如图 6.3.14 所示。

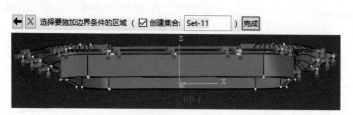

图 6.3.14　选择参考点作为施加约束的区域

点击提示栏中的"完成"按钮,弹出"编辑边界条件"对话框,在"U3"栏里填入音圈位移 0.3 mm。此处"U3"是指 z 向位移,与音圈移动位移一致,如图 6.3.15 所示。

在"编辑边界条件"对话框中点击"确定"按钮,弹出"边界条件管理器"对话框,从中可见两个创建好的边界条件,如图 6.3.16 所示。

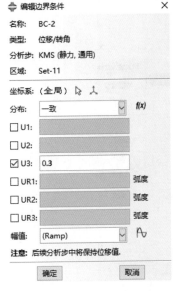

图 6.3.15 设置音圈位移

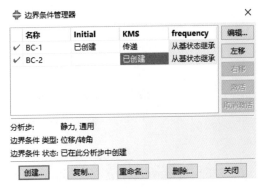

图 6.3.16 音圈位移作为边界条件

6.3.4 创建正向位移的静态分析任务

在图形窗口上部菜单的"模块"栏中选择"作业"选项。从图形工具栏里点击"作业管理器"图标,弹出"作业管理器"对话框。在对话框中单击"创建"按钮,弹出"创建作业"对话框,在名称栏中输入"KMS+",单击"继续"按钮弹出"编辑作业"对话框,可用其中的默认设置,如图 6.3.17 所示。

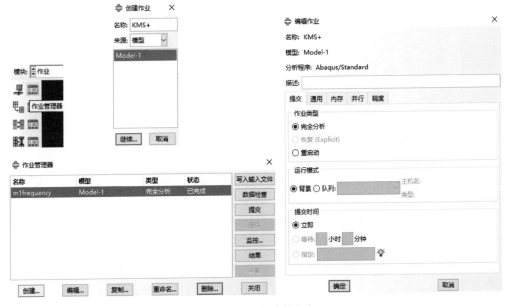

图 6.3.17 创建新任务

点击"编辑作业"对话框中的"确定"按钮,进入"作业管理器"对话框,从中可见新增的分析任务"KMS＋",如图 6.3.18 所示。

图 6.3.18　创建的新任务"KMS＋"

6.3.5　运行正向位移的静态仿真

在"作业管理器"对话框中选中刚创建的分析任务"KMS＋",再点击右侧的"提交"按钮,就开始进行仿真计算,此时"KMS＋"栏的"状态"列的状态变为"已提交";当输入文件成功后状态变为"运行中";过了一段时间,当状态变为"已中断"或"已完成"后计算完毕,如图 6.3.19 所示。

图 6.3.19　状态栏中的状态变化反映了计算的阶段

6.3.6　创建负向位移作为载荷

在图形窗口上部菜单的"模块"栏中选择"载荷"选项,在图形工具栏中点击"边界条件管理器"按钮,弹出"边界条件管理器"对话框,如图 6.3.20 所示。

选择"BC-2"栏,单击"编辑"按钮,弹出"编辑边界条件"对话框,将"U3"栏里的数值由 0.3 改为 -0.3,如图 6.3.21 所示。

单击"确定"按钮关闭"编辑边界条件"对话框,再单击"关闭"按钮关闭"边界条件管理器"对话框。

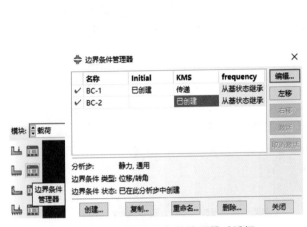

图 6.3.20　启动边界条件管理器对话框

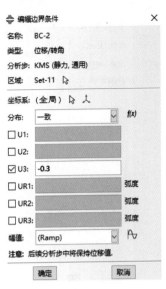

图 6.3.21　更改位移数值为－0.3 mm

6.3.7　创建负向位移的静态分析任务

在图形窗口上部菜单的"模块"栏中选择"作业"选项。从图形工具栏里点击"作业管理器"图标，弹出"作业管理器"对话框，如图 6.3.22 所示。

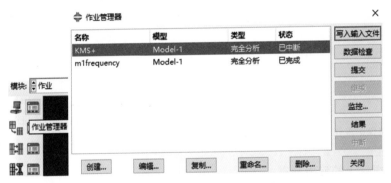

图 6.3.22　进入作业管理器对话框

在对话框中单击"创建"按钮，弹出"创建作业"对话框，在名称栏中输入"KMS－"，单击"继续"按钮弹出"编辑作业"对话框，可用其中的默认设置。点击"确定"按钮，然后发现在"作业管理器"对话框中已经增加了"KMS－"任务，如图 6.3.23 所示。

6.3.8　运行负向位移的静态仿真

在"作业管理器"对话框中选中刚创建的分析任务"KMS－"，再点击右侧的"提交"按钮，就开始进行仿真计算，此时"KMS－"栏的"状态"列的状态变为"已提交"。当输入定义文件成功后状态变为"运行中"。过了一段时间，当状态变为"已中断"后计算完毕，如图 6.3.24 所示。

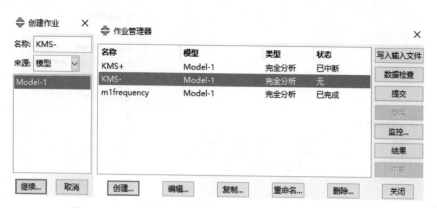

图 6.3.23　作业管理器对话框中新增的负向静态仿真任务

图 6.3.24　作业管理器对话框

6.3.9　静态仿真结果的后处理

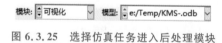

图 6.3.25　选择仿真任务进入后处理模块

在"作业管理器"对话框中选中"KMS－"栏,单击对话框右侧的"结果"按钮,自动进入"可视化"模块,如图 6.3.25 所示。

1. 检查振膜上的应力分布

单击图形工具栏中的"在变形图上绘制云图"按钮,振膜模型用不同颜色显示出振膜在计算得到的最大位移时的应力分布,并在模型旁出现彩色条纹栏,应力较大的部分显示为红色,应力较小的部分显示为蓝色,如图 6.3.26 所示。

更改颜色设置可以更清楚地看到振膜的哪些区域应力较大,单击图形工具栏上的"云图选项"按钮,弹出设置对话框。点击"边界"项,在"最大"栏中可以看出最大应力为 31.1112 MPa,如图 6.3.27 所示。

在"指定"栏里输入数值 20,振膜上应力大于 20 MPa 的部分就会显示为灰色。可以看到,筋的末端是应力最大的部分,如图 6.3.28 所示。

若最大应力超过 35 MPa,就需要更改设计以降低应力,避免疲劳试验时膜裂。

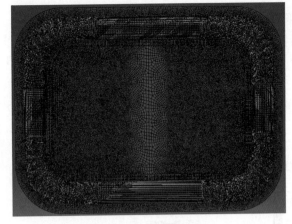

图 6.3.26　显示振膜上的应力分布

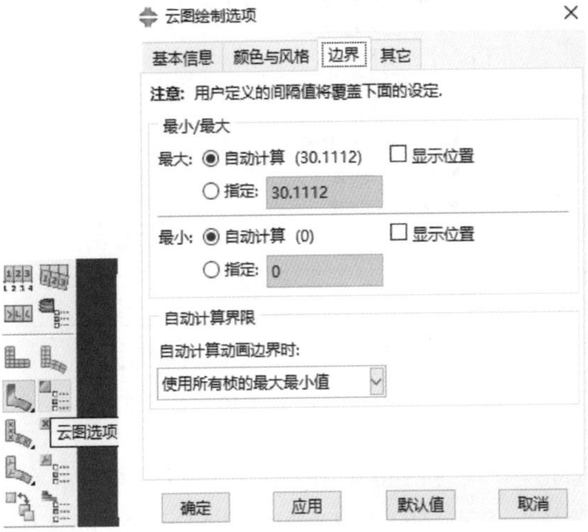

图 6.3.27　显示振膜上的应力分布

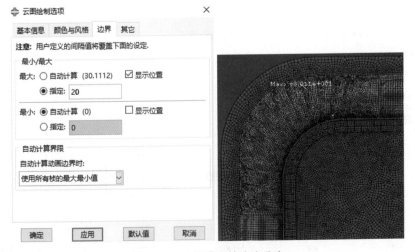

图 6.3.28　振膜上的应力分布

2. 提取位移和反作用力的数据

在图形工具栏中点击"创建 XY 数据"按钮,弹出"创建 XY 数据"对话框;选择"ODB 场变量输出"栏,再单击对话框中的"继续"按钮,弹出"来自 ODB 场输出的 XY 数据"对话框,在对话框中点选"RF-RF3"项和"U-U3"项,如图 6.3.29 所示。

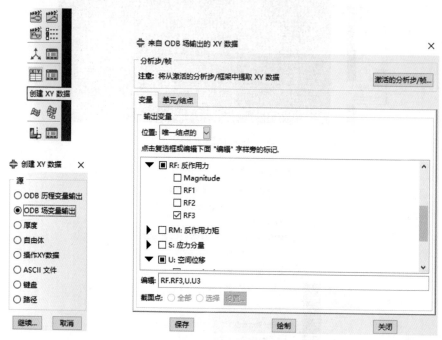

图 6.3.29 选择振膜位移和反作用力

点击对话框中的"单元/节点"按钮,弹出一个新的设置页面;在方法列中选择"结点集"项,在"名称过滤"列中选择"ASSEMBLY_CONSTRAINT-2_REFERENCE_POINT"项,再单击"绘制"按钮,就得到了振膜位移与反作用力关系的曲线,如图 6.3.30 所示。

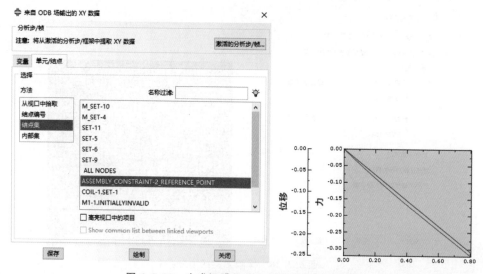

图 6.3.30 生成振膜位移和反作用力关系曲线

点击"来自ODB场输出的XY数据"对话框中的"关闭"按钮,再单击"创建XY数据"图标,在对话框中选择"操作XY数据"选项,点击"继续"按钮弹出"操作XY数据"对话框。在"运操作符"列中选择"combin(X,X)"项,在"名称"栏中先点击"_U:U3",再点击"_RF:RF3"使它们成为combin函数的参数,如图6.3.31所示。

图6.3.31　调用combin函数

点击"另存为…"按钮,弹出"XY数据另存为"对话框,使用默认的名字,点击"确定"按钮,在"操作XY数据"对话框中出现了"XYData-1"数据组的名字,如图6.3.32所示。

在左侧模型树中右击刚建立的"XYData-1"数据组,从弹出的小菜单中选择"编辑"选项,弹出"编辑XY数据"对话框,从中可以看见力与位移的对应数据,如图6.3.33所示。

3. 在Excel表里绘制 K_{ms} 曲线

从"编辑XY数据"对话框中选择所有数据并右击,从小菜单中选择"编辑"命令,再扫描文前第6章文件包二维码,下载并打开"Membrane Simulation report",在"Excursion"和"Force"列中填入从Abaqus中复制的数据,如图6.3.34所示。

在Excel表中选中刚拷入的数据,点击上部工具栏中的"排序和筛选"—"升序"命令将数据反向排列,在随后的"Excursion"和"KMS"列中就会得到计算出的位移与刚度的数值,如图6.3.35所示。

用同样的方法把正向的位移和反作用力也输入Excel表,就得到了完整的位移和 K_{ms} 的数值。在"stiffness KMS"图表中自动绘出了 K_{ms} 曲线,如图6.3.36所示。

4. 在Excel表里比较不同振膜的 K_{ms} 曲线

每款振膜的仿真数据记录在Excel文件的一个页面中,此页面可以复制以记录别的振膜的仿真数据。多款振膜的 K_{ms} 曲线仿真数据虽然在不同页面里,但也可以放在一个图中以进行比较。

图 6.3.32　保存组合的数据

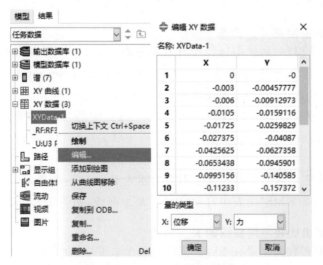

图 6.3.33　力与位移的对应数据

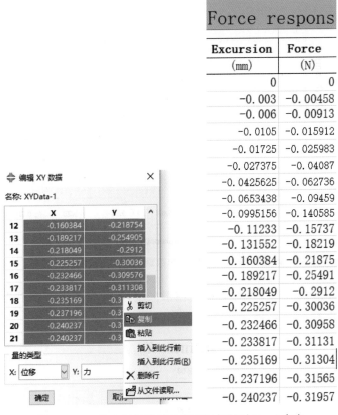

P	Q
Force respons	
Excursion	**Force**
(mm)	(N)
0	0
−0.003	−0.00458
−0.006	−0.00913
−0.0105	−0.015912
−0.01725	−0.025983
−0.027375	−0.04087
−0.0425625	−0.062736
−0.0653438	−0.09459
−0.0995156	−0.140585
−0.11233	−0.15737
−0.131552	−0.18219
−0.160384	−0.21875
−0.189217	−0.25491
−0.218049	−0.2912
−0.225257	−0.30036
−0.232466	−0.30958
−0.233817	−0.31131
−0.235169	−0.31304
−0.237196	−0.31565
−0.240237	−0.31957

图 6.3.34　将力与位移的对应数据复制到 Excel 表中

P	Q	R	S
Force response & KMS (stiffnes			
Excursion	**Force**	**Excursion'**	**KMS**
(mm)	(N)	(mm)	(N/mm)
−0.240237	−0.31957	−0.24	1.29
−0.237196	−0.31565	−0.24	1.29
−0.235169	−0.31304	−0.23	1.28
−0.233817	−0.31131	−0.23	1.28
−0.232466	−0.30958	−0.23	1.28
−0.225257	−0.30036	−0.22	1.27
−0.218049	−0.2912	−0.20	1.26
−0.189217	−0.25491	−0.17	1.25
−0.160384	−0.21875	−0.15	1.27
−0.131552	−0.18219	−0.12	1.29
−0.11233	−0.15737	−0.11	1.31

图 6.3.35　将力与位移的对应数据在 Excel 表中反向排序

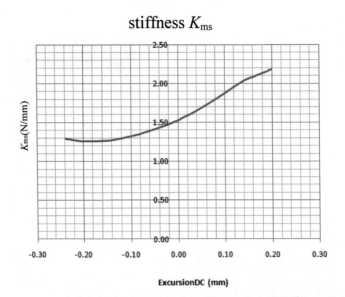

图 6.3.36 计算出的刚度与位移的数据在 Excel 表中绘制的 K_{ms} 曲线

在 M1 页的 K_{ms} 曲线图中用鼠标右击图形区域,从弹出的小菜单中选择"选择数据"选项,以编辑数据,如图 6.3.37 所示。

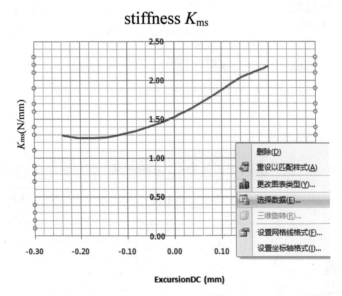

图 6.3.37 在 Excel 表中重新选择数据

在"选择数据源"对话框中单击"添加"按钮,弹出"编辑数据系列"对话框,如图 6.3.38 所示。

单击"编辑数据系列"对话框中"系列名称"项下空白行后的选择区域图标,弹出一个"编辑数据系列"对话行,如图 6.3.39 所示。

选择 Excel 表中的第二页"M2",在 M2 页中选择"Membrane Version"后的"M2"项,新曲线名称即与此项关联,在"编辑数据系列"对话框中出现"= 'M2'! $K $1"字样,如图 6.3.40 所示。

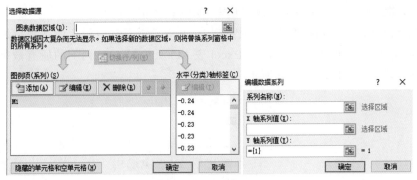

图 6.3.38　编辑新曲线

图 6.3.39　编辑新曲线名称

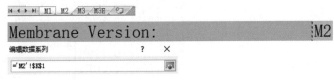

图 6.3.40　新曲线名称选为 M2 页中的 Membrane Version 项

单击对话框后的图标,回到上一级对话框,如图 6.3.41 所示。

单击"Edit Series"对话框中"Series X values"项下空白行后的选择范围图标,又弹出一个"Edit Series"对话框;选择 Excel 表 M2 页中"Excursion"列下的所有数据,在对话框中出现所关联的项,如图 6.3.42 所示。

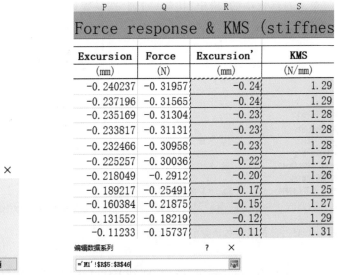

图 6.3.41　选定新曲线名称　　　　　图 6.3.42　选择表中的 Excursion 项

　　单击对话框后的图标,回到上一级对话框,如图 6.3.43 所示。

　　单击"编辑数据系列"对话框中"Y 轴系列值(Y):"项下空白行后的选择范围图标,又弹出一个"编辑数据系列"对话框;选择 Excel 表 M2 页中"KMS"列下的所有数据,在对话框中出现所关联的项,如图 6.3.44 所示。

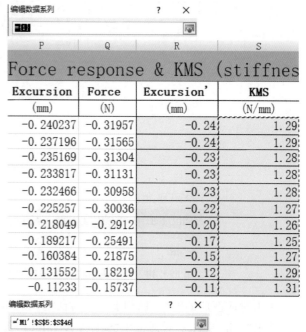

Excursion	Force	Excursion'	KMS
(mm)	(N)	(mm)	(N/mm)
−0.240237	−0.31957	−0.24	1.29
−0.237196	−0.31565	−0.24	1.29
−0.235169	−0.31304	−0.23	1.28
−0.233817	−0.31131	−0.23	1.28
−0.232466	−0.30958	−0.23	1.28
−0.225257	−0.30036	−0.22	1.27
−0.218049	−0.2912	−0.20	1.26
−0.189217	−0.25491	−0.17	1.25
−0.160384	−0.21875	−0.15	1.27
−0.131552	−0.18219	−0.12	1.29
−0.11233	−0.15737	−0.11	1.31

图 6.3.43　已有 K_{ms} 曲线名称和
横坐标值的对话框

图 6.3.44　选择表中 K_{ms} 项的数值

　　单击对话框后的图标,回到上一级对话框,如图 6.3.45 所示。

　　单击对话框中的"确定"按钮,回到"选择数据源"对话框,如图 6.3.46 所示。

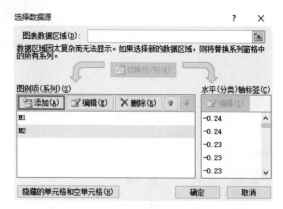

图 6.3.45　已关联好各项数值的对话框

图 6.3.46　已定义两条曲线数值的对话框

　　单击对话框中的"确定"按钮,回到 Excel 表中,图表中已有两条 K_{ms} 曲线,如图 6.3.47 所示。

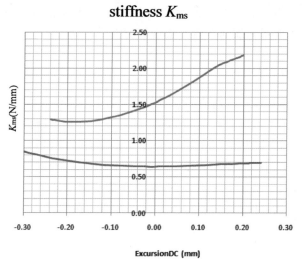

图 6.3.47　有两条 K_{ms} 曲线的图表

6.4　振膜 K_{ms} 曲线仿真的施加动态质量仿真法

对于如图 6.4.1 所示的这款双折环振膜，使用施加静态力法仿真所得到的 K_{ms} 曲线如下。

图 6.4.1　施加静态力法得到的 K_{ms} 曲线

从图 6.4.1 可见,因为 K_{ms} 曲线在负方向上位移太短,不能找出 K_{ms} 曲线的最低点位置。对于这种情况,需要用施加动态质量法进行仿真。

6.4.1　简化仿真模型

用动态质量法仿真对计算机性能的要求较高。经过试验,如果只有一个线程参与计算,使用 Intel Xeon X5650 CPU(主频 2.66 GHz)的计算机在振膜网格数不超过 10 000 h 才能顺利进行计算;且单向位移为 0.3 mm 时,需要 7 h 左右才能得到一条 K_{ms} 曲线。使用新式的 CPU 和多线程并行计算,能显著缩短计算时间,但仍需简化模型。

为了把振膜网格数控制在 10 000 以内,仿真需要使用四分之一模型。将振膜和音圈输入 Abaqus 后还需对它们进行分割切除操作。将音圈和振膜输入 Abaqus 的操作与 6.2.1 节中的第 2 条相同,此处略去。

1. 切分振膜

在"部件"模块的菜单里单击"创建基准平面:从主平面偏移",弹出选择主平面的工具条,如图 6.4.2 所示。

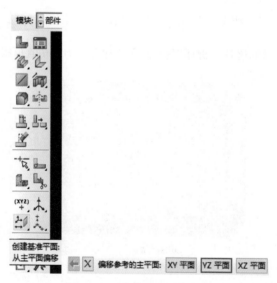

图 6.4.2　选择偏移的主平面

点击"YZ 平面"选项,弹出设置偏移量的提示栏。直接回车,则振膜上出现了一个位于 YZ 主平面内的基准面,如图 6.4.3 所示。

此时又出现了选择主平面的提示栏,选择"XZ 平面"选项,并在偏移距离提示栏里直接回车,就建立了 XZ 平面内的基准面,如图 6.4.4 所示。

在图形菜单中选择"拆分面:使用基准平面",弹出选择要分割的平面的提示栏,如图 6.4.5 所示。

选择振膜中心和边缘的平面,如图 6.4.6 所示。

单击选择平面提示栏后的"完成"按钮,弹出选择分割用的基准面的命令,选择纵向基准面,如图 6.4.7 所示。

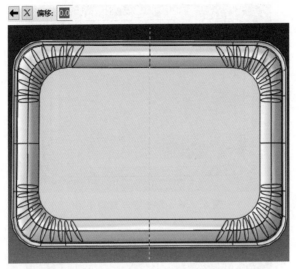

图 6.4.3 建立过 YZ 主平面的基准面

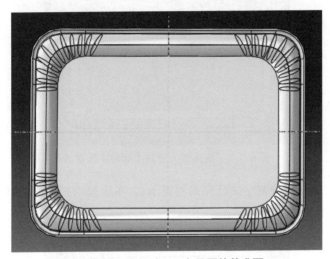

图 6.4.4 建立过 XZ 主平面的基准面

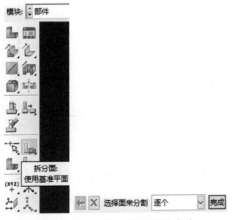

图 6.4.5 启动分割平面的命令

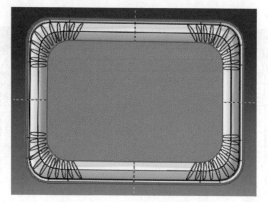

图 6.4.6　选择要分割的平面

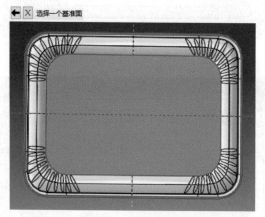

图 6.4.7　选择作为分割工具用的基准面

选择基准面后就弹出分割定义已完成的提示栏,单击提示栏后的"创建分区",即显示出分割好的平面,如图 6.4.8 所示。

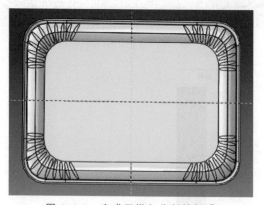

图 6.4.8　完成了纵向分割的振膜

完成纵向分割后,又弹出选择要分割的平面的提示栏。选择振膜上半部分的内外平面,再点击提示栏里的"完成"按钮,即完成了振膜的横向分割,如图 6.4.9 所示。

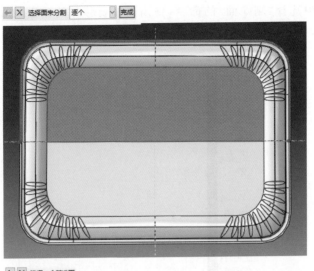

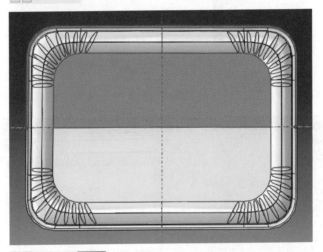

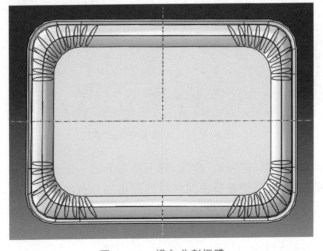

图 6.4.9 横向分割振膜

从图形菜单中选择"删除面"的命令,弹出选择要移除的曲面的提示栏,如图 6.4.10 所示。

图 6.4.10　启动移除曲面的命令

保留 XY 正向区域内的曲面,选择其余的曲面为要移除的曲面,如图 6.4.11 所示。

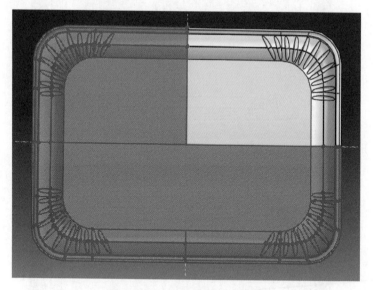

图 6.4.11　选择要移除的曲面

单击选择曲面提示栏里的"完成"按钮,剩下的四分之一振膜如图 6.4.12 所示。

为了减少网格数量,需要把振膜中间区域的网格划分得间距大一些,因此继续对振膜进行区域划分。再次点击图形工具栏里的"创建基准平面:从主平面偏移",弹出选择主平面的提示栏。从中点击"YZ 平面"按钮,弹出设置偏移距离的提示栏,输入偏移距离为 5 mm,得到一个 X 向基准面,如图 6.4.13 所示。

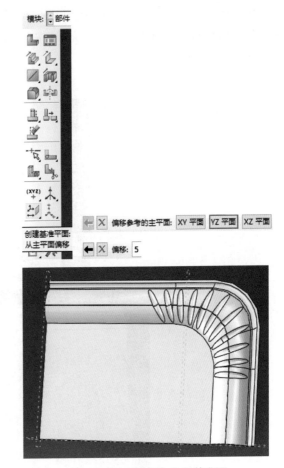

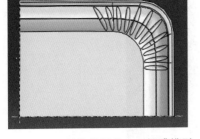

图 6.4.12 创建的四分之一振膜模型

图 6.4.13 创建的 X 向基准面

此时又弹出选择主平面的对话框,点击"XZ 平面"按钮,弹出设置偏移距离的对话框,输入偏移距离 3 mm 后回车,就生成了一个 Y 向基准面,如图 6.4.14 所示。

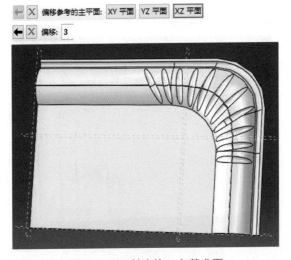

图 6.4.14 创建的 Y 向基准面

单击图形菜单里的"拆分面：使用基准平面"，弹出选择要分割的平面的提示栏。选择振膜的中间平面，单击提示栏里的"完成"按钮，弹出选择基准面的提示栏，点击新建的 X 向基准面，如图 6.4.15 所示。

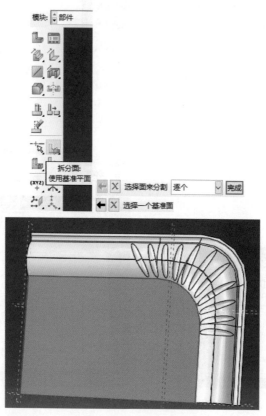

图 6.4.15 选择要分割的平面和要用的 X 向基准面

选择基准面后就弹出分割定义已完成的提示栏，单击提示栏后的"创建分区"，即显示出分割好的平面，如图 6.4.16 所示。

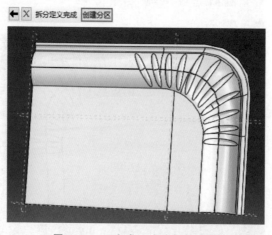

图 6.4.16 完成一边分割的平面

此时又弹出选择要分割的平面的提示栏,选择振膜中间的两个平面,单击提示栏里的"完成"按钮,弹出选择基准面的提示栏,点击新建的 Y 向基准面,如图 6.4.17 所示。

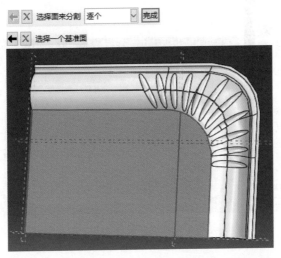

图 6.4.17 选择要分割的平面和使用的 Y 向基准面

选择 Y 向基准面后就弹出分割定义已完成的提示栏,单击提示栏后的"创建分区",即显示出分割好的平面,如图 6.4.18 所示。

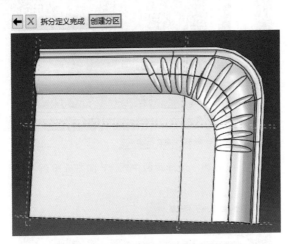

图 6.4.18 完成分割的振膜中间平面

2. 切分音圈

在音圈上通过"XY 平面"和"XZ 平面"这两个主平面建立基准面,如图 6.4.19 所示。

单击用基准面分割实体的图标"拆分几何元素:使用基准平面",弹出选择基准面的提示栏。选择通过 XY 主平面的基准面,弹出分割定义已完成的提示栏,如图 6.4.20 所示。

单击提示栏后的"创建分区"按钮,即将音圈分为左右两部分。此时弹出选择要分割的部分的提示栏,选择音圈的右半部分:再单击提示栏后的"完成"按钮,又弹出选择分割用的基准面的提示栏,选择 XZ 向基准面,弹出分割完成的提示栏,如图 6.4.21 所示。

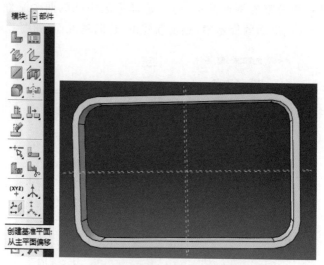

图 6.4.19　在音圈中间建立两个基准平面

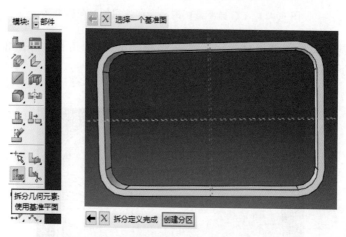

图 6.4.20　选择音圈中间 XY 向基准平面

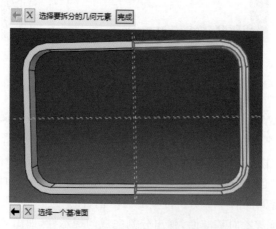

图 6.4.21　用 XZ 向基准平面分割音圈右半部分

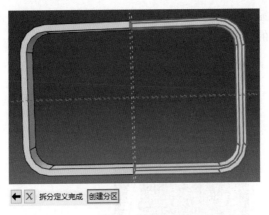

图 6.4.21（续）

单击提示栏后的"创建分区"按钮，即将右半音圈分为上下两部分，如图 6.4.22 所示。

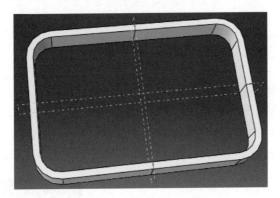

图 6.4.22 完成分割的音圈

在图形菜单中单击"删除面"的按钮，弹出选择要移除的面的提示栏，选择模型中右上角四分之一音圈以外的部分，如图 6.4.23 所示。

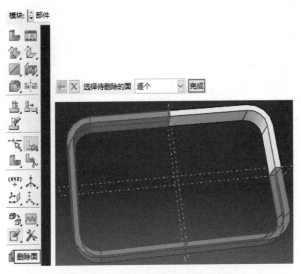

图 6.4.23 选择要去除的部分音圈

　　单击提示栏里的"完成"按钮,弹出会删除一部分的提示栏,再单击此提示栏里的"是"按钮,就得到了四分之一的音圈模型,如图 6.4.24 所示。

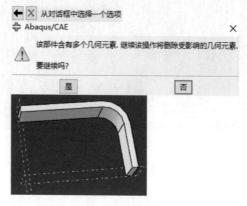

图 6.4.24　剩下的四分之一音圈

6.4.2　装配模型

1. 装配音圈和振膜

　　从图形菜单顶部选择"装配"模块,单击在装配体中加入零件的按钮"Create Instance",弹出"创建实例"对话框;选择"m3"和"m3_coil"零件,并选中下面的"独立"选项,在图形窗口中就出现了两个零件,再单击"确定"按钮关闭对话框,如图 6.4.25 所示。

图 6.4.25　将两个零件加入装配体

2. 旋转音圈

　　点击图形菜单栏里"旋转实例"的图标,弹出选择零件的提示栏,选择音圈零件,如图 6.4.26 所示。

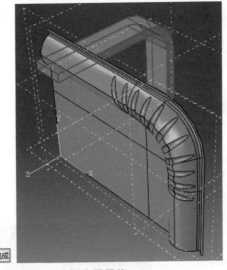

图 6.4.26　选择音圈零件

　　单击选择零件提示栏里的"完成"按钮,弹出选择旋转轴起点的提示栏,同时在零件上出现很多可供选择的点,如图 6.4.27 所示。

　　直接回车选择起点坐标(0,0,0),接着弹出选择旋转轴终点的提示栏,输入坐标值(0,1,0)后回车,定义音圈绕 Y 轴旋转。此时弹出定义旋转角度的提示栏,输入角度 −90,然后回车,音圈即旋转到与振膜平行的位置,如图 6.4.28 所示。

3. 测量音圈顶面与振膜的距离

　　从图 6.4.28 可见,音圈顶面与振膜并不重合,与产品实际工况不符。将音圈平移到顶面与振膜重合的位置,需要先测量音圈顶面与振膜间的距离。点击顶部工具栏里的"查询信息"图标,弹出定义测量选项的菜单"查询"。从菜单中选择"距离"选项,又弹出选择测量距离的第一点的提示栏,选择音圈上的顶点,如图 6.4.29 所示。

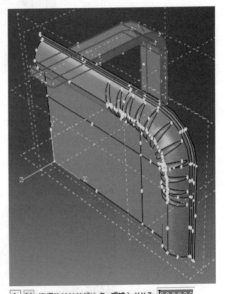

图 6.4.27　定义旋转轴

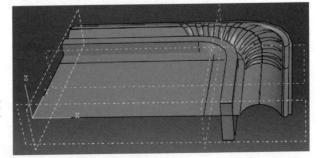

图 6.4.28　音圈旋转后的位置

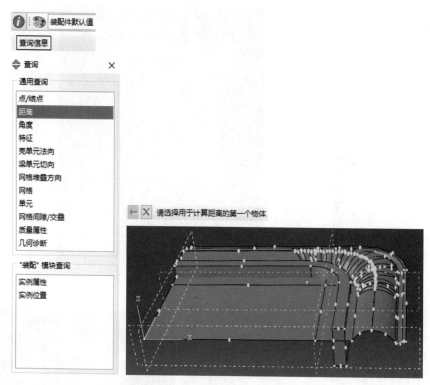

图 6.4.29　选择音圈顶点作为第一点

　　此时又弹出选择测量距离的第二点的提示栏,选择振膜中间平面上的一点,在图形窗口下方的提示栏里即显示出了两点间的距离及三坐标方向上的分量,其中的第三个分量的值即这两点在 Z 向的距离:0.4 mm,如图 6.4.30 所示。

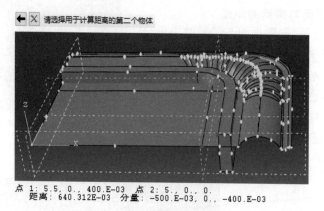

图 6.4.30　选择振膜中间平面的点作为第二点即显示距离值

4. 平移音圈

　　在图形工具栏里单击"平移实例"按钮,弹出选择要平移的零件的提示栏,点选音圈,出现选择平移起点的提示栏,同时图形上出现很多可供选择的点,如图 6.4.31 所示。

　　直接回车选择(0,0,0)为起点,接着弹出选择平移方向终点的提示栏,输入坐标(0,0,-0.4)

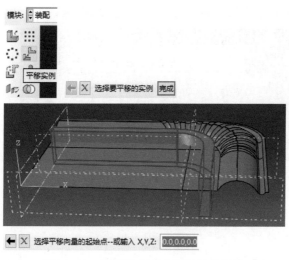

图 6.4.31　选择音圈作为要平移的零件

并回车,即将音圈沿 Z 向下移 0.4 mm。然后出现确认零件位置的提示栏,单击"确定"按钮即可,如图 6.4.32 所示。

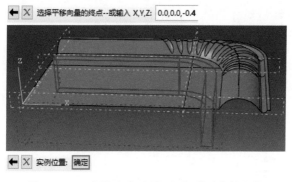

图 6.4.32　音圈移动到顶面与振膜重合的位置

6.4.3　模型划分网格

划分网格时要注意,Abaqus 的显式(explicit)算法只支持线性(linear)网格单元。音圈、振膜和中贴都不能划分成二次曲线边(quadratic)的网格单元。

1. 给音圈划分网格

从模型顶部工具栏中选择"网格"模块,在"对象"后选择"装配"选项,则音圈和振膜的模型如图 6.4.33 所示。

为了给音圈划分网格时不会误选振膜单元,需要首先把振膜隐藏起来。在模型顶部工具栏中选择"创建显示组"的图标,弹出定义显示组的对话框,从中选择"Part/Model instances"—"m3-1"选项,再点击"删除"按钮,则振膜被隐藏了起来,如图 6.4.34 所示。

音圈形状比较规则,应该可以划分为网格中质量最高的结构化六面体网格。可结构化的零件显示是绿色的,而音圈目前显示是黄色的,还需把音圈的转角处和直边进行进一步划分。

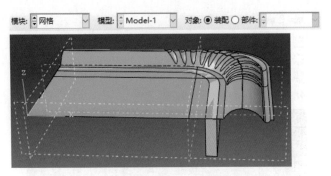

图 6.4.33　音圈和振膜在装配模式下的状况

图 6.4.34　隐藏振膜只显示音圈

　　在划分音圈前先作划分用的截面。从创建基准面的系列命令中选择"创建基准平面:一点和法向"图标,弹出选择点的提示栏。选择音圈转角处内圆弧的顶点,又弹出选择垂直于基准面的直线的提示栏,选择音圈短边的边缘,就创建了一个垂直于音圈短边的基准面,如图 6.4.35 所示。

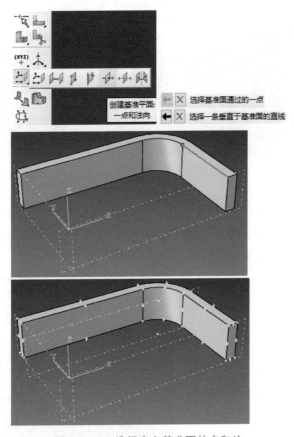

图 6.4.35　选择定义基准面的点和边

　　此时又弹出选择基准面上的点的提示栏,选择音圈内缘长边上的顶点,接着弹出选择垂直于基准面的直线的提示栏,选择音圈长边的边缘,就创建了一个垂直于音圈长边的基准面,如图 6.4.36 所示。

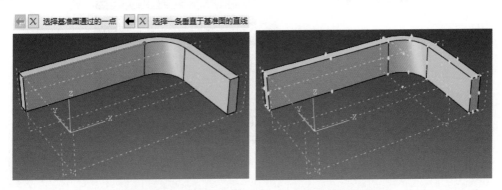

图 6.4.36　选择定义垂直于长边的基准面的点和边

　　在分割实体的系列命令中选择"拆分几何元素：使用基准平面"，弹出选择基准面提示栏，选择垂直于音圈长边的基准面，如图 6.4.37 所示。

　　这时弹出分割定义已完成的提示栏，点击"创建分区"按钮，音圈被分成了两部分，长边变成了绿色，即已经可以划分为结构化六面体网格，如图 6.4.38 所示。

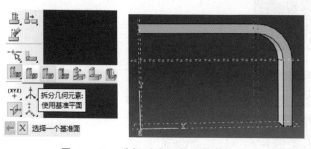

图 6.4.37　选择垂直于长边的基准面

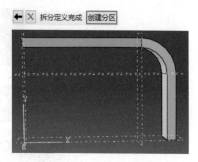

图 6.4.38　长边已变绿色

　　此时又弹出选择要分割部分的提示栏，选择剩下的黄色部分，再点击"完成"按钮，弹出选择基准面的提示栏。再选择垂直于短边的基准面，又弹出分割定义已完成的提示栏，单击"创建分区"按钮，音圈即被分为绿色的三部分，如图 6.4.39 所示。

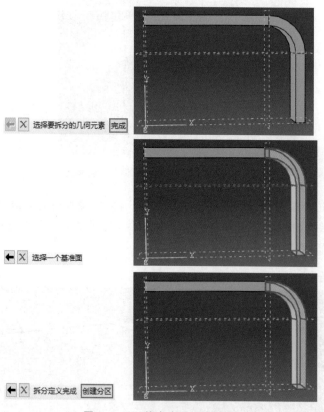

图 6.4.39　整个音圈已变绿色

在划分网格前先给零件布置种子。在图形菜单中单击"为部件实例布种"，弹出选择要布置全局种子的零件的提示栏，选择音圈后出现设置全局种子的对话框，在"全局种子"对话框中的"近似全局尺寸"栏里设置种子间距为 0.2 mm，如图 6.4.40 所示。

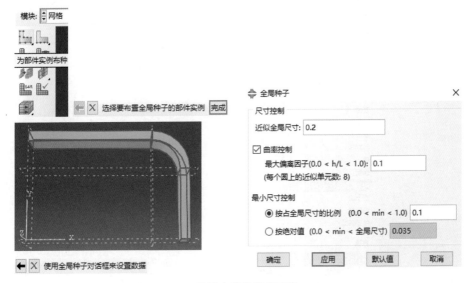

图 6.4.40　设置音圈种子间距为 0.2 mm

单击"全局种子"设置对话框里的"确定"按钮，音圈上布置的种子，如图 6.4.41 所示。

点击图形菜单栏里的"为部件实例划分网格"按钮，弹出选择要网格化的零件的提示栏，选择音圈，再点击提示栏中的"完成"按钮，即将音圈划分为全部六面体网格，如图 6.4.42 所示。

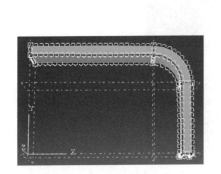

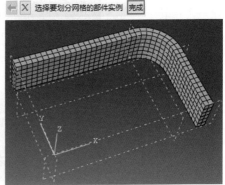

图 6.4.41　布置的音圈种子

图 6.4.42　网格化的音圈

2. 给振膜划分网格

在图形窗口上方点击"创建显示组"图标，弹出创建显示组对话框，在"项"栏里选择"Part/Model instances"项，在"名称过滤"栏里选择"m3-1"项，再单击对话框下方的"替换"按钮，即用显示 m3 振膜替代了当前的显示内容，如图 6.4.43 所示。

从图 6.4.43 可见，振膜折环上小面很多，这会导致在划分网格时出现很多细小的网格单元。这不仅使网格数量很多，还容易出错。在划分网格之前，用虚拟几何命令将小面合成

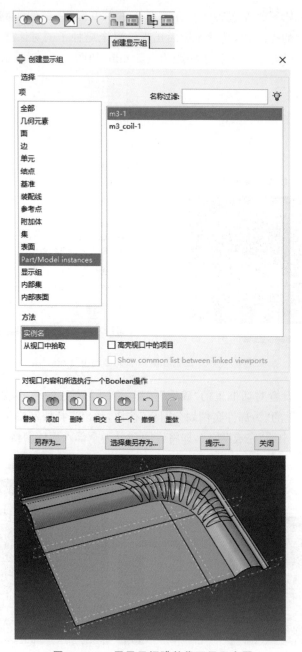

图 6.4.43　用显示振膜替代了显示音圈

大面可以减少网格数量,故先进行合面操作。

　　在图形菜单栏里点击"虚拟拓扑:合并面"按钮,弹出选择要合并的面的提示栏,选择小折环上的面,再单击提示栏里的"完成"按钮,弹出询问是否要合并品红色顶点的边的提示栏。单击"是"按钮,即完成小折环上的面的合并,如图 6.4.44 所示。

　　此时又弹出选择要合并的面的提示栏,先选择所有面,再通过按住"Ctrl"键并框选去掉其他面,只留下筋上面的面,再点击"完成"按钮,又弹出询问是否要合并品红色顶点的边的提示栏。单击"是"按钮,即完成筋上面的面的合并,如图 6.4.45 所示。

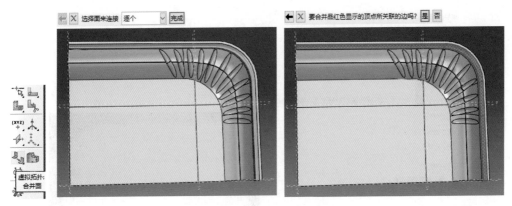

图 6.4.44 合并小折环上的面

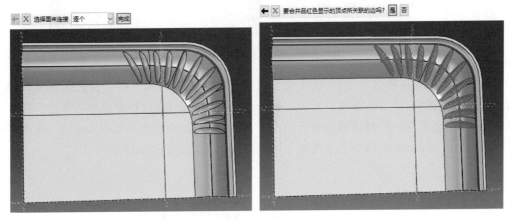

图 6.4.45 合并筋上的面

用同样的方法合并大折环上筋以外的面,如图 6.4.46 所示。

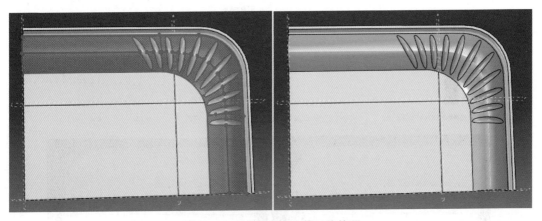

图 6.4.46 合并折环上筋以外的面

点击"为部件实例布种"按钮,弹出选择要设置全局种子的零件的提示栏,选择振膜,再点击提示栏里的"完成"按钮,弹出设置全局种子的对话框,设置全局种子大小为 0.05 mm。再点击"确定"按钮,就完成了振膜上全局种子的布置,如图 6.4.47 所示。

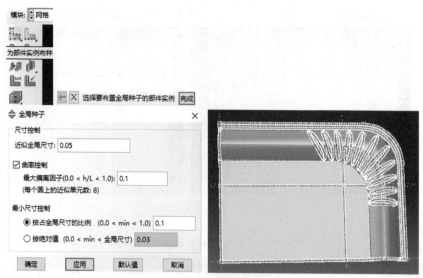

图 6.4.47　布置振膜上的全局种子

　　为了减少振膜网格的数量,中间平面上的网格可以设置得粗一些。点击图形工具栏里的"为边布种"图标,弹出选择要设置局部种子的区域的提示栏,选择中央的四条边。再单击提示栏上的"完成"按钮,弹出局部种子的设置对话框,设置种子大小为 0.2 mm。单击对话框里的"确定"按钮,中间四条边上的种子间距就加大了,如图 6.4.48 所示。

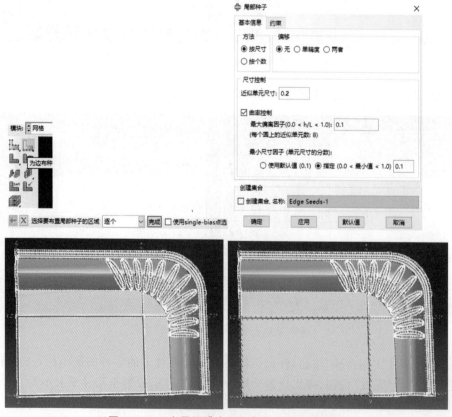

图 6.4.48　布置振膜中间四条边上的局部种子

此时又弹出选择要设置局部种子的边的提示栏,用同样的方法设置"中间平面"上相邻的边局部种子间距为 0.1 mm,最后得到的局部种子布置如图 6.4.49 所示。

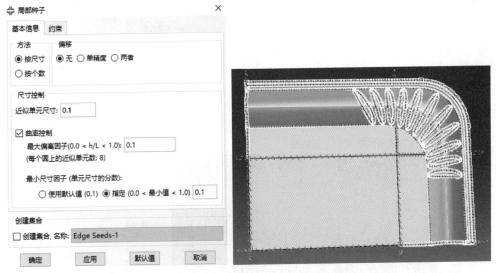

图 6.4.49　完成局部种子布置的振膜

在图形工具栏中单击"为部件实例划分网格"按钮,弹出选择要网格化的零件的提示栏,选择振膜零件,再点击提示栏中的"完成"按钮,即可完成振膜的网格化,此时在屏幕下方的提示栏里显示出了网格数是 12 531 个,如图 6.4.50 所示。

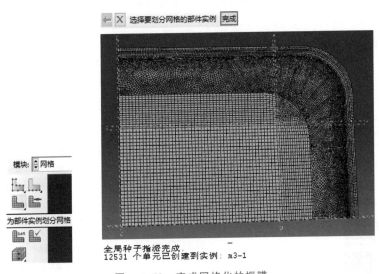

图 6.4.50　完成网格化的振膜

6.4.4　定义显示分析步

1. 创建振膜网格单元集合

在定义显式分析步之前,需要先在装配模块里将振膜的所有网格单元定义为一个集合。

展开模型树下的"装配"部分,双击"集"项,弹出"创建集"的对话框。在"名称"项后输入集合名称"emembane",在"类型"栏里选择"单元"项,如图 6.4.51 所示。

在对话框里单击"继续"按钮,弹出为集合选择单元的提示栏,框选所有网格单元,在提示栏里点击"完成"按钮,在模型树中即出现"emembane"集合,如图 6.4.52 所示。

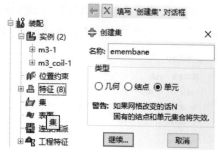

图 6.4.51　设置集合属性

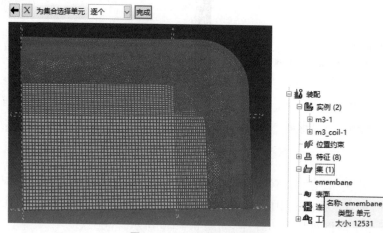

图 6.4.52　完成集合创建

2. 创建显式分析步

从顶部工具栏切换到"分析步"模块,单击"分析步管理器"按钮,弹出"分析步管理器"对话框。单击"创建"按钮,弹出"创建分析步"对话框,在"名称"栏里输入分析步名称"explicit",在"程序类型"栏里选择"通用"—"动力,显示"项,如图 6.4.53 所示。

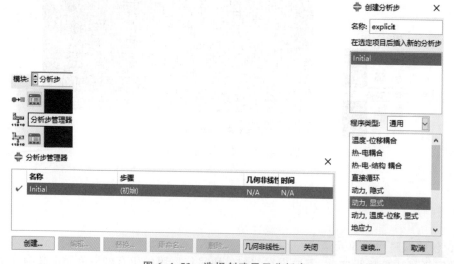

图 6.4.53　选择创建显示分析步

在"创建分析步"对话框里单击"继续"按钮,弹出编辑分析步对话框。在"基本信息"栏里设置"时间长度"项的值为0.02。点击"质量缩放"栏,选择"使用下面的缩放定义"项,如图6.4.54所示。

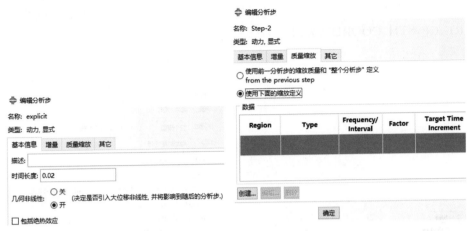

图6.4.54 编辑显示分析步选项

单击"创建"按钮,弹出"编辑质量缩放"对话框,在"目标"栏里选择"半自动质量缩放"项。在"区域"栏里选择"集"项,并在其后选择"emembane"集。在"缩放"栏里选择"整个分析步中"项。在"类型"栏里选择"Scale to 目标时间增量步 of:"项,并在其后输入"1e-7"。在"缩放"栏里选择"每一个10个增量"。最后单击"确定"按钮,在"编辑分析步"对话框里就出现了名为"emembane"的质量比例定义。再单击"确定"按钮,在"分析步管理器"对话框里就出现了新加的"explicit"分析步,如图6.4.55所示。

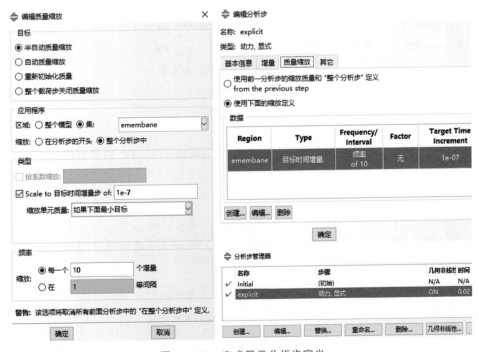

图6.4.55 完成显示分析步定义

3. 设置场变量输出项

在"分析步"模块里点击"场输出管理器"按钮,弹出"场输出请求管理器"对话框。选择"F-Output-1"栏,单击"编辑"按钮,弹出"编辑场输出请求"的对话框。为了在大位移时有更好的结果,在对话框中的"间隔"栏中设置值为40,从下拉列表中选择要输出的场变量为"S,E,U,RF,CF,STH,COORD",如图6.4.56所示。

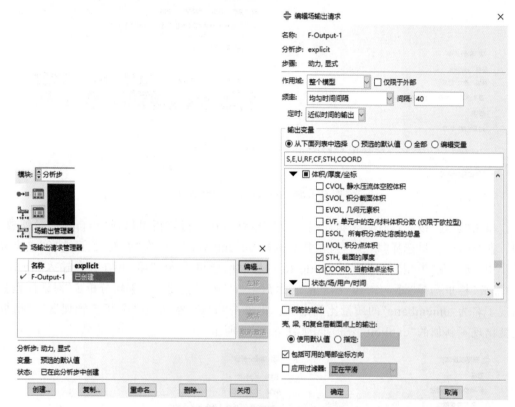

图 6.4.56　设置要输出的场变量

6.4.5　给模型定义材料

设置零件的材料需要分三步:第一步,创建材料属性;第二步,创建型材;第三步,把型材赋予零件。

1. 创建振膜、音圈和中贴的材料

振膜原料是 PEEK-Acrylic-PEEK 6-30-6 μm 三层复合膜。

在仿真模块"模块"选择栏中选择"属性"选项,在"部件"选择栏里选择"m3"零件,如图 6.4.57 所示。

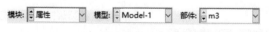

图 6.4.57　选择属性模块和振膜零件

在图标工具栏中选择"创建材料"按钮,弹出"编辑材料"对话框,在对话框的"名称"栏里输入材料名称"peek",从"通用"项的下拉菜单中选择"密度"项,输入 PEEK 的密度 1.3e-9 Tone/mm^3,如图 6.4.58 所示。

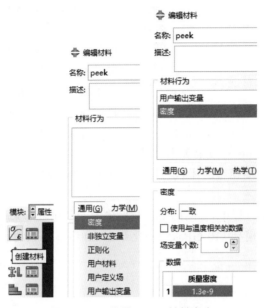

图 6.4.58 设置 PEEK 材料密度

再点击对话框中的"力学"—"弹性"—"弹性"命令,设置 PEEK 的杨氏模量为 2400 MPa,泊松比为 0.33,最后结果如图 6.4.59 所示。

图 6.4.59 设置 PEEK 杨氏模量和泊松比

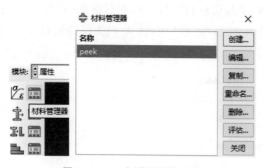

图 6.4.60　查看材料管理器

点击"确定"按钮，关闭"编辑材料"对话框。在图形工具栏里点击"材料管理器"按钮，弹出"材料管理器"对话框，其中显示出了刚创建的振膜材料 PEEK，如图 6.4.60 所示。

点击材料管理对话框中的"创建"按钮，也弹出一个"编辑材料"对话框，在"名称"栏里输入胶的名称"Acrylic"，再设置材料密度为 1.2e-9 Tone/mm^3，杨氏模量为 5 MPa，泊松比为 0.45，如图 6.4.61 所示。

音圈由包含铜芯和塑料表层的音圈线绕成，可称得质量为 80 mg，密度需要通过计算得到。

从 Pro/E 中量出音圈模型的体积为 15.48 mm^3，则音圈密度为 80/15.48 mg/mm^3 = 5.168×10^{-9} t/mm^3。

因为在扬声器工作过程中，音圈的变形与振膜的变形比较起来可以忽略不计，音圈的杨氏模量可使用铜的杨氏模量 110 GPa，泊松比 0.35，如图 6.4.62 所示。

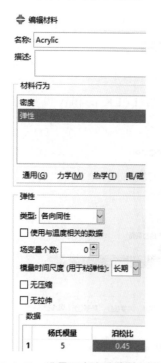

图 6.4.61　设置亚克力胶的材料属性

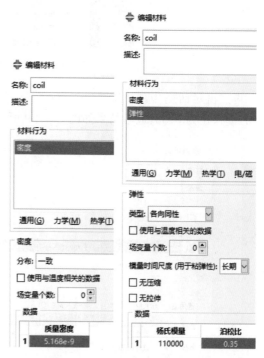

图 6.4.62　设置音圈的材料属性

振膜的折环部分是可以变形的，中间部分贴有一层 220 μm 厚的铝膜复合材料以保持平面形态。创建中贴的材料为"Rohacell 220um"，其密度为 8.8×10^{-10} t/mm^3，杨氏模量为 7700 MPa，泊松比为 0.33。

2. 创建音圈和中贴的型材

点击图形工具栏中的"创建截面"按钮，弹出"创建截面"对话框，在"名称"栏中输入音圈截面的名称"coil",在"类别"栏里选择"实体"选项,在"类型"栏里选择"均质"选项,单击"继续"按钮,弹出"编辑截面"对话框。在"材料"栏里选择"coil"材料,点击"确定"按钮,就创建了音圈的截面属性,如图6.4.63所示。

图 6.4.63 创建音圈的材料截面

单击图形工具栏里的"截面管理器"命令,弹出"截面管理器"对话框,如图6.4.64所示。

图 6.4.64 打开截面管理器对话框

单击型材管理对话框中的"创建"按钮,弹出"创建截面"对话框,在"类别"栏里选择"壳"选项,在"类型"栏里选择"均质"选项,如图6.4.65所示。

点击"继续"按钮,弹出"编辑截面"对话框。在"壳的厚度"栏的"数值"项后输入厚度0.22 mm,在"材料"栏选择材料"Rohacell 220um",如图6.4.66所示。

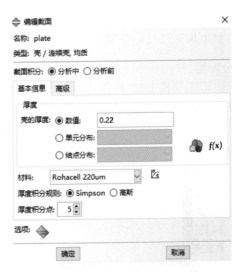

图 6.4.65 选择定义中贴为单层膜　　　图 6.4.66 定义中贴的材料和厚度

图 6.4.67 定义振膜为复合膜

3．定义振膜的型材

在"截面管理器"对话框里再次单击"创建"按钮，在"创建截面"对话框的"类别"栏里选择"壳"项，在"类型"栏里选择"复合"项，如图 6.4.67 所示。

单击"继续"按钮，在"编辑截面"对话框里选择第一层薄膜为 PEEK，输入厚度 0.006 mm，方向角度为 0；选择第二层薄膜为亚克力胶 Acrylic，输入厚度为 0.03 mm，方向角度为 0。然后鼠标右击第二栏，从弹出的小菜单中选择"插入到此行后（R）"项，如图 6.4.68 所示。

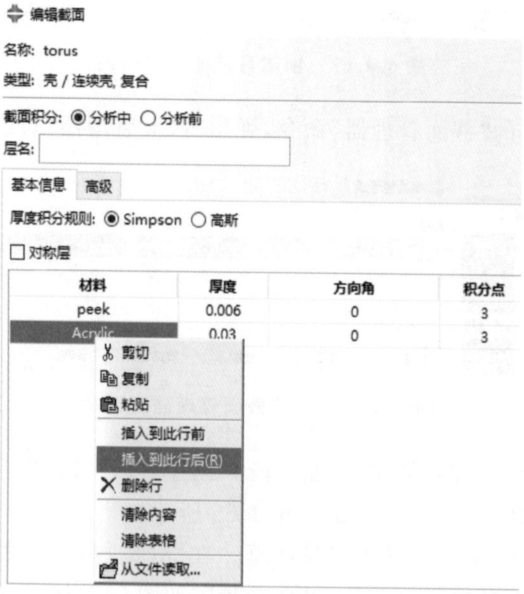

图 6.4.68 定义前两层薄膜

表中会出现第三栏。在第三栏中选择材料 PEEK，输入厚度 0.006 mm 和方向角度 0。

4．分配型材

点击图形工具栏上的"指派截面"按钮，弹出"选择要指派截面的区域"提示栏，选择振膜除了中间平面以外的部分，单击"完成"按钮，如图 6.4.69 所示。

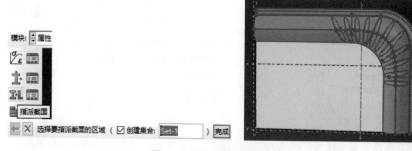

图 6.4.69 选择折环部分

弹出了"编辑截面指派"对话框,在"截面"栏里选择"torus"项,单击"确定"按钮,选中的振膜部分变为浅蓝色,如图6.4.70所示。

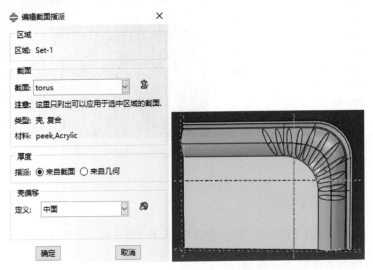

图6.4.70 指定折环的型材

接着可以继续指定振膜其他部分的型材。因为铝复合材料的厚度和杨氏模量远大于振膜材料,所以振膜中间的平面部分可以简化为只有铝复合材料。选择振膜中间的平面部分,单击提示栏里的"完成"按钮,弹出新的"编辑截面指派"对话框,在"截面"栏里选择"plate"项,在"定义"栏里选择"顶部表面"项,单击"确定"按钮就给整个振膜都定义了型材属性,如图6.4.71所示。

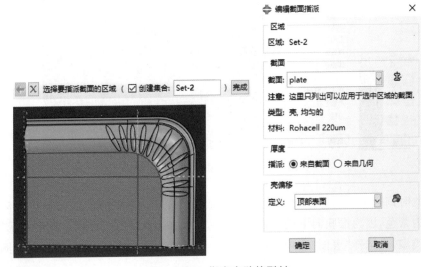

图6.4.71 指定中贴的型材

在图形显示栏上部的"模块"对话框里,将"部件"栏里的零件换为"m3_coil"零件,再单击图形工具栏里的"指派截面"命令,选择音圈模型,将"coil"型材赋予音圈,如图6.4.72所示。

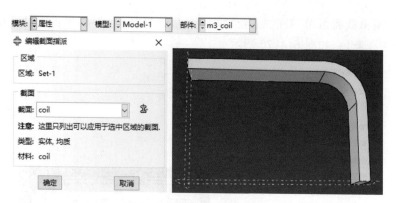

图 6.4.72　指定音圈的型材

6.4.6　设置耦合条件

在图形窗口上部菜单的"模块"栏中选择"相互作用"选项,设置加在模型上的耦合项。

1. 创建振膜与音圈的绑定连接

点击图形工具栏里的"创建约束"按钮,弹出"创建约束"对话框,在"类型"栏里选择"绑定"选项,单击"继续"按钮,弹出选择主面类型的提示栏。点击"表面"选项,弹出选择主面区域的提示栏,选择振膜的中间平面,单击"完成"按钮,如图 6.4.73 所示。

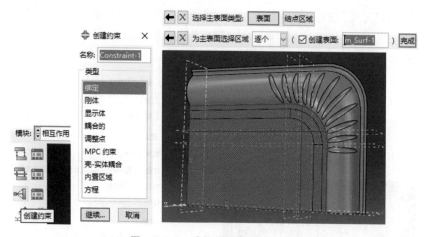

图 6.4.73　选择绑定约束的主面

系统此时询问选择振膜中间平面的哪一面建立约束。振膜向上的面显示为棕色,向下的面显示为紫色,因为振膜向下的那面与音圈粘合,故选择"棕色"选项。此时系统提示选择从表面的类型,也选择"表面"选项,系统又提示选择从表面的区域,此时应选择音圈上表面,如图 6.4.74 所示。

因为音圈的上表面完全与振膜下表面重合,为了选择音圈的上表面,需要先隐藏振膜。在图形窗口上方的显示工具栏里,点击"创建显示组"命令,弹出"创建显示组"对话框。在"项"栏里选择"Part/Model instances"选项,在右边栏里选择零件"m3-1",再在下方点击"删除"按钮,则振膜被隐藏,如图 6.4.75 所示。

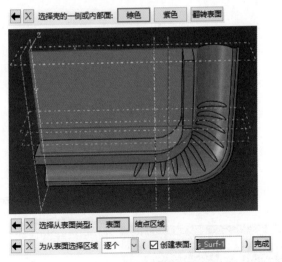

图 6.4.74　选择振膜下表面作为主表面和从表面类型

图 6.4.75　隐藏振膜

　　点击音圈与振膜粘接的那一面,则弹出"编辑约束"对话框,从此对话框中可以看到"绑定"连接的主、从表面都已定义好,点击"确定"按钮就可完成"绑定"连结的定义。点击显示工具栏里的"全部替换"按钮,则振膜可以重新显示出来,如图 6.4.76 所示。

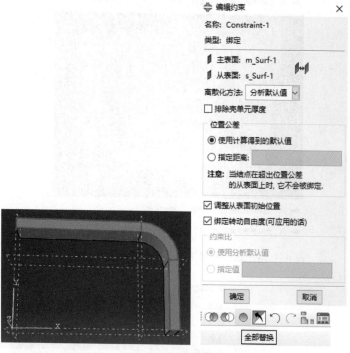

图 6.4.76　选择从面完成设置和显示振膜

2．创建参考点

负载需要加在一个点上，再建立此点与线圈的耦合，故先建立一个参考点。

在顶部菜单栏里选择"工具"—"参考点（R）"命令，弹出选择一个点或输入一点坐标的提示栏，输入坐标值"0,0,－2"建立一个位于音圈中心，但位置比音圈低的参考点 RP-1，如图 6.4.77 所示。

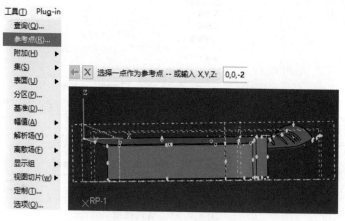

图 6.4.77　建立参考点

3．创建参考点与音圈的耦合

在图形工具栏里点击"约束管理器"命令，弹出"约束管理器"对话框，如图 6.4.78 所示。

图 6.4.78　打开约束管理器对话框

单击"约束管理器"对话框中的"创建"按钮，弹出"创建约束"对话框；从"类型"栏里选择"耦合的"选项。再单击"继续"按钮，系统弹出选择约束控制点的提示栏。在图形显示框中选择参考点 RP-1，如图 6.4.79 所示。

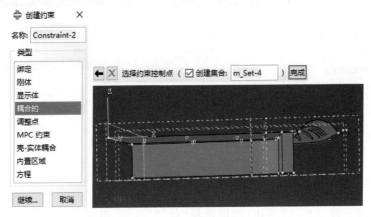

图 6.4.79　选择耦合点

在选择约束点的提示栏后点击"完成"按钮，出现选择约束区域类型的提示栏，点击"表面"按钮，弹出选择平面区域的提示栏，选择线圈底部平面，此平面变为紫色，如图 6.4.80 所示。

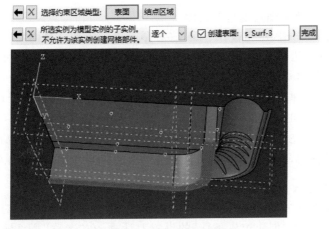

图 6.4.80　选择耦合平面

单击选择平面区域提示栏中的"完成"按钮,弹出"编辑约束"对话框;单击此对话框中的"确定"按钮,参考点和音圈平面之间就出现了耦合的符号,而"约束管理器"对话框中出现了约束2,如图6.4.81所示。

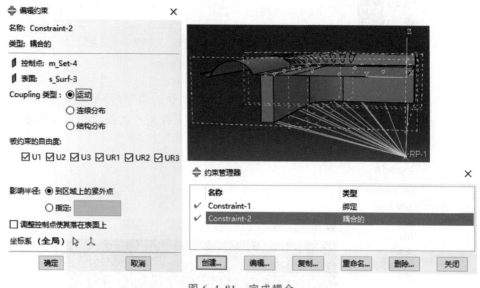

图 6.4.81　完成耦合

6.4.7　设定约束和载荷

在图形窗口上部菜单的"模块"栏中选择"载荷"选项,设置模型所受的约束和载荷,如图6.4.82所示。

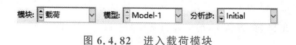

图 6.4.82　进入载荷模块

1. 创建振膜边界完全固定的边界条件

振膜的边缘与盆架用胶水粘接在一起,故对振膜边缘施加完全固定的边界条件。在图形工具栏中点击"创建边界条件"按钮,弹出"创建边界条件"对话框,在"可用于所选分析步的类型"栏中选择"对称/反对称/完全固定"项,如图6.4.83所示。

单击"继续"命令,弹出选择要施加边界条件的区域的提示栏,选择折环外边的边,此时被选中的边变成红色,如图6.4.84所示。

单击提示栏中的"完成"按钮后出现"编辑边界条件"对话框,从中选择最后一项"完全固定",再点击"确定"按钮,振膜边缘出现有了固定约束的符号,如图6.4.85所示。

2. 设置音圈对于 X 轴对称的边界条件

点击图形菜单上的"边界条件管理器"图标,弹出"边界条件管理器"对话框。在对话框中单击"创建"按钮,弹出"创建边界条件"的设置对话框,在"名称"栏里输入对称约束名称"coilX",在"类别"栏里选择"力学"项,在其后的类型栏里选择"对称/反对称/完全固定"项,如图6.4.86所示。

图 6.4.83　选择完全固定项

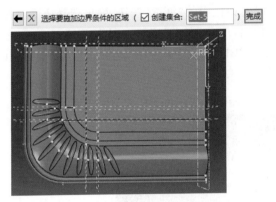

图 6.4.84　选择完全固定的边界

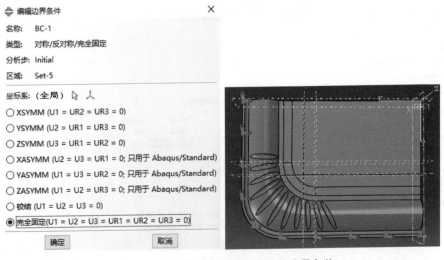

图 6.4.85　选择固定 6 个自由度的边界条件

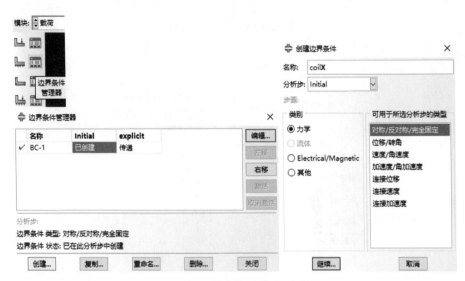

图 6.4.86　设置新边界条件类型

单击"创建边界条件"对话框中的"继续"按钮，弹出选择应用对称条件的区域的提示栏，选择音圈短边的中心对称面，单击"完成"按钮。因为它与 Y 轴垂直，在随后的设置对话框中选择第二项"YSYMM"，单击"确定"按钮，在"边界条件管理器"对话框中就出现了新建的边界条件"coilX"，如图 6.4.87 所示。

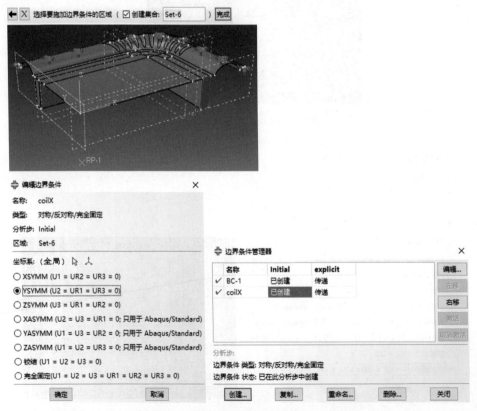

图 6.4.87　完成关于 X 轴对称边界条件设置

3. 设置音圈对于 Y 轴对称的边界条件

在边界条件管理器中单击"创建"按钮,弹出边界条件的设置对话框,在"名称"栏里输入对称约束名称"coilY",在"类别"栏里选择"力学"项,在其后的类型栏里选择"对称/反对称/完全固定"项,如图 6.4.88 所示。

单击"创建边界条件"对话框中的"继续"按钮,弹出选择应用对称条件的区域的提示栏,选择音圈长边的中心对称面,单击"完成"按钮。因为它与 X 轴垂直,在随后的设置对话框中选择第二项"XSYMM",单击"确定"按钮,在"边界条件管理器"对话框中就出现了新建的边界条件"coilY",如图 6.4.89 所示。

4. 设置振膜对于 X 轴对称的边界条件

在"边界条件管理器"中单击"创建"按钮,弹出边界条件的设置对话框,在"名称"栏里输入对称约束名称"memX",在"类别"栏里选择"力学"项,在其后的类型栏里选择"对称/反对称/完全固定"项,如图 6.4.90 所示。

图 6.4.88　设置对称边界条件类型

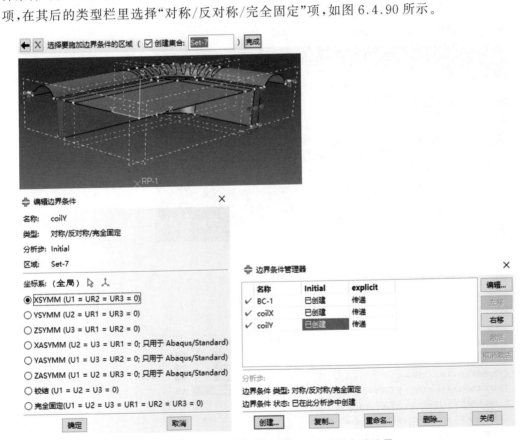

图 6.4.89　完成音圈关于 Y 轴对称边界条件设置

单击"创建边界条件"对话框中的"继续"按钮,弹出选择应用对称条件的区域的提示栏,选择振膜短边的中心对称边,单击"完成"按钮。因为它与 Y 轴垂直,在随后的设置对话框

图 6.4.90 设置对称边界条件类型

中选择第二项"YSYMM"，单击"确定"按钮，在"边界条件管理器"对话框中就出现了新建的边界条件"memX"，如图 6.4.91 所示。

5. 设置振膜对于 *Y* 轴对称的边界条件

在"边界条件管理器"中单击"创建"按钮，弹出"创建边界条件"的设置对话框，在"名称"栏里输入对称约束名称"memY"，在"类别"栏里选择"力学"项，在其后的类型栏里选择"对称/反对称/完全固定"项，如图 6.4.92 所示。

单击"创建边界条件"对话框中的"继续"按钮，弹出选择应用对称条件的区域的提示栏，选择振膜长边的中心对称边，单击"完成"按钮。因为它与 *X* 轴垂直，在随后的设置对话框中选择第二项"XSYMM"，单击"确定"按钮，在"边界条件管理器"对话框中就出现了新建的边界条件"memY"，如图 6.4.93 所示。

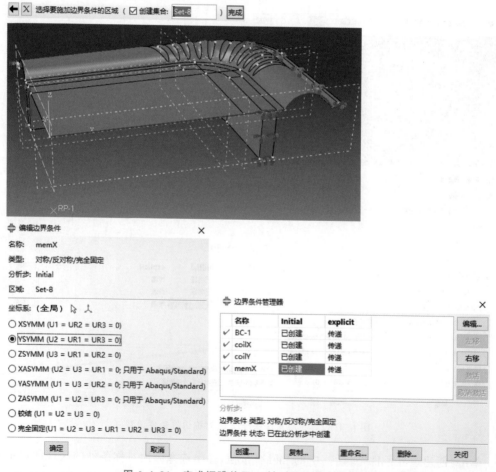

图 6.4.91 完成振膜关于 *X* 轴对称边界条件设置

图 6.4.92　设置振膜对于 Y 轴对称边界条件名称和类型

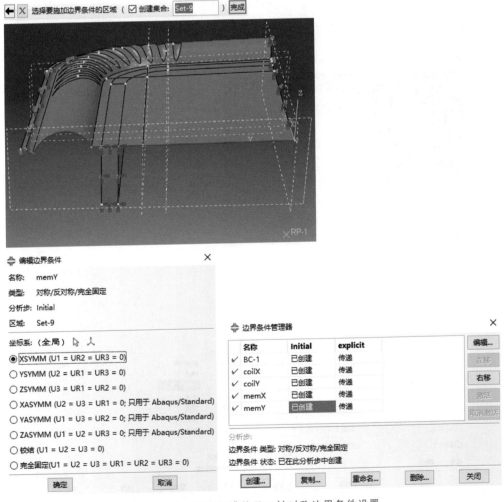

图 6.4.93　完成振膜关于 Y 轴对称边界条件设置

图 6.4.94 设置给音圈施加加速度的边界条件类型

6. 设置振膜的加速度

在"边界条件管理器"中单击"创建"按钮,弹出"创建边界条件"的设置对话框,在"名称"栏里输入加速度名称"a,"在"分析步"栏里选择"explicit"项,在"类别"栏里选择"力学"项,在其后的类型栏里选择"加速度/角加速度"项,如图 6.4.94 所示。

单击"创建边界条件"对话框中的"继续"按钮,弹出选择应用对称条件的区域的提示栏,选择音圈的耦合点 RP-1,单击"完成"按钮,出现了"编辑边界条件"的对话框,在音圈 Z 向位移对应的"A3"栏里输入 0.3 mm 位移对应的加速度值 1500 mm/s²,单击"确定"按钮,在"边界条件管理器"对话框中就出现了新建的边界条件"a",如图 6.4.95 所示。

附注:加速度计算公式为 $a = \dfrac{2x}{(0.02)^2}$,其中 x 为位移,音圈在 0.02 s 达到此位移。如果需要的位移有变化,则加速度由公式进行相应的更改。

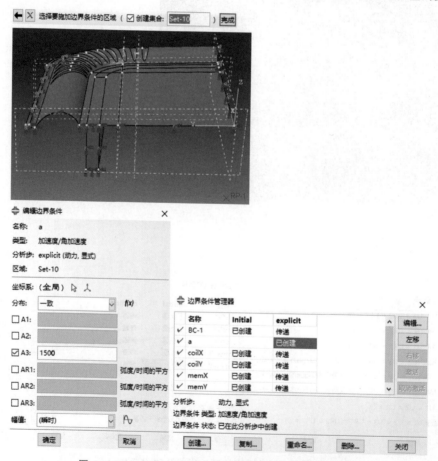

图 6.4.95 完成给音圈施加加速度的边界条件类型设置

6.4.8 创建计算任务并计算

1. 创建振膜向上振动的任务

点击顶部模块工具栏里的"作业"选项,切换到"作业"模块。在图形工具栏里点击"创建作业"图标,弹出"创建作业"对话框,在"名称"栏里输入新任务名称"m3epos",如图 6.4.96 所示。

单击"继续"按钮,弹出编辑任务对话框。Abaqus Explicit 的任务所需计算时间较长,但在求解器里使用并行计算可以大大加快计算速度,所以需要把处理器的所有线程都用上。点击"并行"计算栏设置并行计算选项,勾选使用多处理器选项"使用多个处理器",在其后的栏里输入计算机处理器的总线程数,在"多处理器模式:"项后选择"线程"选项,这时会发现"域的个数"项后的值也自动变得与处理器总线程数一样,如图 6.4.97 所示。

图 6.4.96 为振膜向上振动的任务命名　　　　图 6.4.97 设置并行计算选项

Explicit 求解器需要使用双精度求解器进行,这样计算结果才会精确。在"编辑作业"对话框中单击"精度"栏,进行计算精度的设置,在"Abaqus/Explicit 精度"栏里选择"两者 - 分析 + packager"项,如图 6.4.98 所示。单击"确定"按钮即完成任务创建。

2. 创建振膜向下振动的任务

要让振膜向下运动,需要把加速度改为负值。回到"载荷"模块,点击"边界条件管理器",选择加速度参数"a",再点击"编辑"按钮,将"A3"栏里的值改为" - 1500",如图 6.4.99 所示。

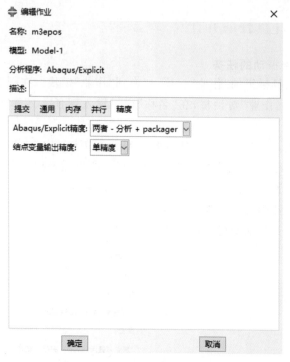

图 6.4.98　设置双精度计算选项

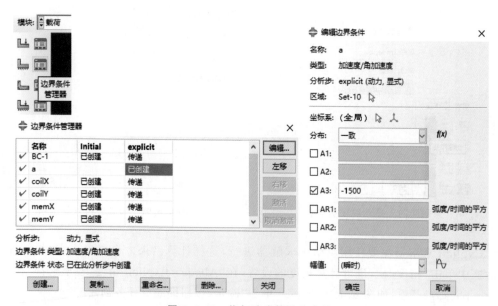

图 6.4.99　将加速度值改为负值

在图形工具栏里点击"作业管理器"图标,在"作业管理器"对话框中单击创建新任务按钮"创建",弹出"创建作业"对话框,在"名称"栏里输入振膜向下振动的任务名称"m3eneg",再单击"继续"按钮进行并行计算和计算精度的设置,如图 6.4.100 所示。

作业管理器
名称 模型 类型 状态
m3epos Model-1 完全分析 无
写入输入文件
数据检查
提交
继续
监控...
结果
中断
创建... 编辑... 复制... 重命名... 删除... 关闭
模块: 作业
作业管理器
创建作业
名称: m3eneg
来源: 模型
Model-1
继续... 取消

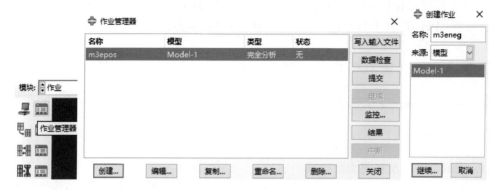

图 6.4.100 创建振膜向下振动的任务

3. 任务计算

在“作业管理器”里选中要运行的任务，单击“提交”按钮，即开始进行此任务的计算。此时任务的“状态”栏由“无”变为“运行中”，计算完成后值又变为“已完成”，如图 6.4.101 所示。

作业管理器
名称 模型 类型 状态
m3eneg Model-1 完全分析 无
m3epos Model-1 完全分析 无
写入输入文件
数据检查
提交
继续
监控...
结果
中断
创建... 编辑... 复制... 重命名... 删除... 关闭
作业管理器
名称 模型 类型 状态
m3eneg Model-1 完全分析 已完成
m3epos Model-1 完全分析 运行中
写入输入文件
数据检查
提交
继续
监控...
结果
中断
创建... 编辑... 复制... 重命名... 删除... 关闭

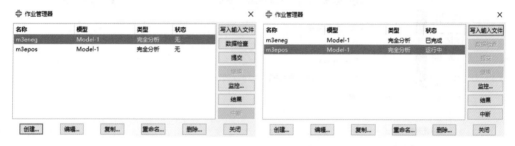

图 6.4.101 提交任务进行计算

然后将加速度“a”改为 1500，再选择“m3epos”命令，点击“提交”按钮进行计算。

在计算过程中点击“监控”按钮可以监视计算进度，当“总时间”栏达到 0.02 时计算结束，如图 6.4.102 所示。

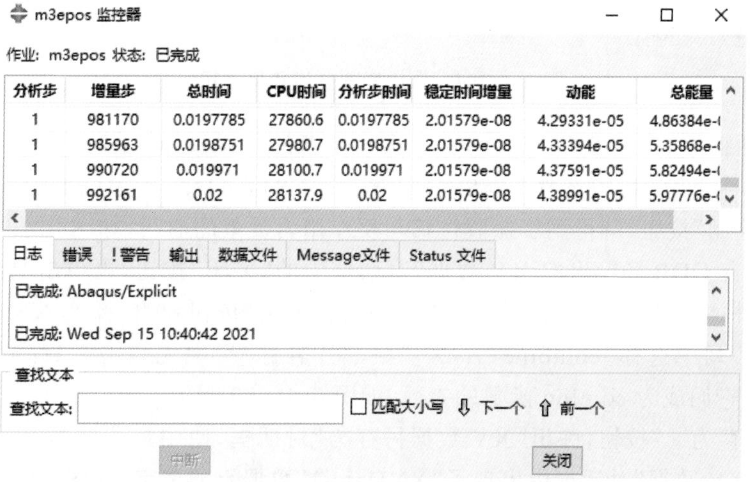

m3epos 监控器
作业: m3epos 状态: 已完成
分析步 增量步 总时间 CPU时间 分析步时间 稳定时间增量 动能 总能量
1 981170 0.0197785 27860.6 0.0197785 2.01579e-08 4.29331e-05 4.86384e-
1 985963 0.0198751 27980.7 0.0198751 2.01579e-08 4.33394e-05 5.35868e-
1 990720 0.019971 28100.7 0.019971 2.01579e-08 4.37591e-05 5.82494e-
1 992161 0.02 28137.9 0.02 2.01579e-08 4.38991e-05 5.97776e-
日志 错误 !警告 输出 数据文件 Message文件 Status 文件
已完成: Abaqus/Explicit
已完成: Wed Sep 15 10:40:42 2021
查找文本
查找文本:
匹配大小写 下一个 前一个
中断
关闭

图 6.4.102 计算进度监视栏

计算所需时间较长，计算时间因计算机速度不同而不同，我的工作站有两个 E5 3G 的 CPU，每个 CPU 有 10 个核心，整机共 40 线程，计算此单向任务仍需要一个半小时。

6.4.9　动态仿真结果的后处理

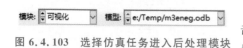

图 6.4.103　选择仿真任务进入后处理模块

在任务管理器中选中计算任务"m3eneg"，点击旁边的"结果"按钮，自动进入"可视化"后处理模块，如图 6.4.103 所示。

1. 提取位移和反作用力的数据

在图形工具栏中点击"创建 XY 数据"按钮，弹出"创建 XY 数据"对话框，选择"ODB 场变量输出"栏，再单击对话框中的"继续"按钮，弹出"来自 ODB 场输出的 XY 数据"对话框，在对话框中点选"RF-RF3"项和"U-U3"项，如图 6.4.104 所示。

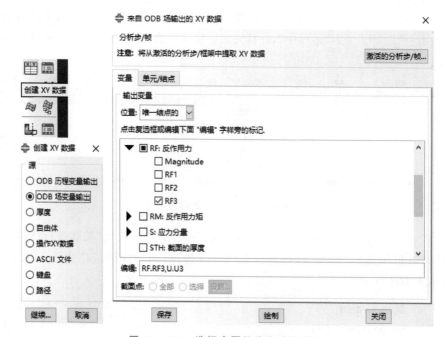

图 6.4.104　选择音圈位移和反作用力

点击对话框中的"单元/节点"按钮，弹出一个新的设置页面；在"方法"列中选择"结点集"项，在"名称过滤"列中选择"ASSEMBLY_CONSTRAINT-2_REFERENCE_POINT"项，再单击"绘制"按钮，就得到了振膜位移与反作用力关系的曲线，如图 6.4.105 所示。

点击"来自 ODB 场输出的 XY 数据"对话框中的"关闭"按钮，再单击"创建 XY 数据"图标，在对话框中选择"操作 XY 数据"选项，点击"继续"按钮弹出"操作 XY 数据"对话框。在"运操作符"列中选择"combine（X，X）"项，在"名称"栏中先点击"_U：U3"，再点击"_RF：RF3"使它们成为 combin 函数的参数，如图 6.4.106 所示。

点击"另存为…"按钮，弹出"XY 数据另存为"对话框，使用默认的名字，点击"确定"按钮，在"操作 XY 数据"对话框中出现了"XYData-1"数据组的名字，如图 6.4.107 所示。

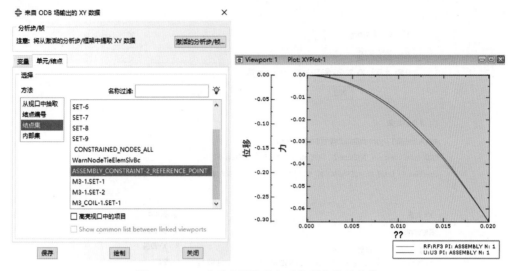

图 6.4.105 生成音圈位移和反作用力关系曲线

图 6.4.106 调用 combin 函数

在左侧模型树中右击刚建立的"XYData-1"数据组,从弹出的小菜单中选择"编辑"选项,弹出"编辑 XY 数据"对话框,从中可以看见力与位移的对应数据,如图 6.4.108 所示。

2. 在 Excel 表里绘制 K_{ms} 曲线

从"编辑 XY 数据"对话框中选择所有数据并右击,从小菜单中选择"复制"命令,再扫描文前第 6 章文件包二维码下载 Excel 表"Membrane Simulation report",在"Excursion"和"Force"列中填入从 Abaqus 中复制的数据,如图 6.4.109 所示。

图 6.4.107　保存组合的数据

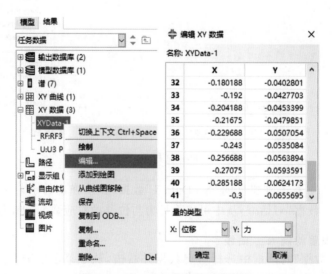

图 6.4.108　力与位移的对应数据

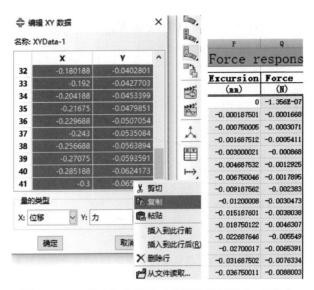

图 6.4.109　将力与位移的对应数据复制到 Excel 表中

在 Excel 表中选中刚拷入的数据,点击上部工具栏中的"排序和筛选"—"升序"命令,将数据反向排列,在随后的"Excursion"和"KMS"列中就会得到计算出的位移与刚度的数值,不规则的数可以去掉,如图 6.4.110 所示。

| Force response & KMS (stiffnes | | | |
Excursion (mm)	Force (N)	Excursion' (mm)	KMS (N/mm)
-0.300000012	-0.0655695		
-0.285188079	-0.0624173	-0.28	0.21
-0.270750076	-0.0593591	-0.26	0.21
-0.256687671	-0.0563894	-0.25	0.21
-0.243000239	-0.0535084	-0.24	0.21
-0.229687795	-0.0507054	-0.22	0.21
-0.216750354	-0.0479851	-0.21	0.21
-0.2041879	-0.0453399	-0.20	0.21
-0.192000434	-0.0427703	-0.19	0.21
-0.180187955	-0.0402801	-0.17	0.21
-0.168750018	-0.0378588	-0.16	0.21
-0.157687545	-0.0355154	-0.15	0.21
-0.147000074	-0.0332419	-0.14	0.21
-0.136687592	-0.0310372	-0.13	0.21
-0.126750097	-0.0289066	-0.12	0.22
-0.117187604	-0.0268383	-0.11	0.22

图 6.4.110　将力与位移的对应数据在 Excel 表中反向排序

用同样的方法把正向的位移和反作用力也输入 Excel 表,就得到了完整的位移和 K_{ms} 的数值。在 stiffness K_{ms} 图表中自动绘出了 K_{ms} 曲线,但在 0 位移附近有一些不规则点应去掉,通过拟合能得到更规则的曲线,如图 6.4.111 所示。

3. 在 Excel 表里比较同一振膜用两种方法仿真的 K_{ms} 曲线

把用静态法和动态法仿真得到的两条曲线放在同一个图表里,可以看到两条曲线在正向位移下的形状很近似,但动态法在负位移方向可以得到更长的曲线,如图 6.4.112 所示。

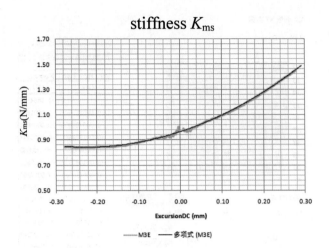

图 6.4.111 计算出的刚度与位移的数据在 Excel 表中绘制的 K_{ms} 曲线

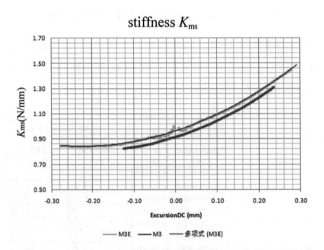

图 6.4.112 在 Excel 图表中比较两种方法得到的曲线

6.5 通过振膜仿真检验振膜运动安全空间

大部分扬声器单体的振膜上方有一个顶盖。当正向折环向上振动时,变形后的折环可能会碰着这个顶盖,因而产生杂音。通过仿真可以检验振膜与盖之间的空间是否足够,振膜工作时会不会碰上这个盖。

这种检验分三个步骤:①从 Abaqus 中导出指定位移(设计的工作位移)下的振膜变形后的模型 VRML 文件;②用 Pro/E 打开 VRML 文件并做相应处理,存为 Pro/E 文件;③将 Pro/E 文件装配在产品模型里,测量出变形后的折环与顶盖的最小距离。

下面以一款 $13 \times 18 \times 2.5$ 扬声器为例进行说明,它的 m4 振膜大折环离顶盖较近,需要校验当振膜向上运动 0.3 mm 时,振膜会不会碰上顶盖,如图 6.5.1 所示。

图 6.5.1　扬声器模型

6.5.1　导出变形后的振膜模型

在 Abaqus 里打开 K_{ms} 曲线仿真的结果文件 m4pos.odb，点击图形工具栏中的"在变形图上绘制云图"按钮，显示的振膜变形后的形状如图 6.5.2 所示。

图 6.5.2　变形后的振膜图

通过输出位移与反作用力的数值可知，此时中贴的位移为 0.3 mm。点击顶部菜单里的"文件—导出—VRML"命令输出中性格式的 m4pos.wrl 文件，如图 6.5.3 所示。

图 6.5.3　变形后的振膜图

6.5.2 在 Pro/E 中输入并修改变形后的振膜模型

用 Pro/E 打开保存的 m4pos.wrl 文件,如图 6.5.4 所示。

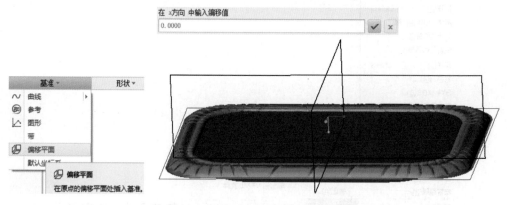

图 6.5.4　在 Pro/E 中打开的振膜变形图

点击"基准"—"偏移平面"命令创建后来装配用的基准面,连续点击 ✔ 按钮三次,即创建了过振膜中心的垂直于 X、Y、Z 轴的三个基准面,如图 6.5.5 所示。

图 6.5.5　在 Pro/E 中创建振膜的基准面

振膜模型的实际单位是毫米。但当输入模型时,Pro/E 默认模型的单位是米,这就把模型放大了。接着需要把 Pro/E 里的振膜模型缩小到千分之一,模型尺寸才与实际相符。

在 Pro/E 里点击"操作"—"缩放模型"命令,输入缩放系数 0.001,再点击 ✔ 按钮,随后在"确认"提示栏里点击"是"按钮,模型会缩小到看不见。在窗口顶部的"视图"菜单里点击"重新调整"按钮,模型又显示了出来,如图 6.5.6 所示。

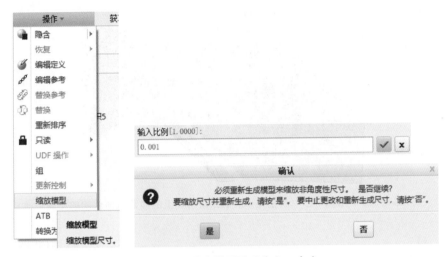

图 6.5.6　缩小模型到千分之一大小

　　因为在装配体里无法直接选择此输入模型上的一点并测量其与其他零件的距离,所以接下来先创建一个与变形后的折环形状一样的曲面,用测量此曲面与其他零件的距离来替代测量变形振膜与其他零件的距离。

　　先在视图管理器中创建一个通过振膜长边中心的横截面,再点击"拉伸"命令进入草图模式,用样条曲线在横截面上绘制与折环形状一样的草图,再拉伸为曲面,如图 6.5.7 所示。然后保存文件。

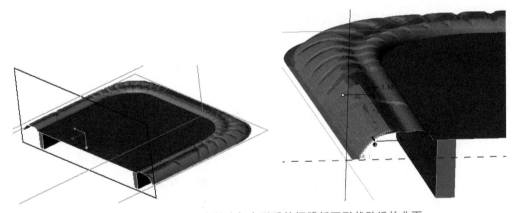

图 6.5.7　在 Pro/E 中创建与变形后的振膜折环形状贴近的曲面

6.5.3　在 Pro/E 中装配并测量变形后的振膜与顶盖的距离

　　将变形后的振膜模型 m4pos 装配进 m4pos_assembly 模型中,使用基准面进行对齐。然后测量 m4pos 中的曲面与顶盖间的距离,得到 0.033 mm,如图 6.5.8 所示。

　　这证明了音圈向上运动 0.3 mm 后,振膜与顶盖的最小距离是 0.033 mm,并没有碰上,因而这个振膜设计是安全的。

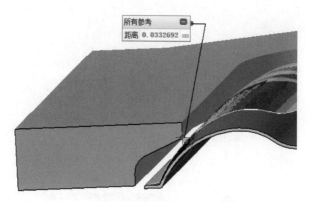

图 6.5.8   在 Pro/E 中测量变形后的振膜折环上的曲面与顶盖间的距离

6.6   计算系统整体的 K_{ms} 曲线

第 5 章介绍过了,扬声器系统整体的 K_{ms} 曲线等于振膜的 K_{ms} 曲线与后腔的 K_{ms} 曲线相加。本章仿真了 M1 振膜的 K_{ms} 曲线,扬声器后腔的 K_{ms} 曲线可以通过式(5.1.1)计算而得,请扫文前第 6 章文件包二维码下载"stiffness with_ back_volume",将二者相加即可得系统整体的 K_{ms} 曲线。

$$K_{mb}(x) = \frac{S^2 \kappa p_0}{V} \left[1 - (\kappa + 1) \frac{Sx}{V} + (\kappa + 1)(\kappa + 2) \left(\frac{Sx}{V} \right)^2 \right] \qquad (5.1.1)$$

式中,x 为音圈位移,S 为振膜等效辐射面积,V 为音圈在静止位置时扬声器的背腔体积,p_0 为大气压力 100 000 Pa,κ 为常数 1.4。

6.6.1   求振膜的有效辐射面积

使用公式计算扬声器后腔的 K_{ms} 曲线需要输入扬声器的后腔大小和振膜等效辐射面积 S。其中振膜的等效辐射面积一般按通过折环中心的曲线所包围的面积来算。所以可以先绘制一个通过 M1 振膜折环中心的平面,然后测量其面积,如图 6.6.1 所示。

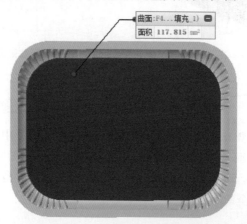

图 6.6.1   在 Pro/E 中测量振膜等效辐射面积 S

6.6.2 将振膜仿真结果输入计算整体 K_{ms} 曲线的表中进行计算

表"stiffness with_ back_volume"可以分为三部分,最上面的部分的黄色栏中需要输入扬声器的振膜等效面积 S 和体积 V 的值。对于使用 M1 振膜的这款扬声器,S 约为 1.18 cm^2,后腔体积约为 0.46 cm^3,如图 6.6.2 所示。

Import parameters			
p_o		100000	Pa
k		1.4	
S	1.18 cm2	118	mm2
V	0.46 cm3	460	mm3

图 6.6.2　在表中输入振膜等效辐射面积 S 和后腔体积 V

表"stiffness with_ back_volume"中间的部分用来计算扬声器后腔的 K_{ms} 曲线和整体的 K_{ms} 曲线。

将振膜仿真表"Membrane Simulation Report"中 M1 振膜的"Excursion"列和"K_{ms}"列中的数值复制到表"stiffness with_ back_volume"中的"Simulation curve Kmem(x)"列中,再将表中前面计算背腔的部分和后面计算整体 K_{ms} 曲线的部分各列中的数值拉到与振膜 K_{ms} 曲线的数值行对齐,如图 6.6.3 所示。

Excursion'	K_{ms}
(mm)	(N/mm)
-0.24	1.29
-0.24	1.29
-0.23	1.28
-0.23	1.28
-0.23	1.28
-0.22	1.27
-0.20	1.26
-0.17	1.25
-0.15	1.27
-0.12	1.29
-0.11	1.31
-0.08	1.35
-0.05	1.40

Simulation curve Kmem(		
-x [mm]	m1_Kms_mem	Kmem %
-0.24	1.29	88%
-0.24	1.29	88%
-0.23	1.28	87%
-0.23	1.28	87%
-0.23	1.28	87%
-0.22	1.27	86%
-0.20	1.26	86%
-0.17	1.25	85%
-0.15	1.27	86%
-0.12	1.29	88%
-0.11	1.31	89%
-0.08	1.35	92%
-0.05	1.40	95%

图 6.6.3　将振膜 K_{ms} 仿真结果输入整体 K_{ms} 计算表中进行计算

表"stiffness with_ back_volume"下面的部分是用来显示扬声器振膜 K_{ms} 曲线、后腔 K_{ms} 曲线和整体 K_{ms} 曲线的图,如图 6.6.4 所示。

如图 6.6.4 所示,背腔"K_mb"总是左高右低,为了得到一条比较平坦对称的整体 K_{ms} 曲线 m1_Kms(x),需要振膜的 K_{ms} 曲线 m1_Kms_mem 的最低点位于负向位移处。

使用归一化的图表,可以使曲线平坦和对称的程度看得更明显,如图 6.6.5 所示。

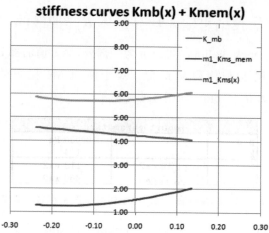

图 6.6.4　振膜 K_{ms} 曲线、后腔 K_{ms} 曲线和整体 K_{ms} 曲线图示

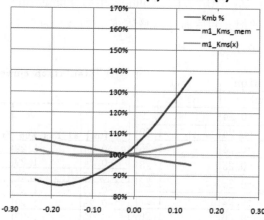

图 6.6.5　归一化的振膜 K_{ms} 曲线、后腔 K_{ms} 曲线和整体 K_{ms} 曲线图示

第 7 章

带电流的磁场仿真

前面介绍了用多物理场仿真软件 Comsol 不带电流的 mfnc 模块进行扬声器磁路仿真的方法,本章介绍用带电流的 mf 模块进行扬声器磁路仿真的方法。mf 模块是进行扬声器灵敏度仿真的工具之一。

7.1 扬声器灵敏度用 Comsol 软件仿真的方法

使用 Comsol 进行扬声器灵敏度仿真涉及声场、磁场和结构三个物理场的耦合。

使用一个模型计算三个物理场耦合是很困难的,费时很长还容易失败,所以我们一般分三步做,用第一个模型算出 Bl,第二个模型算出电磁阻抗 Z_b 曲线,第三个模型算出扬声器的频响曲线。

扬声器三场耦合
- 若已知 Bl,磁路作用可以集总力作用于音圈,线圈运动对磁场的影响也能以集总反电动势作用于音圈;
- 即先以磁场计算提取 Bl 和阻抗 Z_b,则后续只需要声学–结构耦合就能实现三场耦合;
- 其中 Z_b 是整个磁路的阻抗,除了音圈的阻抗外,也要考虑软铁上感应涡流的阻抗;
- 线圈中电流 $i = (V_0 - V_e)/Z_b$。

根据公式 $Bl = F/i$,设定一个不足以影响磁场分布的小

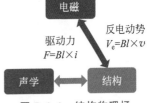

图 7.1.1 结构物理场

电流流过扬声器音圈,再通过仿真得出音圈上受到的洛伦兹力,就能算出音圈上的 Bl。

用数值或单导线性质的线圈,都需要加线圈几何分析,否则不能计算。

7.2 输入磁路模型

磁路模型包括内、外磁铁,磁铁上、下极片和音圈。仿真模型还需要建立一个包裹磁路模型的空气域。为了便于计算,我们使用四分之一磁路模型进行仿真。

为便于建立四分之一模型,在 Pro/E 中建模时应使磁路模型几何中心位于模型坐标系的原点上。这样将模型输入 Comsol 后,磁路模型就可以正好位于空气域的中心,不需要再调整磁路模型和空气域的相对位置。因为有时由于软件的精度问题,通过测量和平移等操作来调整它们的位置不能使它们的中心精确重合。

7.2.1 将 Pro/E 里的磁路模型转存为 STEP 格式文件

在组件下建立的磁路模型往往中心面不与模型坐标平面重合,因此还需要建立一个新模型,将各个零件重新装配,使模型中心面与坐标系平面相重合。然后通过"拉伸"—"切除"操作,以坐标系平面为边界,将磁路模型切成四分之一模型,如图 7.2.1 所示。

图 7.2.1 磁路四分之一模型

在 Pro/E 中点击"文件"—"另存为"—"保存副本"命令,选择"实体"选项,将磁路模型保存为 STEP 文件,如图 7.2.2 所示。

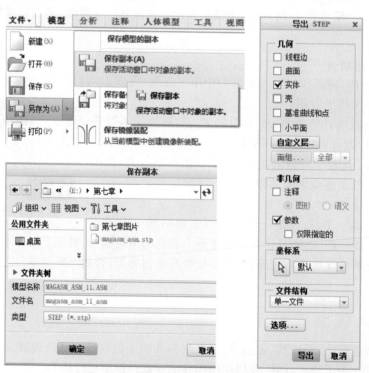

图 7.2.2 将磁路模型存成 STEP 文件

7.2.2 在 Comsol 里建立磁路仿真模型

启动 Comsol,点击"模型向导"—"三维"—"AC/DC"—"磁场(mf)",选择带电流的磁场模块,再单击"研究"按钮,选择稳态求解器,再点击"完成"按钮进入 Comsol 工作窗口,如图 7.2.3 所示。

图 7.2.3 选择 mf 模块和稳态求解器

在设置栏里设置长度单位为"mm"。右键单击"几何 1"按钮,从弹出的小菜单里选择"导入"按钮,再从"设置"对话框中点击"浏览…"按钮,再单击"浏览…"按钮选择磁路模型,然后点击"导入"按钮,就将磁路模型导入 Comsol 中,如图 7.2.4 所示。

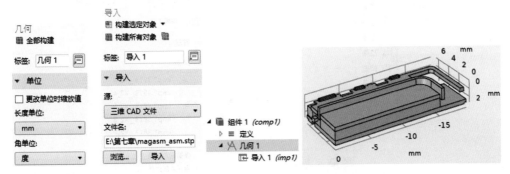

图 7.2.4 导入磁路模型

在模型开发器中右键单击"几何1"按钮,从弹出的小菜单中选择"球体"选项,在球体设置对话栏里输入半径40,再单击"构建所有对象"选项,创建一个包围磁路组件的球体。点击视图栏里的"透明"按钮,可见内含磁路组件的空气球模型,如图7.2.5所示。

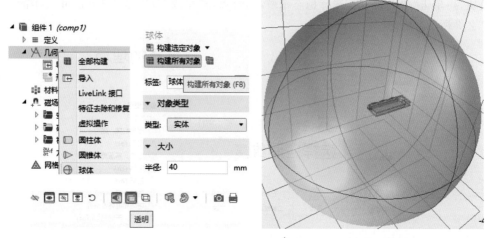

图 7.2.5　创建空气球模型

右击"几何1"栏,从中选择"布尔操作和分割"—"并集"选项,先点击"框选"按钮,然后按下鼠标左键,框选所有部件,再从并集设置对话框里点击"构建所有对象"按钮,完成并集操作,如图7.2.6所示。

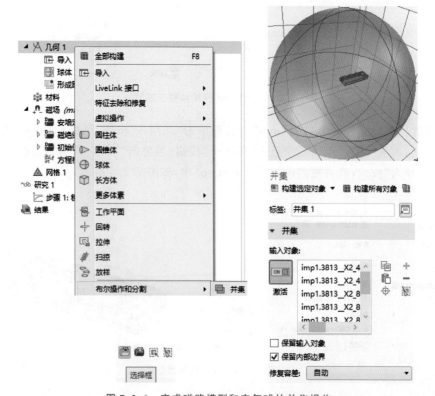

图 7.2.6　完成磁路模型和空气球的并集操作

为了将空气球只留包含磁路组件的那四分之一，需要建立一个包含四分之一空气球的长方体模型，然后求球体与长方体的交集。在菜单栏里右击"几何"按钮，从中选择"长方体"选项，设置长方体的长、宽、高尺寸都为 80 mm，右下角的位置如图 7.2.7 所示。

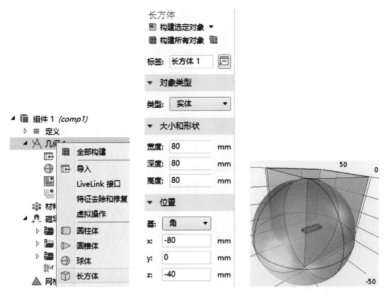

图 7.2.7　创建长方体模型

右击"几何"栏，从中选择"布尔操作和分割"—"交集"选项，将长方体和球体都选上，再点击"构建所有对象"按钮，就创建了磁路模型和外部计算域的四分之一模型，如图 7.2.8 所示。

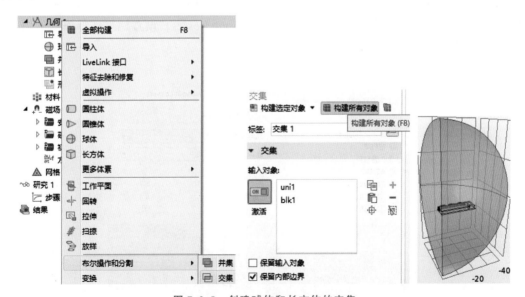

图 7.2.8　创建球体和长方体的交集

7.3　在 Comsol 里添加材料信息

7.3.1　将空气属性加入模型

在右侧"添加材料"对话框里选择"内置材料"—"Air"，双击将其加入左侧的模型开发器中。在模型开发器中点击"Air"，在右侧的设置栏里选择默认的所有域，如图 7.3.1 所示。

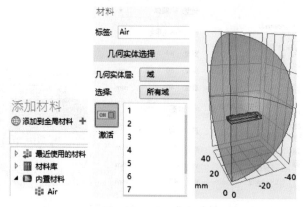

图 7.3.1　选择空气域

7.3.2　将软铁材料加入模型

在右侧"添加材料"对话框里选择"AC/DC"—"Soft Iron（Without Losses）"材料，双击将其加入左侧的模型开发器中，在"Soft Iron（Without Losses）"设置栏里选择磁铁的内、外顶片和底部极片（蓝色区域），如图 7.3.2 所示。

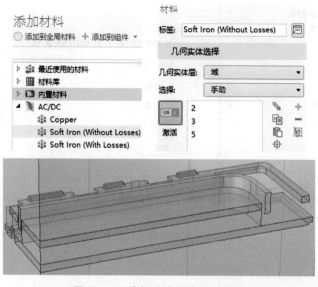

图 7.3.2　选择磁铁极片材料及域

磁铁顶片的材料是软铁，为了防腐，软铁表面会镀镍。镀镍后软铁的磁导率会有所变化。所以我们需要把 Comsol 自带的软铁 *BH* 曲线换成测试得来的镀镍后的实物的 *BH* 曲线，这样计算结果更精确。在"材料"栏里选择"Soft Iron"下的"BH Curve"—"Interpolation 1"，右侧"设置"对话框中在"数据源"栏里选择"文件"选项，点击"浏览…"按钮，选择"SPCC with calibration.txt"文件，再点击"导入"按钮，就把新 *BH* 曲线输入了模型里，如图 7.3.3 所示。

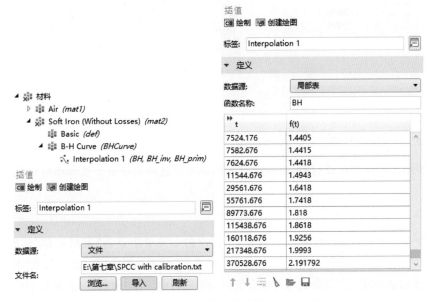

图 7.3.3　更改磁铁极片材料的 *BH* 曲线

7.3.3　将音圈线材料加入模型

从模型窗口右侧的"添加材料"窗口中选择"AC/DC"—"Copper"材料，将其添加到左侧的材料栏中。在"Copper"的设置栏里选择域"4"（蓝色区域），如图 7.3.4 所示。

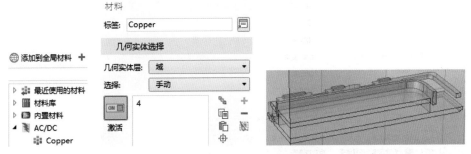

图 7.3.4　添加音圈材料及域

在材料设置中选择的域，后面的设置会覆盖前面的设置，对软铁材料和音圈线材料都设置了相应的域以后，回头再看空气域的设置，会发现极片和音圈区域后面已被标记"（已替代）"，如图 7.3.5 所示。

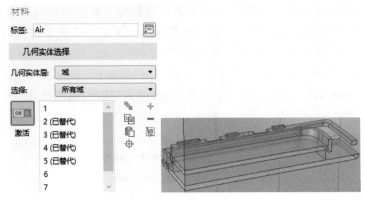

图 7.3.5　最终的空气域

7.4　在 Comsol 里设置磁场属性

磁铁不用从系统中选择材料,直接在磁场模块里设置剩余磁通密度和相对磁导率就可以。

7.4.1　定义内磁属性

在模型开发器中右击"磁场(mf)"按钮,从弹出的小菜单中点击"安培定律"选项,在"安培定律"设置对话框的"标签"栏里输入"内磁",在"域选择"栏里选择内磁区域"6",在"本构关系"栏里选择"剩余磁通密度",在剩余磁通密度设置栏的第三行中输入 Br"1.3",如图 7.4.1 所示。

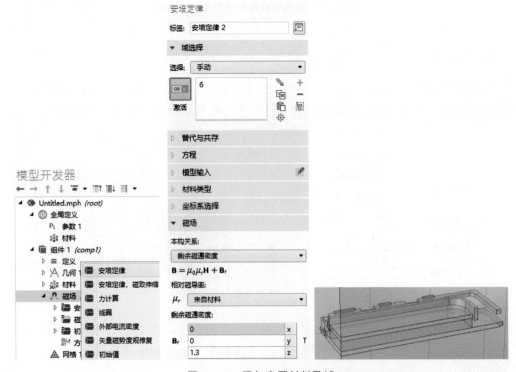

图 7.4.1　添加音圈材料及域

7.4.2 定义外磁属性

在模型开发器中右击"磁场(mf)"按钮,从弹出的小菜单中点击"安培定律"选项,在"安培定律"设置对话框的"标签"栏里输入"外磁",在"域选择"栏里选择外磁区域,在"材料类型"栏里选择"固体"选项,在"本构关系"栏里选择"剩余磁通密度",在"剩余磁通密度"设置栏的第三列中输入在全局定义中定义的插值函数名称"−1.3"(加负号表示与内磁极性相反),如图7.4.2所示。

图 7.4.2 定义外磁属性及域

7.4.3 定义极片属性

在模型开发器中右击"磁场(mf)"按钮,从弹出的小菜单中点击"安培定律"选项,在"安培定律"设置对话框的"标签"栏里输入"极片",在"域选择"栏里选择磁铁上、下极片区域,在"材料类型"栏里选择"固体"选项,在"本构关系"栏里选择"B-H 曲线",如图7.4.3所示。

7.4.4 定义线圈属性

在模型开发器中右击"磁场(mf)"按钮,从弹出的小菜单中点击"线圈"选项,在线圈设置对话框的"域选择"栏里选择线圈区域,在"材料类型"栏里选择"固体"选项,在"导线模型"栏里选择"均匀多匝",在"线圈类型"栏里选择"数值型",在"线圈电流"栏里输入参数"I0",在"匝数"栏里输入"25",在"线圈导线截面积"栏里选择"来自圆导线直径"选项,在圆导线直径"d_{coil}"栏里输入"0.125[mm]",如图7.4.4所示。

图 7.4.3 定义极片材料及域

图 7.4.4 定义线圈属性

在模型管理器中右击"线圈 1"下的"几何分析 1"按钮,从弹出的小菜单中选择"输出"项。

点击线圈下的"输入"和"输出"按钮,设置音圈的截面为电流输入和输出端,如图 7.4.5 所示。

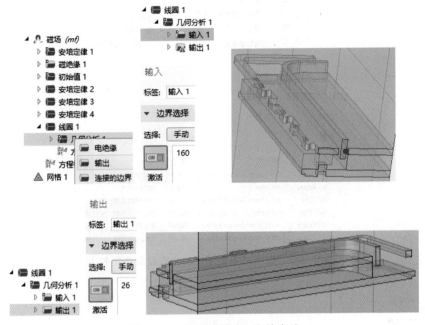

图 7.4.5　设置线圈输入和输出端

7.5　定义 Bl 计算参数

因为线圈上的洛伦兹力 $F = Bl \times i$,Bl 可以通过用线圈上的洛伦兹力除以线圈上的电流的方法来计算。

7.5.1　找到表征洛伦兹力的变量

在模型开发器的视图栏里点击"方程视图"前的选择框,使各部分物理量的名称都显示出来。再点击"磁场"—"安培定律 1"下的"方程视图"按钮,在右边的"变量"栏里找到 Z 方向的洛伦兹力贡献变量,名为 mf.FLtzz,如图 7.5.1 所示。

7.5.2　对线圈上的洛伦兹力积分

因为是要计算线圈上的洛伦兹力贡献,所以要先创建线圈区域的积分函数。右击"组件 1"下的"定义"栏,在弹出的小菜单里选择"组件耦合"—"积分"选项,创建"intop1"积分,点击"积分 1",在右边选择线圈域"4",如图 7.5.2 所示。

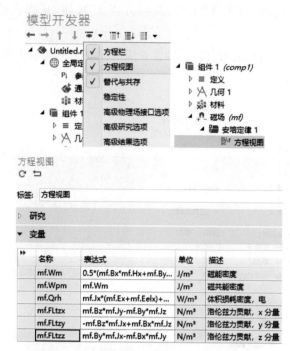

图 7.5.1　找到 Z 方向洛伦兹力贡献的变量名

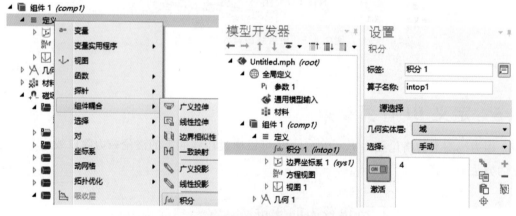

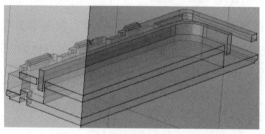

图 7.5.2　创建积分函数对线圈域积分

7.5.3　定义 *Bl* 的计算变量

点击模型树中"组件 1"下的"变量 1"栏定义变量,在右侧的变量设置栏里输入一个变量"I0",值为"1[mA]";另一个变量名为"BL",表达式为"4 * intop1(mf.FLtzz)/I0",如图 7.5.3 所示。

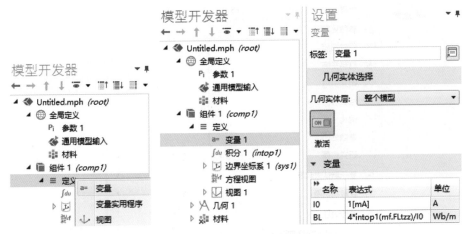

图 7.5.3　创建两个计算所需变量

7.6　模型网格化

进行仿真计算前需要先划分模型的网格。点击模型树上的"网格 1"按钮,设置单元大小为"细化",再点击"全部构建"按钮,将模型网格化,如图 7.6.1 所示。

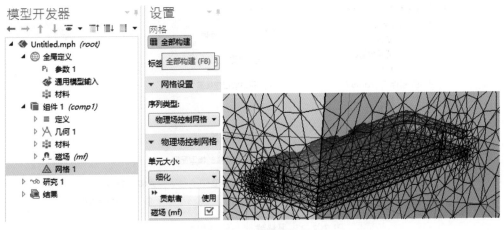

图 7.6.1　模型网格化

7.7　设置研究步骤

在模型树中右击"研究 1"按钮,从弹出的小菜单中选择"研究步骤"—"其他"—"线圈几何分析",添加线圈几何分析步骤到模型树中,如图 7.7.1 所示。

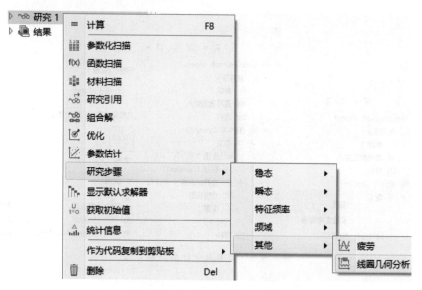

图 7.7.1　添加线圈几何分析

刚添加的线圈几何分析位于稳态分析的下方,需要用鼠标将其挪到稳态分析的上方,然后点击右侧设置栏里的"计算"按钮,如图 7.7.2 所示。

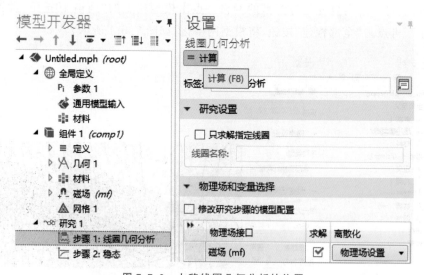

图 7.7.2　上移线圈几何分析的位置

模型比较复杂时,计算可能会报一个"解不收敛"的错。在"稳态求解器 2"中将收敛标准由默认的"0.001"改为"0.01"可以更容易得到计算结果,如图 7.7.3 所示。

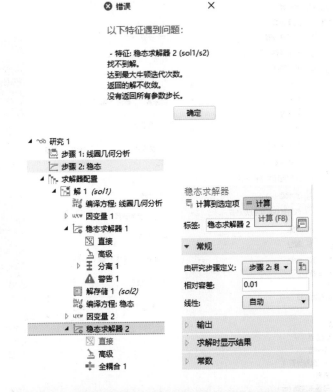

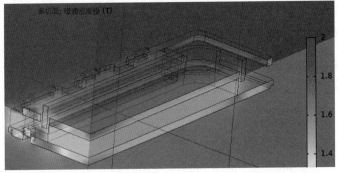

图 7.7.3 在静态求解器中把相对容差改为 0.01

7.8 提取 Bl

求解完成后可以提取出前面定义的 Bl 参数值。在模型树的"结果"栏里右击"派生值"项,从弹出的小菜单中点击"全局计算",就在派生值的下面添加了一个全局计算项。点击"全局计算"项,在设置对话框的"表达式"栏单击后面的"替换表达式"的三角箭头,选择"组件 1"—"定义"—"变量"—"Bl"项,将先前定义的参数 Bl 添加到表达式栏里,如图 7.8.1所示。

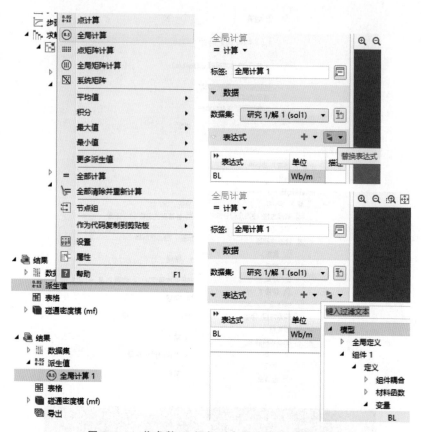

图 7.8.1　将参数 Bl 添加到全局计算表达式栏里

再点击"全局计算"下的"计算"按钮,算出 Bl,显示在模型图形界面下的表格中,数值为 1.12 14Wb/m,如图 7.8.2 所示。

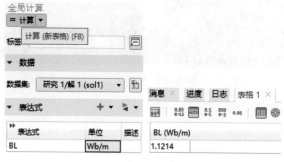

图 7.8.2　算出 Bl

第 8 章

扬声器Z_b曲线仿真

本章介绍用多物理场仿真软件 Comsol 进行扬声器电磁阻抗(Z_b)曲线仿真的方法。

8.1　电磁阻抗的分析方法

　　线圈中有交变电流通过时在周围会产生交变磁场。磁铁和极片作为导体,在交变的磁场中会产生涡流,这也会导致电能的损失,可以看作是电路除了线圈电阻之外的电阻。而且线圈中也会产生电感。Z_b 是整个磁路系统的电磁阻抗,包括电路的总电阻和线圈的电感。由于电流的集肤效应,电流频率越高,磁铁和极片内的涡流导致的电阻越大,Z_b 的电阻值也就越大,电感值越小。因此 Z_b 与电流频率有关,其复数形式为 $Z_b = R_b(\text{freq}) + iwLb(\text{freq})$。

- Z_b 是整个磁路系统的电磁阻抗;
- Z_b 曲线不同于阻抗曲线,阻抗曲线 Z 考虑了反电动势,即综合考虑了声阻抗、结构阻尼以及电磁阻抗:

$$Z = \frac{V_0}{I} = \frac{V_0}{\dfrac{V_0 - V_e}{Z_b}} = \left(\frac{V_0}{V_0 - BLv}\right) Z_b$$

- 2D 下可以磁路进行小信号分析获取;
- 3D 下由于软铁的非线性,小信号分析不易收敛。

1. 小信号分析
- 频域:平衡位置在 0 点;
- 小信号分析:偏置简谐变化,且交流的幅值远小于直流偏置($V_{ac} \ll V_{dc}$);
- 小信号分析 = 稳态 + 频域扰动;
- 需要运用小信号分析的场景:
  - 扬声器:磁铁磁场为稳态,线圈磁场为简谐;
  - 麦克风:驻极体电荷形成的静电场或直流电压形成的静电场,声振动导致的电容变化为简谐;
- 需要启用谐波扰动或者使用算子 linper()。

$$\text{linper}(f) = \begin{cases} f, & \text{频率扰动计算} \\ 0, & \text{其他计算} \end{cases}$$

2. 3D 下 Z_b 计算

■ 理论假设

 - 基于小信号假设，磁铁磁场强度远大于线圈磁场，即 $B_0 \gg B_{\text{coil}}$；

 - 软铁磁化率主要由 B_0 起作用；

 - 感应涡流则由线圈交变磁场起作用，如图 8.1.1(a)所示，R_b 曲线如图 8.1.1(b) 所示，L_b 曲线如图 8.1.1(c)所示。

■ 建模方式

 - 先计算磁路稳态场，获取软铁等效磁导率，如图 8.1.1(d)所示；

 - 软铁磁导率设置为等效磁导率，频域分析只有音圈激励下的磁场，获取 Z_b，如 图 8.1.1(e)所示。

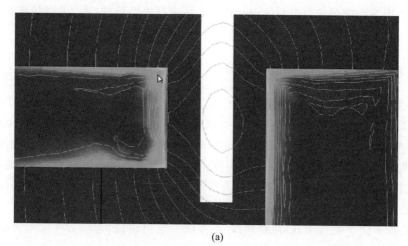

(a)

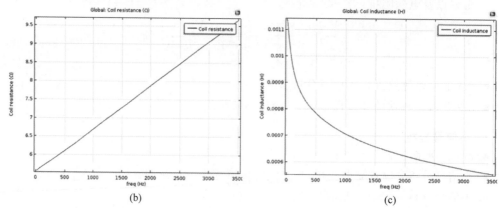

(b)　　　　　　　　　　　　(c)

图　8.1.1

（a）交变磁场引起涡流；（b）R_b 曲线；（c）L_b 曲线；（d）软铁磁导率设置为等效磁导率；

（e）频域分析只有音圈激励下的磁场

(d)   (e)

图 8.1.1（续）

8.2　集肤深度的计算和相应的网格设置

频域和瞬态下的 3D 磁场分析，首要是分析趋肤深度。

集肤深度：

$$\delta = \sqrt{\frac{2}{\mu_0 \mu_r \sigma \omega}}$$

例如 50 Hz：

$$\left.\begin{array}{l} \mu_r = 1 \\ \sigma = 5.998 \cdot 10^7 \end{array}\right\} \Rightarrow \delta = 9 \text{ mm(Cu)}$$

$$\left.\begin{array}{l} \mu_r = 1 \\ \sigma = 3.774 \cdot 10^7 \end{array}\right\} \Rightarrow \delta = 12 \text{ mm(Al)}$$

$$\left.\begin{array}{l} \mu_r = 4000 \\ \sigma = 1.12 \cdot 10^7 \end{array}\right\} \Rightarrow \delta = 0.34 \text{ mm(Fe)}$$

非稳态下 3D 单导线和导体：

- 低频
    - 集肤深度大于或接近线圈直径；
    - 无需特殊处理。
- 中频
    - 集肤深度小于 1/10 的线圈尺寸；
    - 需要利用边界层网格处理集肤区域（图 8.2.1）。
        - 在导体表面至少两层边界层网格；
        - 首层厚度不超过集肤深度。
- 高频
    - 集肤深度远小于 1/100 的线圈尺寸；
    - 可以使用阻抗边界考虑界面的损耗。

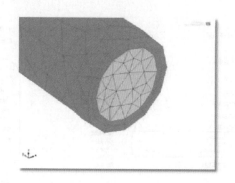

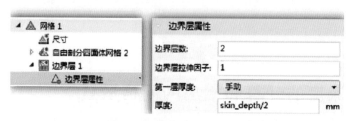

图 8.2.1　集肤深度的网格化方法

8.3　用 Comsol 软件磁场模块仿真扬声器 Z_b 曲线

直接计算 Z_b 曲线会导致计算不收敛的问题。计算 Z_b 曲线需要分两步：

第一步，先不加线圈，只加磁铁和极片计算磁场分布；

第二步，不加磁铁，只加极片和线圈来计算 Z_b 曲线。

每一步需要定义一个物理场和一个研究，在物理场中定义相应的部件，在研究中定义相应的研究步骤。

8.3.1　在 Comsol 里建立磁路仿真模型

启动 Comsol，点击"模型向导"—"三维"—"AC/DC"—"磁场(mf)"，选择带电流的磁场模块，再单击"研究"按钮，选择静态求解器，再点击"完成"按钮进入 Comsol 工作窗口，如图 8.3.1 所示。

图 8.3.1　选择 mf 模块和频域求解器

在设置栏里设置长度单位为"mm"。右键单击"几何 1"按钮，从弹出的小菜单里选择"导入"按钮，再从"设置"对话框中点击"浏览…"按钮，再单击"浏览…"按钮选择磁路模型，然后点击"导入"按钮,就将磁路模型导入 Comsol 中,如图 8.3.2 所示。

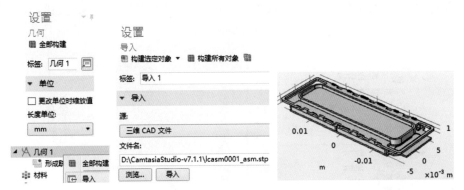

图 8.3.2　导入磁路模型

在模型开发器中右键单击"几何"按钮,从弹出的小菜单中选择"球体"选项,在球体设置对话栏里输入半径"40",再单击"构建所有对象"选项,创建一个包围磁路组件的球体。点击视图栏里的"透明"按钮,可见内含磁路组件的空气球模型,如图 8.3.3 所示。

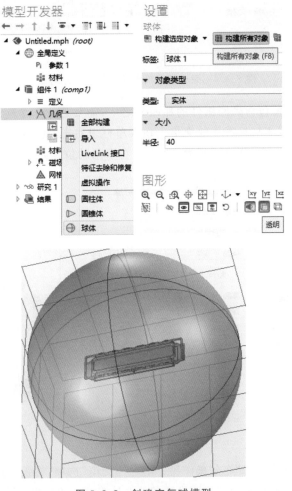

图 8.3.3　创建空气球模型

右击"几何"栏,从中选择"布尔操作和分割"—"并集"选项,先点击"框选"按钮,然后按下鼠标左键,框选所有部件,再从并集设置对话框里点击"构建所有对象"按钮,完成并集操作,如图8.3.4所示。

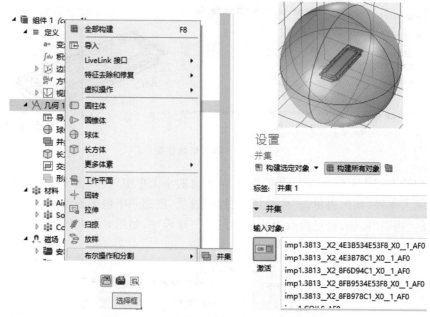

图 8.3.4　完成磁路模型和空气球的并集操作

为了将空气球只留包含磁路组件的那四分之一,需要建立一个包含四分之一空气球的长方体模型,然后求球体与长方体的交集。在菜单栏里右击"几何"按钮,从中选择"长方体"选项,设置长方体的长、宽、高尺寸都为80 mm,右下角的位置如图8.3.5所示。

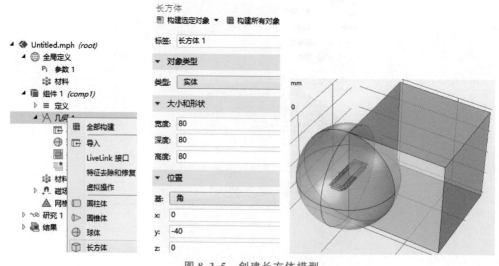

图 8.3.5　创建长方体模型

右击"几何"栏,从中选择"布尔操作和分割"—"交集"选项,将长方体和球体都选上,再点击"构建所有对象"按钮,就创建了磁路模型和外部计算域的四分之一模型,如图8.3.6所示。

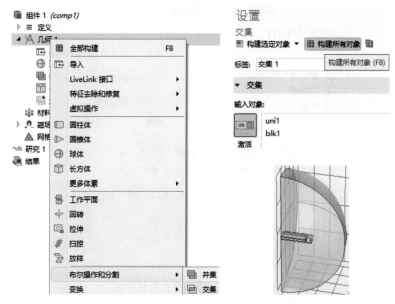

图 8.3.6　创建球体和长方体的交集

8.3.2　在 Comsol 里添加材料信息

1. 将空气输入模型

从窗口顶部的"主屏幕"栏里点击"添加材料"按钮,在右侧"添加材料"对话框里选择"内置材料"—"Air",双击将其加入左侧的模型开发器中。在模型开发器中点击"Air",在右侧的设置栏里选择默认的"所有域",如图8.3.7所示。

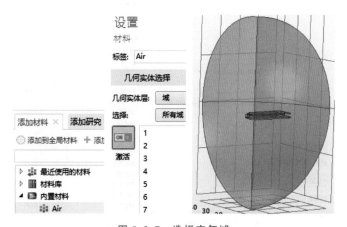

图 8.3.7　选择空气域

2. 将软铁材料加入模型

在右侧"添加材料"对话框里选择"AC/DC"—"Soft Iron（Without Losses）"材料,双击将其加入左侧的模型开发器中,在"Soft Iron（With Losses）"设置栏里选择磁铁的内、外顶片和底部极片(蓝色区域),如图8.3.8所示。

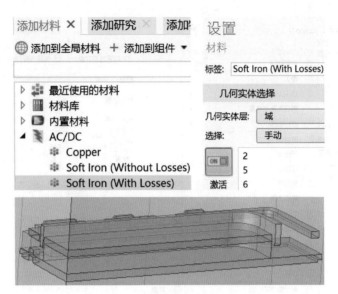

图 8.3.8　选择磁铁极片材料及域

磁铁顶片的材料是软铁,为了防腐,软铁表面会镀镍。镀镍后软铁的磁导率会有所变化。所以我们需要把 Comsol 自带的软铁 BH 曲线换成测试得来的镀镍后的实物的 BH 曲线,这样计算结果更精确。在"材料"栏里选择"Soft Iron"下的"B-H Curve"—"Interpolation 1",右侧"设置"对话框中在"数据源"栏里选择"文件"选项,点击"浏览…"按钮,选择"SPCC with calibration.txt"文件,再点击"导入"按钮,就把新 BH 曲线输入了模型里,如图 8.3.9 所示。

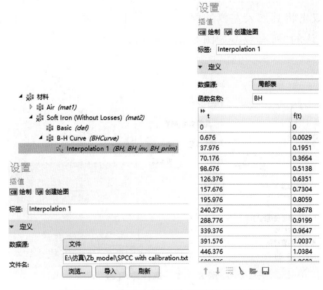

图 8.3.9　更改磁铁极片材料的 BH 曲线

3. 将音圈线材料加入模型

从模型窗口右侧的"添加材料"窗口中选择"AC/DC"—"Copper"材料,将其添加到左侧的材料栏中。在"Copper"的设置栏里选择域"4"(蓝色区域),如图 8.3.10 所示。

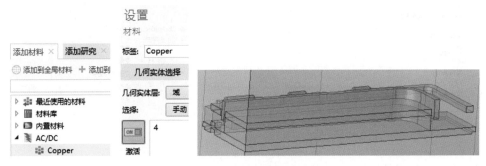

图 8.3.10　添加音圈材料及域

在材料设置中选择的域,后面的设置会覆盖前面的设置,对软铁材料和音圈线材料都设置了相应的域以后,回头再看空气域的设置,会发现极片和音圈区域后面已被标记"(已替代)",如图 8.3.11 所示。

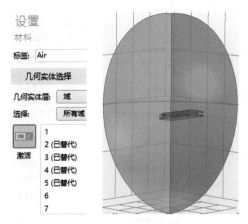

图 8.3.11　最终的空气域

8.3.3　在 Comsol 里设置第一个物理场属性

此产品采用钕铁硼磁铁,牌号为 N48H。为精确仿真,永磁铁剩磁不再当作一个定值,而是需要我们输入磁铁测试得到的 BH 曲线和矫顽力。

1. 定义磁铁参数

在模型树中点击"参数 1"栏,在参数设置栏中输入 N48H 磁铁矫顽力 H_{bc} 的"值""－1057184.2[A/m]"和线圈电流值"1[mA]",如图 8.3.12 所示。

在模型树中右击"全局定义"按钮,在弹出的小菜单中选择"函数"—"插值"选项,创建一个插值函数。在右侧的插值函数设置对话框的"数据源"栏里选择"文件",点击"浏览…"按钮,选择 N48H 磁铁的 BH 曲线文件,再点击"打开"—"导入"按钮,就将磁铁的 BH 曲线输入了插值函数中,如图 8.3.13 所示。

图 8.3.12　创建磁铁属性参数

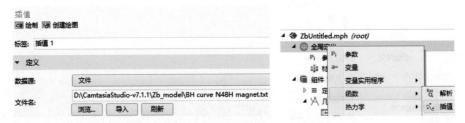

图 8.3.13   创建磁铁 BH 曲线的插值函数

2. 定义内磁属性

在模型开发器中右击"磁场(mf)"按钮,从弹出的小菜单中点击"安培定律"选项,在"安培定律"设置对话框的"标签"栏里输入"内磁",在"域选择"栏里选择"内磁区域 3"。在"本构关系"栏里选择"剩余磁通密度"。因为线圈运动方向是在 Y 方向,所以在剩余磁通密度设置栏的第二行中输入 B_r "int1(0)",如图 8.3.14 所示。

图 8.3.14   设置内磁属性

3. 定义外磁属性

在模型开发器中右击"磁场(mf)"按钮,从弹出的小菜单中点击"安培定律"选项,在"安培定律"设置对话框的"标签"栏里输入"外磁",在"域选择"栏里选择外磁区域。在"本构关系"栏里选择"剩余磁通密度"。因为外磁与内磁极性相反,在剩余磁通密度设置栏的第二列中输入在全局定义中定义的插值函数名称"-int1(0)",如图 8.3.15 所示。

图 8.3.15　定义外磁属性及域

4. 定义极片属性

在模型开发器中右击"磁场(mf)"按钮,从弹出的小菜单中点击"安培定律"选项,在"安培定律"设置对话框的"标签"栏里输入"极片",在"域选择"栏里选择磁铁上、下极片区域,在"本构关系"栏里选择"B-H 曲线",如图 8.3.16 所示。

图 8.3.16　定义极片材料及域

8.3.4　在 Comsol 里设置第二个物理场属性

在主屏幕顶部点击"添加物理场"按钮,选择"磁场 2(mf2)",在模型树中添加了第二个 mf 物理场,如图 8.3.17 所示。

图 8.3.17　添加第二个磁场

1. 定义极片属性

在模型开发器中右击"磁场(mf)"按钮,从弹出的小菜单中点击"安培定律"选项,在"安培定律"设置对话框的"标签"栏里输入"极片",在"域选择"栏里选择磁铁上、下极片区域,在"本构关系"栏里选择"相对磁导率",相对磁导率的 μ_r 值栏选择"用户定义"选项,在下方输入公式"mf.normB/mf.normH/mu0_const",如图 8.3.18 所示。

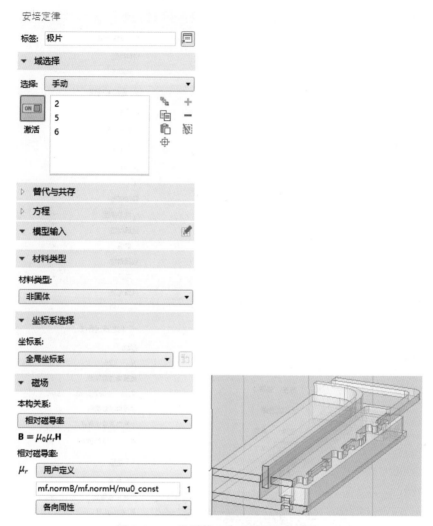

图 8.3.18 设置第二个磁场的极片属性

2. 定义线圈属性

在模型开发器中右击"磁场(mf)"按钮,从弹出的小菜单中点击"线圈"选项,在线圈设置对话框的"域选择"栏里选择线圈区域,在"导线模型"栏里选择"均匀多匝",在"线圈类型"栏里选择"数值型",在"线圈电流"栏里输入参数"I0",将线圈导线电导率栏里的值由"6e7〔S/m〕"改为"4.8e7〔S/m〕",在"匝数"栏里输入"26",在"线圈导线截面积"栏里选择"来自圆导线直径"选项,在圆导线直径"d_{coil}"栏里输入"0.125〔mm〕",如图 8.3.19 所示。

在模型树中点击"线圈 1"—"几何分析 1"—"输入 1"按钮,设置音圈的一个截面为电流输入端(蓝色面),如图 8.3.20 所示。

右击线圈下的"几何分析 1"按钮,从弹出的小菜单里选择"输出"选项,增加线圈的电流输出端。点击"输出 1"栏,设置音圈的另一个截面为电流输出端(蓝色面),如图 8.3.21 所示。

图 8.3.19　定义线圈属性

图 8.3.20　设置线圈输入端

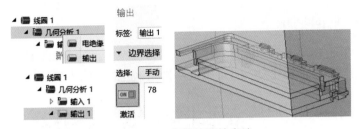

图 8.3.21 设置线圈输出端

8.3.5 在 Comsol 里添加第二个研究

1. 添加频域研究

点击顶部"主屏幕"工具栏里的"添加研究"按钮,从右侧的对话框中选择"一般研究"—"频域"求解器,在模型树中就增加了包含一个频域求解器的"研究 2",如图 8.3.22 所示。

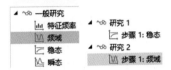

图 8.3.22 增加频域求解器

2. 添加线圈几何分析

右击"研究 2",从弹出的小菜单中选择"研究步骤"—"其他"—"线圈几何分析",将线圈几何分析添加到模型树中,将光标移动到线圈几何分析,按下鼠标左键将其拖动到频域求解器上方,如图 8.3.23 所示。

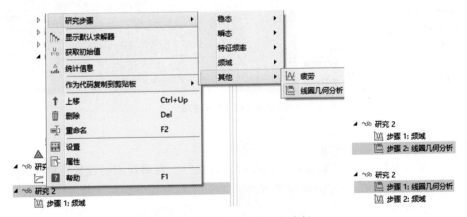

图 8.3.23 增加线圈几何分析

8.3.6　模型网格化

进行仿真计算前需要先划分模型的网格。点击模型树上的"网格1"按钮,设置单元大小为"细化",再点击"全部构建"按钮,将模型网格化,如图8.3.24所示。

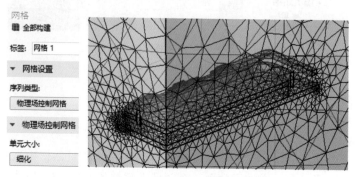

图8.3.24　模型网格化

8.3.7　求解磁场分布

1. 求解计算

点击"研究1"下的"步骤1:稳态"栏,去掉"磁场2(mf2)"物理场前的☑,点击"计算"按钮,经过几分钟计算,即可求出磁场分布,如图8.3.25所示,颜色较深的地方磁通密度较大。

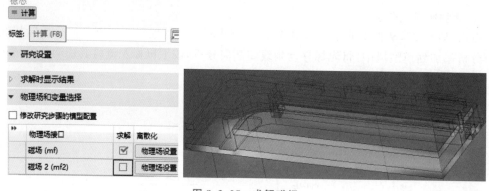

图8.3.25　求解磁场

2. 显示切面上的磁通密度

点击模型树中"结果"—"磁通密度模"—"多切面"栏,在多切面的设置栏里展开"多平面数据"设置剖面位置。在 X 平面的定义方法栏选择"坐标",在坐标栏里输入"0"即选择了 YZ 平面;在 Z 平面的定义方法栏里选择"坐标"选项,在坐标栏里输入"0"即选择了 XY 平面。

在范围设置栏里点选"手动控制颜色范围"前的☑框,在最大值栏里输入数值"2.2"。点击图形上方的"透明"按钮▦,使图形变成不透明的,如图8.3.26所示。

图中红色区域即磁通量接近饱和区域。

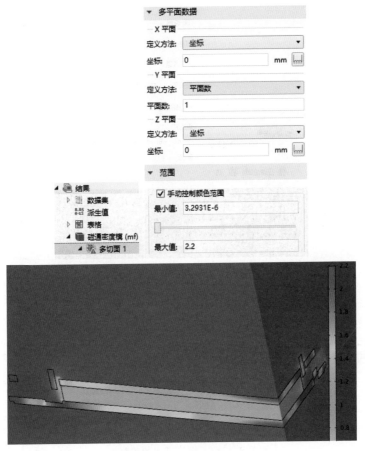

图 8.3.26 求解磁场

3. 显示极片内的磁导率

极片内磁导率高意即磁场未饱和,磁导率低即磁场饱和了。当我们需要减材料时,可以把磁导率高的地方的材料去掉而不影响性能。Comsol 可以显示在体上的磁导率,因而使我们对整体的磁场状况有更直观的了解。

鼠标右击模型树中的"结果"项,在弹出的小菜单中选择"三维绘图组"项,就在模型树中添加了一个三维绘图组。右击模型树中的"三维绘图组"栏,在弹出的小菜单中选择"体"项,就添加了一个体显示项。单击模型树中的"体"项,在右侧的表达式栏中输入磁导率的计算公式"mf.normB/mf.normH/mu0_const"。

点击"绘制"按钮,图形框里的模型颜色就发生了变化,磁通量高的地方由红色变成了蓝色,显示此处磁导率比较低;而磁通量较低的地方由蓝色变成了红色,显示这里磁导率比较高,如图 8.3.27 所示。

右击模型树中的"体1"栏,从弹出的小菜单中选择"选择"选项,就在模型树中增加了"选择"栏。单击模型树中的"选择"栏,在右方的选择框中选择极片区域2、5、6,再单击设置栏里的"绘制"按钮,就显示出了整个体上的磁导率,这比仅用剖面显示看得更全面,如图 8.3.28 所示。

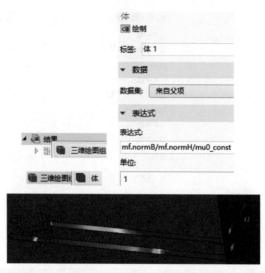

图 8.3.27　剖面上的磁导率

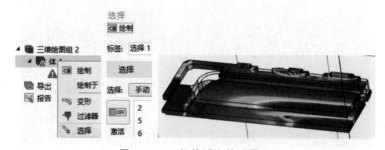

图 8.3.28　极片域上的磁导率

8.3.8　求解 Z_b 曲线

1. 设置物理场和因变量

因为要使用"研究 1"里的磁场计算结果,所以在模型树中点击"研究 2"下的"步骤 1:线圈几何分析"项,在右侧的设置栏里去掉"磁场(mf)"后的☑,在因变量值栏里将不求解的变量值设置为"用户控制",在方法栏里选择"解",在"研究"栏里选择"研究 1,稳态"项,如图 8.3.29 所示。

2. 调整空气电导率

因为这是一个非稳态求解,为避免计算不收敛,还需要在材料栏里把空气的电导率改成 1,如图 8.3.30 所示。

3. 进行一个频率下的计算

为避免有设置错误导致计算很长时间后显示失败,先计算一个频率下的 Z_b,看看计算是否能收敛。在模型树中点击"研究 2"下的"步骤 2:频域"项,在"频率"栏里输入频率 110,在右侧的设置栏里去掉"磁场(mf)"后的☑,然后点击"计算"按钮,如图 8.3.31 所示。

线圈几何分析
= 计算

标签： 线圈几何分析

▼ 研究设置

☐ 只求解指定线圈

线圈名称：

▼ 物理场和变量选择

☐ 修改研究步骤的模型配置

⇥	物理场接口	求解	离散化
	磁场 (mf)	☐	物理场设置
	磁场 2 (mf2)	☑	物理场设置

▼ 因变量值

— 求解变量的初始值
设置： 物理场控制

— 不求解的变量值
设置： 用户控制
方法： 解
研究： 研究 1, 稳态
选择： 自动

▲ ∿◇ 研究 2
　　📄 步骤 1: 线圈几何分析

图 8.3.29　线圈几何分析的设置

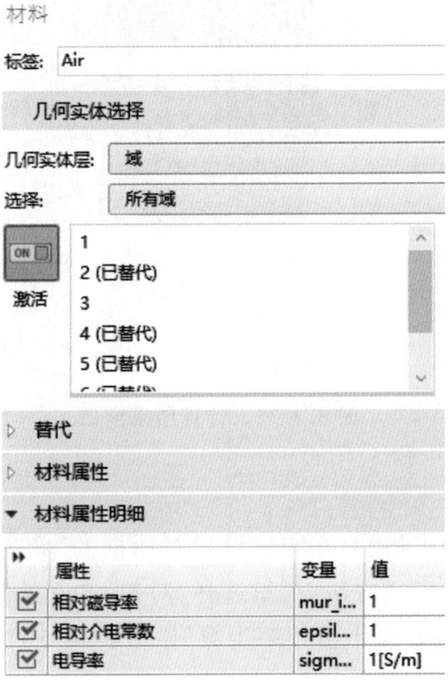

材料

标签： Air

几何实体选择

几何实体层： 域
选择： 所有域

ON | 激活

1
2 (已替代)
3
4 (已替代)
5 (已替代)
6 (已替代)

▷ 替代

▷ 材料属性

▼ 材料属性明细

⇥	属性	变量	值
☑	相对磁导率	mur_i...	1
☑	相对介电常数	epsil...	1
☑	电导率	sigm...	1[S/m]

图 8.3.30　空气电导率的设置

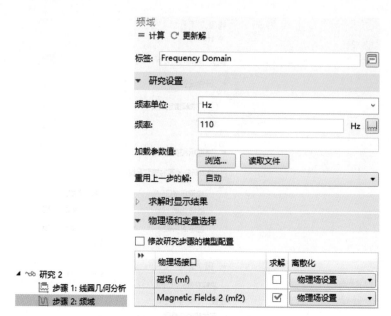

图 8.3.31　频域研究的设置

经过不到一分钟计算即可算出结果,图形窗口的显示如图 8.3.32 所示。

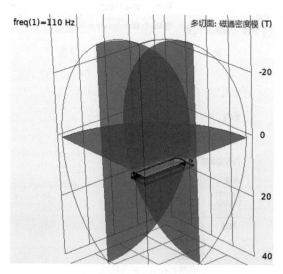

图 8.3.32　计算结果窗口

4. 扫频计算

再点击模型树中的频域求解器,在频域设置对话框的"频率"栏里点击后面的"范围"按钮,在弹出的"范围"对话框"定义方法"栏里选择"对数","起始频率"栏里输入"110"Hz,"停止频率"栏里输入"20000"Hz,"每十倍频率步数"栏里输入"10",再点击"替换"按钮,频率设置栏如图 8.3.33 所示。

点击"计算"按钮,经过几分钟计算就算出了所有频率下的 Z_b,进入结果处理流程。

图 8.3.33　扫频计算设置窗口

8.3.9　Z_b 曲线后处理

1. 导出 Z_b 数值

在模型树的"结果"栏里右击"派生值"选项，从弹出的小菜单中点击"全局计算"选项，就在派生值下添加了一个"全局计算"项。在全局计算设置对话框的"数据集"栏里选择"Study 2/Solution 2（sol2）"选项，在"表达式"栏里输入一个公式"mf2.RCoil_1 * 4"，在"描述"栏里输入"线圈电阻（AC）"；在下面那栏里输入公式"mf2.LCoil_1 * 4"，在"描述"栏里输入"线圈电感"，如图8.3.34 所示。

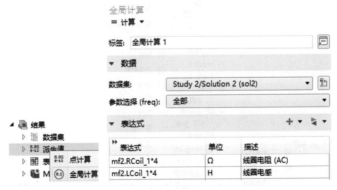

图 8.3.34　全局计算设置窗口

点击"计算"按钮后的小三角箭头，从弹出的小菜单中点击"新表格"选项，在图形窗口的下方就出现了一个新表格的内容，包括各频率对应的线圈电阻和线圈电感值，如图8.3.35 所示。

freq (Hz)	线圈电阻 (AC) (Ω)	线圈电感 (H)
110.00	3.2813	3.5118E-5
138.48	3.2814	3.5113E-5
174.34	3.2815	3.5106E-5
219.48	3.2816	3.5097E-5
276.31	3.2819	3.5084E-5
347.85	3.2823	3.5066E-5
437.92	3.2829	3.5043E-5
551.31	3.2838	3.5011E-5
694.05	3.2852	3.4968E-5

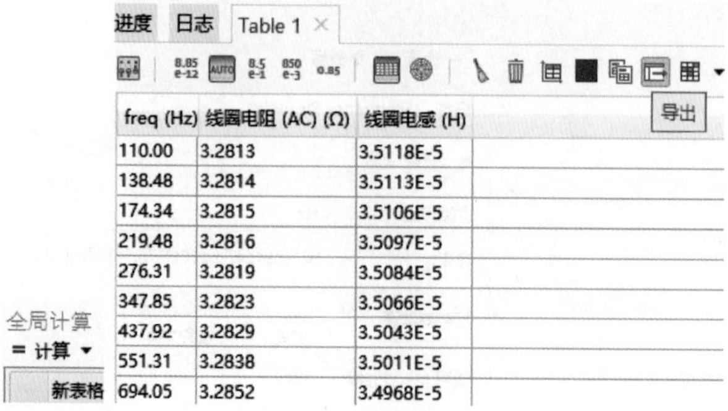

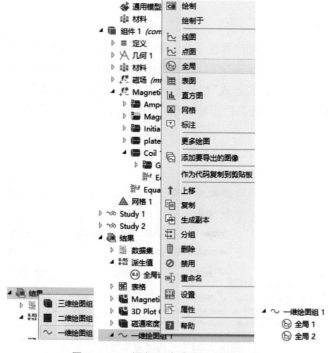

图 8.3.35　Z_b 计算结果

在表格右上方的工具栏里单击“导出”按钮，可将 Z_b 曲线的数值导出到一个 txt 文件里进行存储。

2. 显示电阻和电感曲线

在模型树中右击“结果”栏，从弹出的小菜单中点击“一维绘图组”选项，在模型树中添加了一维绘图组。在模型树中右击“一维绘图组”项，从弹出的小菜单中点击“全局”选项，就在一维绘图组下添加了一个“全局 1”项；再用同样的方法添加“全局 2”项，如图 8.3.36 所示。

图 8.3.36　添加两个全局一维绘图组

在模型树中点击“全局 1”项；在“*y* 轴数据”对话框中输入表达式“mf2.RCoil_1 * 4”，并在“描述”栏里输入“线圈电阻(AC)”。在模型树中点击“全局 2”项，在“*y* 轴数据”对话框中输入表达式“mf2.LCoil_1 * 4”，并在“描述”栏里输入“线圈电感”，并勾选“在副 *y* 轴上绘制”，如图 8.3.37 所示。

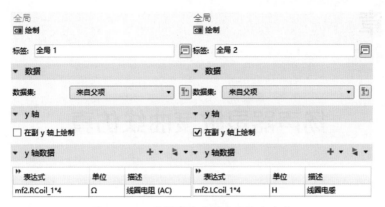

图 8.3.37 设置两个全局变量的表达式

再点击模型树中的"一维绘图组"项,在右侧的设置栏里点选"双 y 轴"和"x 轴对数刻度",则获得线圈电阻和线圈电感的曲线,如图 8.3.38 所示。

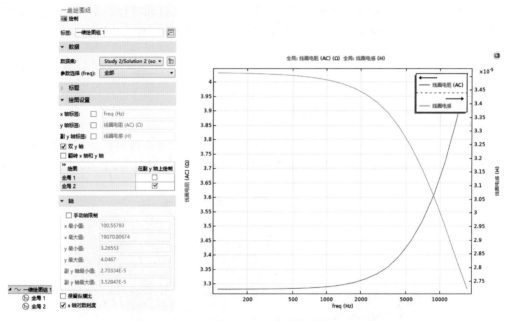

图 8.3.38 设置线圈电阻和电感的对数显示形式

第 9 章

扬声器灵敏度曲线仿真

本章介绍用多物理场仿真软件 Comsol 进行扬声器灵敏度曲线仿真的方法。

非圆形喇叭使用与实物形状相同的 3D 模型(仅简化窄缝和零件小倒角、圆角)进行仿真,使用压力声学-频域模块和固体力学、壳模块耦合来进行仿真。计算时间长达 10 小时以上。

9.1　仿真用 3D 模型的建立

下面以一个 3813 扬声器的仿真过程进行说明。仿真模型要按照产品实际的测试环境来建立。产品放在测试工装中的模型如图 9.1.1 所示(方形工装的外围为障板)。

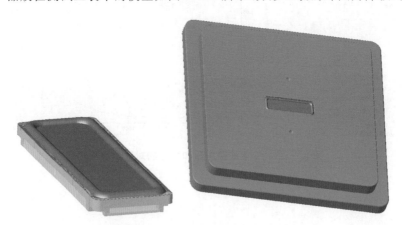

图 9.1.1　喇叭在工装中的示意图

复杂模型仿真不容易算出结果,需要将产品模型不影响仿真结果的特征进行适当简化。在这个仿真模型中,省略了振膜花纹、音圈连线和弹波,把振膜和中贴都作为一个壳建模。工装内振膜上方的空气域为扬声器前腔,振膜下方的空气域为后腔,各自作为一个独立零件加进来。为了在 Comsol 里建空气域方便,需要使前腔中心位于坐标原点处,如图 9.1.2 所示。

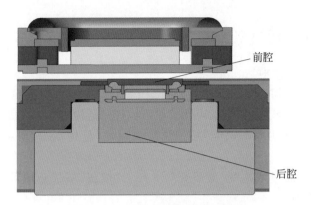

图 9.1.2 喇叭在工装中的示意图

通过对产品内部结构的观察发现,这款 3813 扬声器内部是左右对称的。仿真模型可以在中间面设置对称的边界条件,使用一半模型进行仿真,这样可以减少网格数量,降低对计算机计算能力的需求,加快计算速度。最后用来仿真的模型包括二分之一的前腔、后腔、音圈这三个零件的装配体,如图 9.1.3 所示。

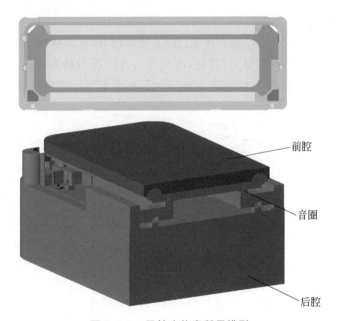

图 9.1.3 灵敏度仿真所用模型

9.2 在 Comsol 软件里建立 SPL 仿真模型

在 Comsol 里仿真 SPL 曲线需要使用"压力声学—频域"模块,还需要使用"固体力学"模块和"壳"模块。

9.2.1　建立几何模型

1. 建立新 Comsol 模型

点击"新建文件"按钮,再点击"模型向导"按钮,选择"空间维度",接着双击物理场"声学"—"压力声学"—"频域"按钮添加声学模块,再双击"结构力学"—"固体力学"按钮添加固体力学模块,双击"结构力学"—"壳"按钮添加壳模块,最后点击"研究"按钮,如图 9.2.1所示。

在"选择研究"界面里双击"一般研究"—"频域"按钮,添加频域求解器并进入 Comsol新界面,如图 9.2.2 所示。

图 9.2.1　添加物理场　　　　　　　　图 9.2.2　添加频域求解器

2. 导入三维模型

在 Comsol 模型树中点击"几何 1"按钮,在"长度单位"栏里选择"mm"。然后右击"几何 1"按钮,从弹出的小菜单里选择"导入"按钮,出现导入几何模型的界面。点击"浏览…"按钮,选择几何模型文件"houqiangasm0002_asm6.stp",再点击"导入"按钮,如图 9.2.3 所示。

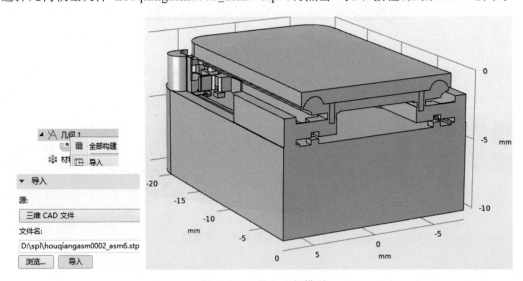

图 9.2.3　导入几何模型

3. 建立球形空气域

右键单击"几何 1"按钮,从弹出的小菜单里选择"球体"按钮来创建球形空气域。在"大小"设置栏里输入半径"40"mm,在"层"设置栏里输入"层 1"的厚度"5"mm,再在球体设置栏顶部点击"构建选定对象"生成球体;然后点击视图顶部的"透明"显示按钮,模型如图 9.2.4所示。

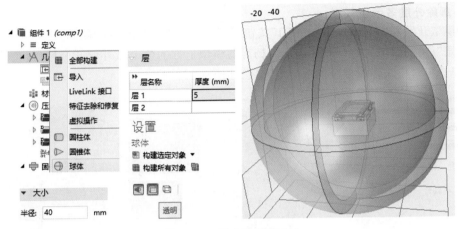

图 9.2.4　建立球形空气域

4. 纵向分割球形空气域

扬声器采用障板进行测试,后腔封闭,所以障板下的那半个球形空气域可以不用参与仿真计算。另外扬声器是左右对称的,设置了对称面后,只需使用包含半个扬声器模型的空气域进行计算。故只需留 1/4 个球形空气域,其余 3/4 个球体可以删掉。删除空气域的方法是先建立一个工作平面,再用这个工作平面分割空气域,然后把仿真不需要的空气域删除。在模型开发器中右键单击"几何 1"按钮,从弹出的小菜单中选择"工作平面"按钮并点击,弹出"设置工作平面"界面,在"平面"栏里选择"yz 平面"选项,在图形窗口会出现一个通过 Y 轴和 Z 轴的平面。

在模型开发器中再次右键单击"几何 1"按钮,从弹出的小菜单中选择"布尔操作和分割"—"分割对象"按钮并点击,弹出"分割对象"设置界面,在"要分割的对象"栏里选择空气球 sph1,在"分割方式"栏里选择"工作平面"项,在"工作平面"栏里选择"工作平面 1(wp1)"项,再点击"构建选定对象"按钮,将球状空气域分成了两部分,如图 9.2.5 所示。

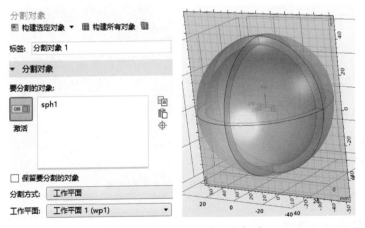

图 9.2.5　纵向分割球形空气域

5. 删除外层多余空气域

在模型开发器中右键单击"几何 1"按钮，从弹出的小菜单中选择"删除实体"选项从"几何实体层"栏选择"域"，选择球体外层除扬声器模型上方的两个域外的 6 个域（蓝色域），单击"构建选定对象"，删除多余的外层空气域，如图 9.2.6 所示。

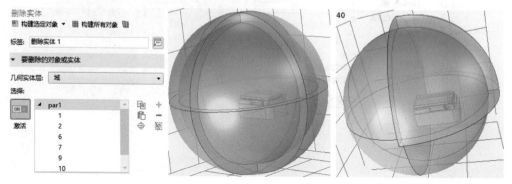

图 9.2.6　删除外层多余空气域

6. 横向分割球形空气域

在模型开发器中右键单击"几何 1"按钮，从弹出的小菜单中选择"工作平面"按钮并点击，弹出"设置工作平面"界面，在"平面"栏里选择"xz 平面"选项，在图形窗口会出现一个通过 X 轴和 Z 轴的平面。

在模型开发器中再次右键单击"几何 1"按钮，从弹出的小菜单中选择"布尔操作和分割"—"分割对象"按钮并点击，弹出"分割对象"设置界面，在"要分割的对象"栏里选择空气球 del1，在"分割方式"栏里选择"工作平面"项，在"工作平面"栏里选择"工作平面 1（wp1）"项，再点击"构建选定对象"按钮，将球状空气域分成了两部分，如图 9.2.7 所示。

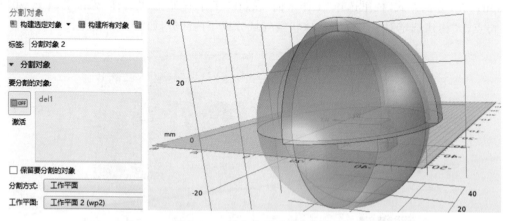

图 9.2.7　横向分割球形空气域

7. 删除内层多余空气域

在模型开发器中右键单击"几何 1"按钮，从弹出的小菜单中选择"删除实体"选项从"几何实体层"栏选择"域"，选择球体内层除扬声器模型上方的那个域外的 3 个域（蓝色域），单击"构建选定对象",删除多余的内层空气域,如图9.2.8所示。

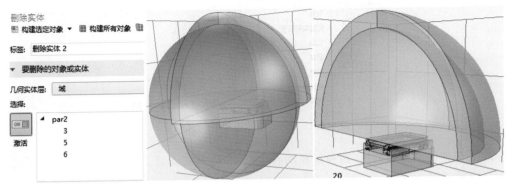

图 9.2.8　删除内层多余空气域

8. 删除多余几何体

在输入的几何模型中有一个很薄的孤立小长方体,删掉可以简化不必要的计算。

在模型开发器中右键单击"几何 1"按钮,从弹出的小菜单中选择"删除实体"选项从"几何实体层"栏选择"域",选择扬声器模型里孤立的那个域(蓝色域),单击"构建选定对象",删除多余的腔体域,如图9.2.9所示。

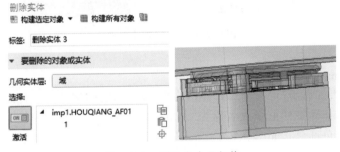

图 9.2.9　删除多余几何体

9.2.2　在 Comsol 里定义变量和几何集

因为模型比较复杂,有些部分还会被多次设置不同属性,首先将这些部分设置成一个几何集,可以便于在设置属性时引用它。

1. 定义"mo"几何集

振膜是由许多小面组成的,组成几何集可以大大简化后续的选择。在模型树中右击"定义"栏,在弹出的小菜单里选择"选择"—"显式"选项,就弹出几何集设置对话框,在标签栏里修改名称为"mo",在几何实体层栏里选择"边界",如图9.2.10所示。

可以先将振膜上方的几何体隐藏起来,以便于选择被它们遮挡的振膜曲面。右击模型树中的"视图"项,从弹出的小菜单中选择"对物理场隐藏项",弹出需屏蔽的几何体的设置框。在"几何实体层"栏选择"域",选择振膜上方的前腔域和球形空气域"1、2、3、5",再点击对话框上方的 👁 按钮,将振膜上方的空气域都隐藏起来;再点击模型树中的几何集"mo",回

图 9.2.10 启动创建振膜几何集命令

到"mo"几何集的设置对话框,选择振膜的各个曲面,这就定义好了振膜几何集,如图 9.2.11 所示。

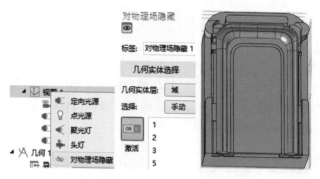

图 9.2.11 选择振膜曲面

2. 定义"zhongtie"几何集

在模型树中再次右击"定义"栏,在弹出的小菜单里选择"选择"—"显式"选项,就弹出几何集设置对话框,在标签栏里修改名称为"zhongtie",在几何实体层栏里选择"边界",选择中间的三个面(蓝色部分),如图 9.2.12 所示。

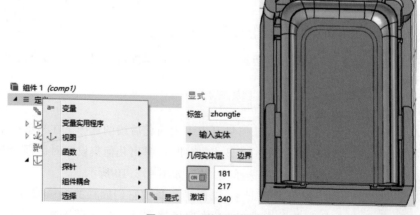

图 9.2.12 选择中贴曲面

3. 定义"PML"几何集

在模型上方的视图工具栏中点击"查看所有对象"按钮,将空气域都显示出来。在模型树中再次右击"定义"栏,在弹出的小菜单里选择"选择"—"显式"选项,就弹出几何集设置对话框,在标签栏里修改名称为"PML",在几何实体层栏里选择"域",选择球形空气域的外层部分(蓝色),如图9.2.13所示。

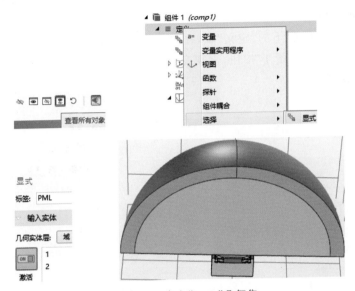

图 9.2.13 定义"PML"几何集

4. 定义完美匹配层

为了定义一个声波计算边界,需要把球状空气域外层设置为完美匹配层(PML)。声波到达这个区域后将会急剧衰减,最后声压基本衰减为零。在模型树中右击"定义"栏,在弹出的小菜单里选择"完美匹配层"选项,就弹出完美匹配层设置对话框,在域选择栏里选择几何集"PML",就自动选择了球形空气域的外层部分(蓝色),在模型树中也出现了完美匹配层项,如图9.2.14所示。

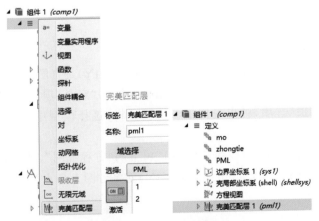

图 9.2.14 定义完美匹配层

5. 定义全局参数

扬声器的工作原理是音圈受到电磁力推动振膜，振膜再推动空气发声，所以需要计算音圈上产生的电磁力，这需要定义一系列相关参数。

点击模型树顶端的"参数1"项，出现参数设置栏，输入参数 Bl 和扬声器外接电压 V_0，如图9.2.15所示。

6. 定义组件变量

右击模型树上"组件1"下的"定义"项，在弹出的小菜单中选择"变量"项，在模型树中就出现了"变量"项。点击"变量1"按钮，出现变量设置栏。在变量设置栏中输入变量名和表达式，如图9.2.16所示。

图9.2.15 定义全局参数

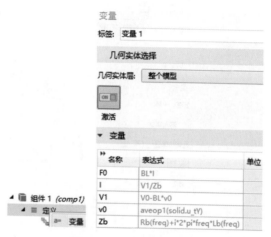

图9.2.16 定义组件变量

电磁力 $F0$ 的计算公式 $F0 = Bl \times i$；电流 i 等于音圈上的电压降 $V1$ 除以音圈的电磁阻抗 Z_b；音圈上的电压降 $V1$ 等于音圈的外接电压 $V0$ 减去音圈的自感电动势 Bl 乘以音圈的运动速度 $v0$；音圈的运动速度 $v0$ 等于音圈模型在 Y 方向的运动速度的平均值；Z_b 从 Z_b 曲线上提取定义公式中的 R_b 和 L_b 这两部分。

因为计算变量表达式中的一些参数还没有定义，所以表达式是黄色的，单位栏里也没有出现相应的单位，还需要继续定义这些参数。

7. 定义表征音圈运动速度的变量

音圈的运动方向与 Y 坐标轴一致，aveop1(solid.u_tY)是音圈上各点在 Y 方向上的平均速度。首先定义平均值函数的求解域。右击模型树的"定义"项，从弹出的小菜单中选择"组件耦合"—"平均值"选项，弹出平均值参数设置栏，选择模型中的音圈域，如图9.2.17所示。

点击"固体力学"模块下的"线弹性材料1"项下的"方程视图"，从中找到音圈 Y 方向的速度变量名"solid.u_tY"，故 aveop1(solid.u_tY)就是音圈上各点运动方向上的平均速度，如图9.2.18所示。

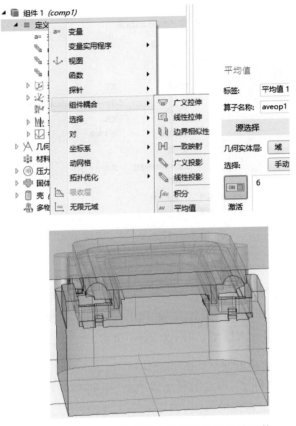

图 9.2.17 定义计算音圈上的属性的平均值函数

图 9.2.18 找到音圈运动方向的速度变量名

8. 提取 Z_b 曲线中的电阻和电感的变量

右击模型树中的"定义"栏,从中选择"函数"—"插值"选项,弹出插值函数设置栏。在"文件名"栏下点击"浏览"按钮,找到桌面上的 Z_b.txt,再点击"导入"按钮;接着设置变元数为"1",函数名称为"Rb",文件中的位置为"1";然后在下方"单位"栏里设置变元的单位为"Hz",函数单位为"ohm",即将 R_b 曲线导了进来,如图 9.2.19 所示。

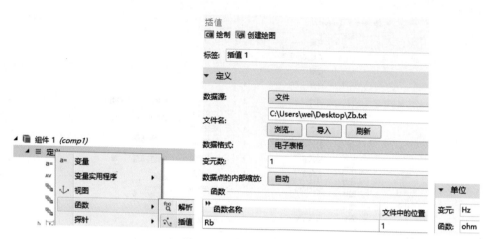

图 9.2.19　导入 R_b 曲线

　　再右击模型树中的"定义"栏,从中选择"函数"—"插值"选项,弹出插值函数设置栏。在"文件名"栏下点击"浏览"按钮,找到桌面上的 Z_b.txt,再点击"导入"按钮;接着设置变元数为"1",函数名称为"Lb",文件中的位置为"2"在下方"单位"栏里设置变元的单位为"Hz",函数单位为"H",将 L_b 曲线导入模型,如图 9.2.20 所示。

9. 检查参数定义的完成状况

　　至此所有参数都定义好了,再点击模型树中的"变量 1"栏,会看到表达式的字都已变成了黑色,而且后面也出现了相应的单位,如图 9.2.21 所示。

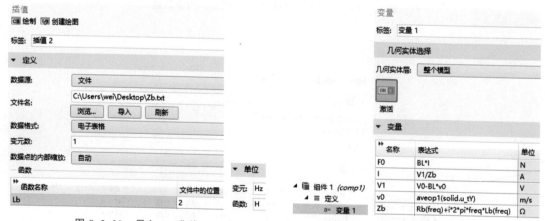

图 9.2.20　导入 L_b 曲线　　　　　　　图 9.2.21　完成定义的变量栏

9.2.3　在 Comsol 里定义材料属性

1. 在"全局定义"里定义 TPEE 材料属性

　　在模型树中右击"全局定义"下的"材料"项,从弹出的小菜单中选择"空材料"项,弹出新材料设置对话框。在标签栏里输入材料名称"TPEE",在材料属性栏里找到"基本属性"栏下的“密度”“泊松比”和“杨氏模量”项，分别右击它们，点击“添加到材料”按钮，将这三项属性添加到“材料属性明细”表里，再输入各属性数值，如图 9.2.22 所示。

属性	变量	值	单位	属性组
密度	rho	1200	kg/m³	基本
泊松比	nu	0.33	1	基本
杨氏模量	E	260e6	Pa	基本

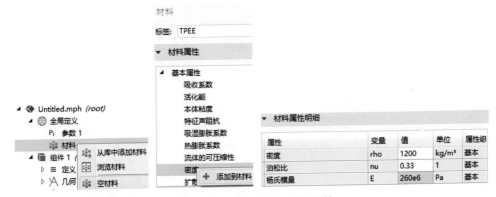

图 9.2.22　定义 TPEE 材料属性

2. 在“全局定义”里定义膜材阻尼胶材料属性

用与定义 TPEE 材料属性同样的方法定义多层膜材中的亚克力阻尼胶“glue”数值，材料属性明细表如图 9.2.23 所示。

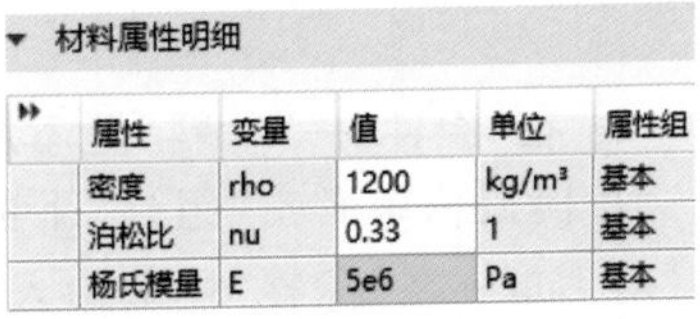

属性	变量	值	单位	属性组
密度	rho	1200	kg/m³	基本
泊松比	nu	0.33	1	基本
杨氏模量	E	5e6	Pa	基本

图 9.2.23　定义膜材阻尼胶材料属性

3. 在“全局定义”里定义多层材料厚度

在模型树中右击“全局定义”下的“材料”项，从弹出的小菜单中选择“多层材料”项，弹出新材料设置对话框。在标签栏里输入材料名称“20-40-20 TPEE”，在“层定义”栏里输入各层的材料和厚度数值。注意，输入一行数值后右击这一行，从弹出的小菜单中点击“添加”按钮，才能填下一行的属性，如图 9.2.24 所示。

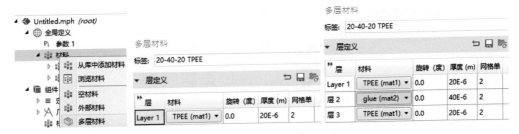

图 9.2.24　定义多层材料厚度

4. 在“组件”—“材料”里添加空气的材料属性

在模型树中右击“组件”下的“材料”项，从弹出的小菜单中单击“浏览材料”项，弹出“添加材料”对话框；从中找到“内置材料”下的“Air”项，双击将其添加到模型树中。在模型树中点击“Air”项，在右方出现“材料”设置栏，选择除音圈外的 5 个域作为空气域，如图 9.2.25 所示。

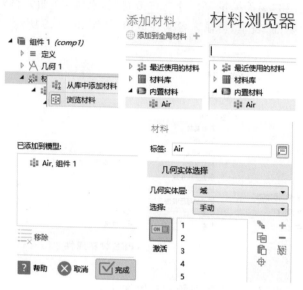

图 9.2.25 添加空气

5. 在"组件"—"材料"里添加音圈材料属性

在模型树中右击"组件"下的"材料"项,从弹出的小菜单中单击"空材料"项,弹出"材料"对话框;在"标签"栏里输入"音圈",在"几何实体选择"栏选择音圈域;在"材料属性"栏里找到"泊松比"项,点击"添加材料"按钮,在"材料属性明细"表里输入音圈的密度(总质量除以总体积)和杨氏模量(铜的杨氏模量乘以音圈中铜的体积分量),如图 9.2.26 所示。

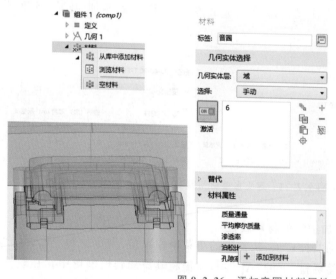

图 9.2.26 添加音圈材料属性

6. 在"组件"—"材料"里添加中贴材料属性

在模型树中右击"组件"下的"材料"项,从弹出的小菜单中单击"空材料"项,弹出"材料"

对话框,在"标签"栏里输入"中贴",在"几何实体层"栏选择"边界",在"选择"栏里选择
"zhongtie"几何集,就选择了振膜中间的平面;在"材料属性明细"表里输入 PMI 加双面
15μm 铝中贴的密度和杨氏模量,如图 9.2.27 所示。

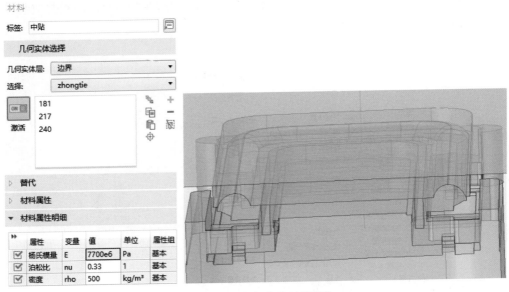

图 9.2.27　添加中贴材料属性

7. 在"组件"—"材料"里添加振膜材料

在模型树中右击"组件"下的"材料"项,从弹出的小菜单中单击"层"—"多层材料链接"
项,弹出"材料"对话框,在"标签"栏里输入"中贴",在"几何实体层"栏选择"边界",在"选择"
栏里选择"zhongtie"几何集,就选择了振膜中间的平面;在"材料属性明细"表里输入 PMI 加
双面 15μm 铝中贴的密度和杨氏模量,如图 9.2.28 所示。

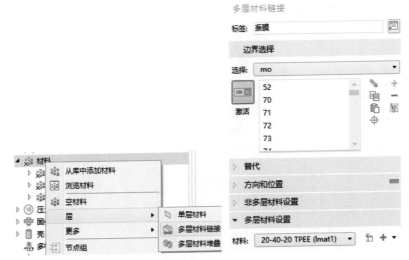

图 9.2.28　添加振膜多层材料属性

9.2.4 压力声场-频域物理场设置

外场计算设置。在模型树中右击"压力声学-频域"物理场,从弹出的小菜单中选择"外场计算"项,在"边界选择"栏从模型中选择球形空气域的内壳,在"外场计算"栏将空气域的两个对称面都设置为"对称/无限硬声场边界"项,如图 9.2.29 所示。

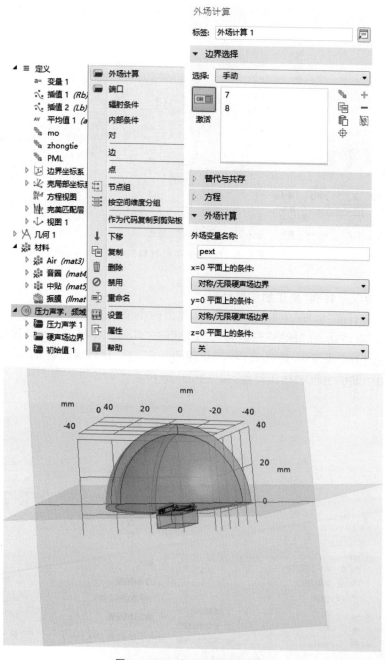

图 9.2.29 外场计算区域设置

9.2.5　固体力学物理场设置

1. 固体力学物理场作用域设置

在模型树中点击"固体力学"物理场图标,弹出固体力学物理场作用区域设置对话框,只选择音圈,如图 9.2.30 所示。

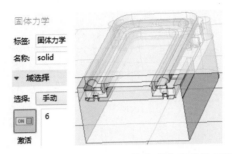

图 9.2.30　选择音圈作为固体力学物理场作用区域

2. 音圈受力设置

在模型树中右击"固体力学"物理场,从弹出的小菜单中点击"体积力"—"体载荷"按钮,在"域选择"栏从模型中选择音圈区域(蓝色),在"载荷类型"栏中选择"总力",并设置 Y 方向力为 $F0/2$(参数中 $F0 = Bl \times i$,因为是半个音圈模型,故电磁力为 $F0/2$),如图 9.2.31 所示。

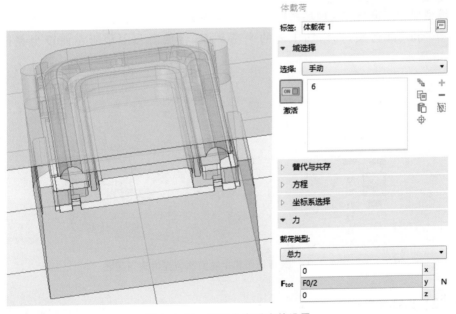

图 9.2.31　音圈上电磁力的设置

3. 音圈对称面设置

在模型树中右击"固体力学"物理场,从弹出的小菜单中点击"更多约束"—"对称"按钮,在"边界选择"栏从模型中选择音圈横截面(蓝色),如图 9.2.32 所示。

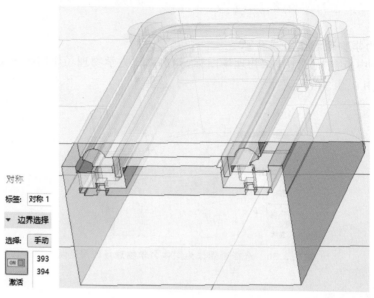

图 9.2.32　音圈上的对称面设置

9.2.6　壳物理场设置

1. 壳物理场作用域设置

在模型树中点击"壳"物理场图标,弹出壳物理场作用区域设置对话框,在"边界选择"栏中先选择"mo"几何集,再添加中间的中贴平面,将振膜和中贴所在面设为壳区域,如图 9.2.33 所示。

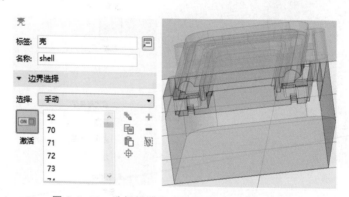

图 9.2.33　选择振膜和中贴面作为壳物理场区域

2. 设置振膜材料

右击模型树中的"壳"图标,在弹出的小菜单中点击"材料模型"—"多层线弹性材料"按钮,弹出多层线弹性材料设置对话框,在"边界选择"—"选择"栏中选择"mo"几何集(蓝色部分),就将振膜设置为多层膜材,如图 9.2.34 所示。

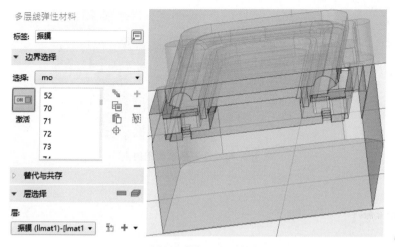

图 9.2.34　选择振膜曲面作为复合材料区域

3. 设置中贴厚度

点击模型树中的图标"厚度和偏移 1"，弹出壳层厚度设置对话框，可以看到中贴还没有设置(蓝色部分)。在下方的"厚度和偏移"栏设置厚度为 0.3 mm，如图 9.2.35 所示。

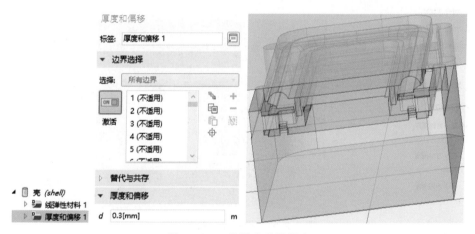

图 9.2.35　设置中贴面厚度

4. 设置振膜固定约束

右击模型树中的"壳"图标，在弹出的小菜单中点击"面约束"—"固定约束"按钮，弹出固定约束设置对话框，在模型中选择振膜边缘的粘胶固定面(蓝色部分)，就设置好了振膜固定部分的约束，如图 9.2.36 所示。

5. 设置壳对称约束

右击模型树中的"壳"图标，在弹出的小菜单中点击"指定位移/旋转"按钮，弹出指定位移/旋转对话框，在"边选择"—"选择"栏里从模型中选择壳的横截面(蓝色部分)，在"指定位移"栏在"在 x 方向指定"前的框内打勾，即设置了壳的对称约束，如图 9.2.37 所示。

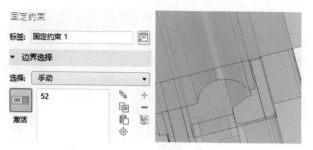

图 9.2.36　设置振膜固定约束

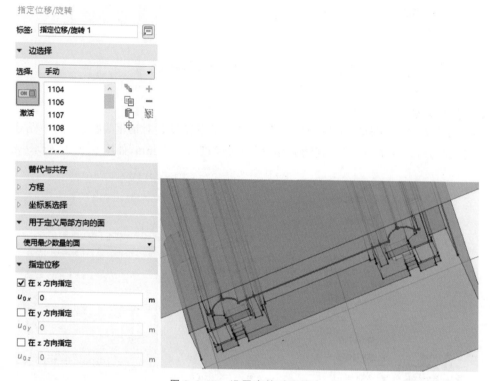

图 9.2.37　设置壳的对称约束

9.2.7　设置多物理场耦合

1. 设置声-固耦合

右击模型树中的"多物理场"图标,在弹出的小菜单中点击"声-结构物理场耦合"按钮,弹出"声-结构耦合"对话框,在"边界选择"—"选择"栏里从模型中选择音圈(蓝色部分),在"耦合接口"栏里选择"压力声学-频域"和"固体力学"物理场,即设置好了声-固耦合,如图 9.2.38 所示。

2. 设置声-壳耦合

右击模型树中的"多物理场"图标,在弹出的小菜单中点击"声-结构物理场耦合"按钮,弹出"声-结构耦合"对话框,在"边界选择"—"选择"栏里从模型中选择"mo"几何集,再添加

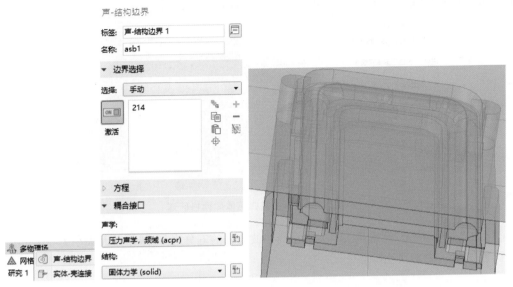

图 9.2.38 设置声-固耦合

中贴面(蓝色部分),在"耦合接口"栏里选择"压力声学-频域"和"壳"物理场,即设置好了声-壳耦合,如图 9.2.39 所示。

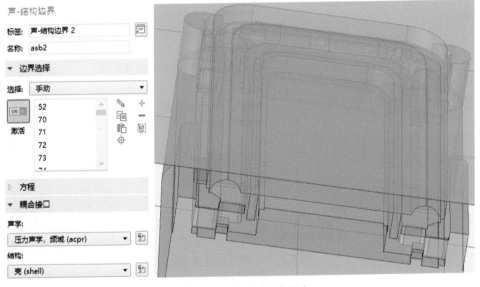

图 9.2.39 设置声-壳耦合

9.2.8 模型网格化

1. 设置实体网格和大小

右击模型树中的"网格 1"图标,在弹出的小菜单中点击"四面体网格"按钮,在模型树中就出现了"自由四面体网格 1"按钮和"大小"按钮。点击"自由四面体网格 1"按钮,在设置栏里选择除完美反射层之外的区域,如图 9.2.40 所示。

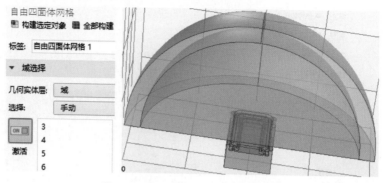

图 9.2.40　设置四面体体网格区域

点击"大小"按钮,设置最大单元大小为声波波长的五分之一,最小单元大小为 0.1 mm,其余设置如图 9.2.41 所示。

图 9.2.41　设置体网格大小

2. 设置振膜网格和大小

振膜设置更细的网格可使曲面形状更精确。右击模型树中的"自由四面体网格"图标,在弹出的小菜单中点击"大小"按钮,在模型树中就出现设置局部网格大小的对话框。在"几何实体层"栏选择"边界",在"选择"栏里选择"mo"几何集,在下方的"单元大小"设置栏里选择"定制",设置最大单元大小为声波波长的 1/20,最小单元大小为 0.05 mm,其余设置如图 9.2.42 所示。

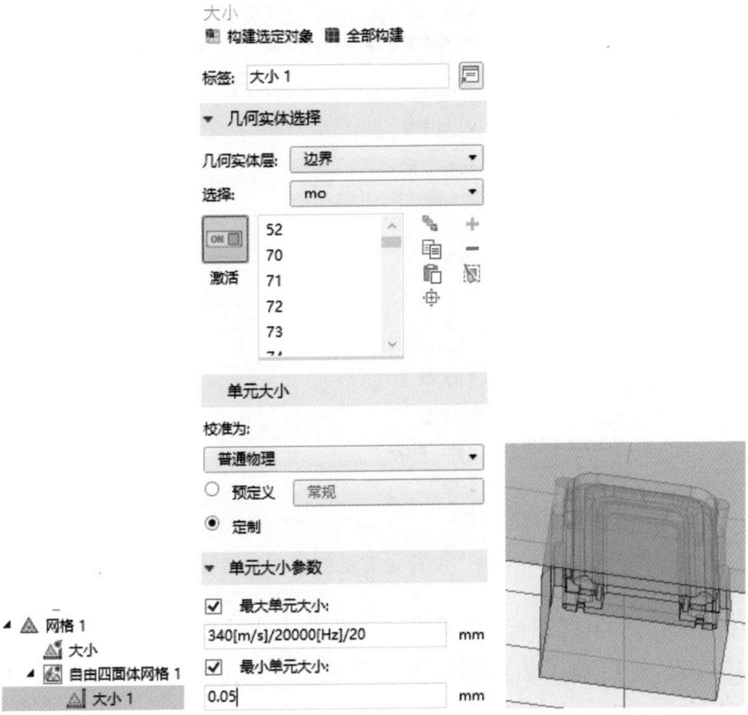

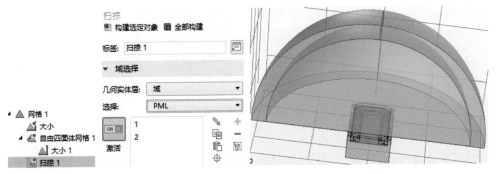

图 9.2.42 设置振膜网格大小

3. 设置完美反射层的网格和大小

完美反射层是一个球状外壳,使用扫掠网格可使网格更规则。右击模型树中的"网格 1"图标,在弹出的小菜单中点击"扫掠"按钮,在模型树中就出现了"扫掠 1"按钮。点击按钮,弹出"扫掠"设置框。在"域选择"—"实体几何层"栏选择"域",选择两个完美反射层域(蓝色域),如图 9.2.43 所示。

图 9.2.43 设置完美反射层区域

在模型树中右击"扫掠"按钮,从弹出的小菜单中点击"分布"设置按钮,弹出分布对话框,设置单元数为 8,即壳体从外到内共有 8 层网格,如图 9.2.44 所示。

4. 设置边界层的网格

在空气域与完美反射层交界的地方,需要设置一层更密的网格作为边界层。

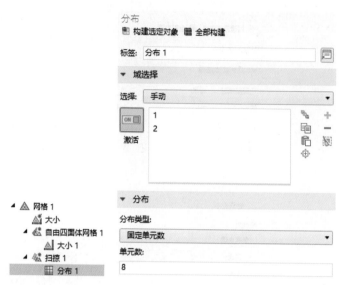

图 9.2.44　设置完美反射层分布单元数

右击模型树中的"网格 1"图标,在弹出的小菜单中点击"边界层"按钮,在模型树中就出现了"边界层 1"按钮,并出现了边界层设置对话框。在"域选择"—"几何实体层"栏里选择"域",选择内层空气域,如图 9.2.45 所示。

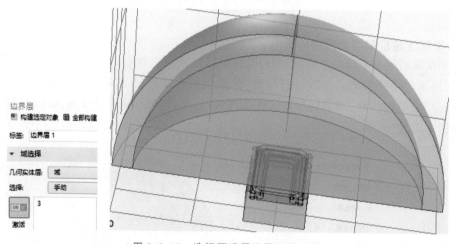

图 9.2.45　选择要设置边界层的区域

点击模型树中的"边界层属性"图标,在边界层属性对话框中选择空气域与完美匹配层的交界面,并设置"边界层数"栏为 1,在"第一层厚度"栏里选择"手动",在"厚度"栏里填入声波波长的 1/50,如图 9.2.46 所示。

5. 生成网格

点击模型树中的"网格 1"图标,在网格属性对话框中点击"全部构建"按钮,就生成了网格,如图 9.2.47 所示。

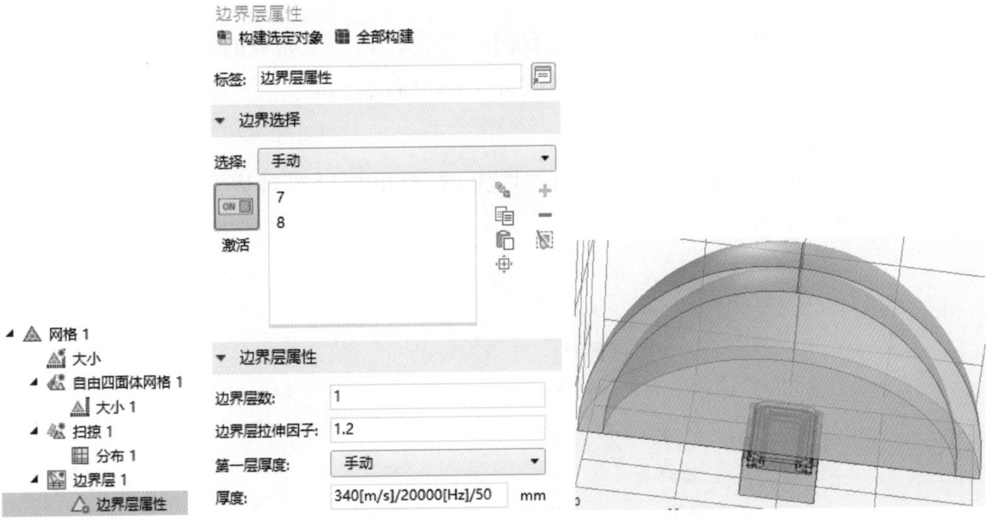

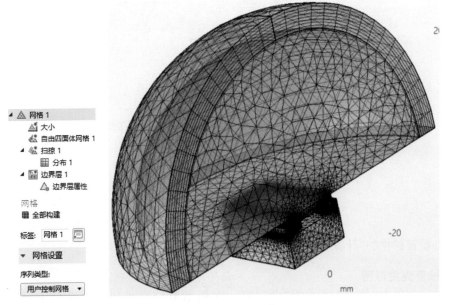

图 9.2.46 边界层属性设置

图 9.2.47 生成网格

9.3 求解和后处理

9.3.1 单频点求解

此模型基本按实物形状建立,只简化了一些倒角和很小的间隙,计算时自由度超过 150 万,所以频响曲线计算时间较长。我使用的工作站有双 CPU 和 192G 内存,求解时间超过了9小时。

　　为避免因为模型错误耽搁过多时间,我们可以先计算一个频点的灵敏度,如果得出的计算结果无误,再计算出几十个频点的灵敏度并绘制成频响曲线。

1. 设置求解器

　　点击模型树中的"Frequency Domain"按钮,右侧出现设置对话框,在频率栏里输入频率"110",如图9.3.1所示。

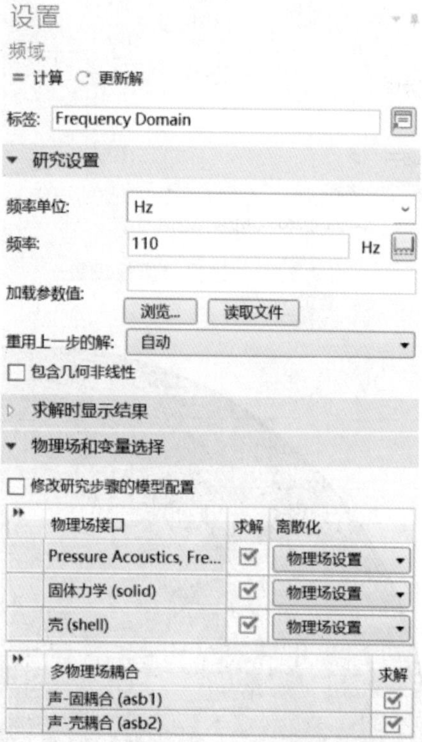

图9.3.1　频域求解器设置

　　点击设置栏里的"计算"按钮,经过二十多分钟,计算完成。

2. 检查壳变形图

　　双击模型树中"结果"栏下的"壳"按钮,在图形窗口栏出现壳的变形图,如图9.3.2所示。

　　可见壳变形后的面连续完整,模型形状无异常。

3. 创建三维截点

　　进行声学测试时,麦克风放在振膜中心点之前10 cm的位置,理论上应该测量这一点的灵敏度。但为了减少计算量,空气域的半径只有40 mm,因此不能直接测量这一点的值。不过按照公式,距离增加一倍,声压减少6 dB,所以我们可以先测量距振膜中心点25 mm处的声压,然后减去12 dB,即得到麦克风处的声压值。

　　用鼠标右击模型树"结果"栏下"数据集"项,从弹出的小菜单中点击"三维截点"按钮,在"数据集"下就增加了一个"三维截点"。点击"数据集"下的"三维截点"按钮,在右方出现此

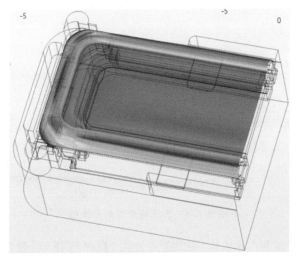

图 9.3.2　壳的变形图

三维截点的设置对话框。因模型中振膜前方为 Y 向,在"点数据"栏里输入 Y 向的值为 25 mm,如图 9.3.3 所示。

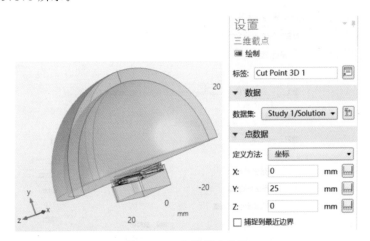

图 9.3.3　三维截点位置

4. 提取声压值

在模型树中右击"派生值"项,从弹出的小菜单中选择"点计算"按钮,在模型树中增加了一个计算点的按钮。点击"Point Evaluation 1"按钮,右侧弹出设置框,在"数据集"栏里选择"三维截点 1"选项,在表达式栏里输入测量值"acpr.Lp",然后点击上方的"计算"—"新表格"按钮,在模型窗口下方出现此三维截点处的声压值 79.524 dB。将此值减去 12 dB 得到 67.524 dB,与样品的声压实测值相近,如图 9.3.4 所示。

9.3.2　多频点求解

1. 设置求解多频点

点击模型树中"研究 1"下的频域求解器,在右方弹出频域设置栏,在频率栏后单击 按

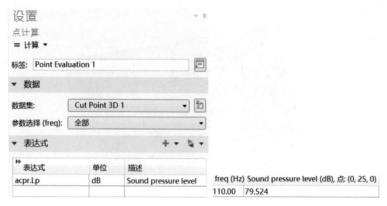

图 9.3.4　三维截点处的声压值

钮，弹出设置频率的"范围"对话框，在"定义方法"栏里选择"对数"，在"起始"栏里输入"110"，在"停止"栏里输入"20000"，"每十倍频率步数"栏里输入"10"，再点击"替换"按钮，如图 9.3.5 所示。

图 9.3.5　多频点求解设置

这样一共需要计算 23 个频点。点击设置栏里的"计算"按钮，经过 9 个多小时的计算，计算完成。

2. 提取多频点的声压值

点击模型树中"派生值"下的"点计算"项，在右侧设置对话框中点击上方的"计算"—"新表格"按钮，在模型下方就出现了一个新表格，包括各个频点的声压级，如图 9.3.6 所示。

freq (Hz)	Sound pressure level (dB), 点: (0, 25, 0)
110.00	79.524
138.48	83.651
174.34	87.853
219.48	92.189
276.31	96.753
347.85	101.71
437.92	107.38
551.31	114.28
694.05	119.49
873.76	116.77
1100.0	114.22
1384.8	112.76
1743.4	111.88
2194.8	111.31
2763.1	110.86
3478.5	110.35
4379.2	109.23
5513.1	116.37
6940.5	111.86
8737.6	112.01
11000	112.05
13848	98.951
17434	105.95

▲ ▶ 派生值
　　　Point Evaluation 1

图 9.3.6　提取多频点声压级

3. 绘制扬声器灵敏度曲线

点击表格上方的"表图"按钮,模型窗口变成了一条曲线;再点击这条曲线上方的"x 轴对数刻度"图标,这条曲线就变成了常见灵敏度曲线的形态,如图 9.3.7 所示。

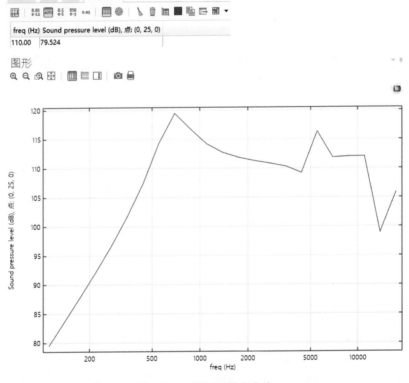

图 9.3.7　绘制灵敏度曲线

4. 比较仿真得到的灵敏度曲线和扬声器实测灵敏度曲线

将仿真得到的灵敏度曲线数值复制到 Excel 表中，与扬声器样品的实测灵敏度曲线放在同一图表中进行比较，可见仿真曲线（红线）的低频段与实测曲线（绿线）比较接近，在高频段相差较大，如图 9.3.8 所示。

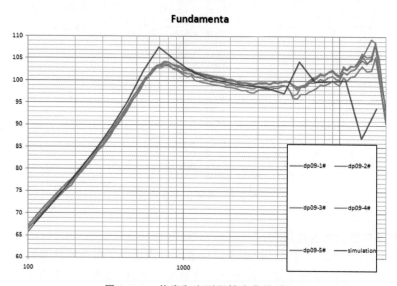

图 9.3.8　仿真和实测灵敏度曲线对比

第 *10* 章

用Comsol进行振膜仿真

前面介绍了用仿真软件 Abaqus 进行振膜仿真的方法,本章介绍用 Comsol 固体和壳模块进行振膜仿真的方法。用 Comsol 也可以仿真扬声器单体的 F0 和振膜的 K_{ms} 曲线。

10.1 导入模型

为了方便可以不从头建新模型,而是删除附件"K_{ms} 计算"模型中的几何,再导入新模型的几何。在"组件 1"下右键单击"几何 1",从弹出的菜单中选择"删除实体"按钮删除原模型,再右键单击"几何",从弹出的菜单中选择"导入",如图 10.1.1 所示。

图 10.1.1 导入振膜模型

在"设置"工具栏"浏览"按钮,选择存储在硬盘上的"dp01.stp"模型文件,如图 10.1.2 所示。接着导入音圈模型,最后在 Comsol 里显示的振膜和音圈模型,如图 10.1.3 所示。

图 10.1.2　选择振膜模型　　　　　图 10.1.3　振膜加音圈模型

10.2　设置全局材料属性

（1）设置膜材中的基材和胶的材料属性,如图 10.2.1 所示。

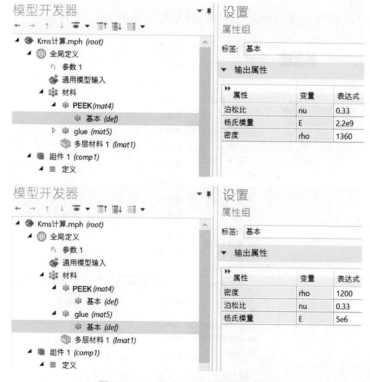

图 10.2.1　定义 PEEK 和胶层属性

（2）设置复合膜的材料分布属性，如图10.2.2所示。

图10.2.2 定义复合膜属性

10.3 定义振膜几何集

右击"组件1"下的"定义"按钮，从弹出菜单中选择"选择"—"显示"按钮，创建一个几何集，如图10.3.1所示。

图10.3.1 定义几何集

点击新创建的几何集，在标签栏中输入"mo"，在"几何实体层"选项中选择"边界"，选择振膜除中贴以外的部分，如图10.3.2所示。

图10.3.2 定义振膜几何集

10.4　设置组件中的材料属性

（1）设置线圈的密度、杨氏模量和泊松比。

点击"coil"，在几何实体选择中选择音圈模型，如图 10.4.1 所示。

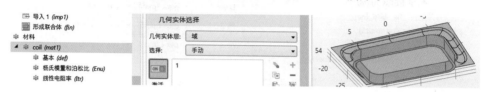

图 10.4.1　设置音圈区域

在"Simulation report"中输入音圈的体积和质量，就得到音圈的平均密度和杨氏模量，如图 10.4.2 所示。

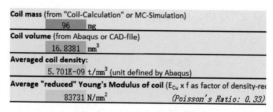

图 10.4.2　计算音圈属性

在 Comsol 中输入音圈的平均密度和杨氏模量，如图 10.4.3 所示。

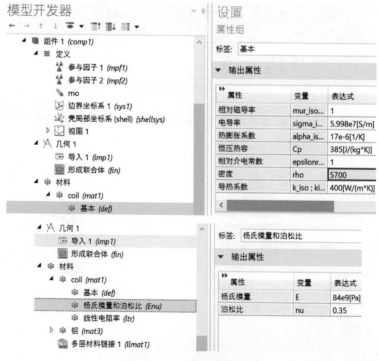

图 10.4.3　定义音圈属性

（2）设置铝中贴的密度、杨氏模量和泊松比。

点击"中贴"，在几何实体层选项中选择"边界"—"手动"选项，选择如下区域，如图10.4.4所示。

输入铝中贴属性

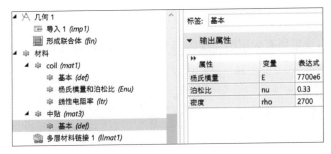

图 10.4.4　定义中贴属性

（3）设置多层材料链接。

在边界选择中选择"mo"选项，在"多层材料设置"中选择在全局定义中设置的"三层peek 复合膜"，如图 10.4.5 所示。

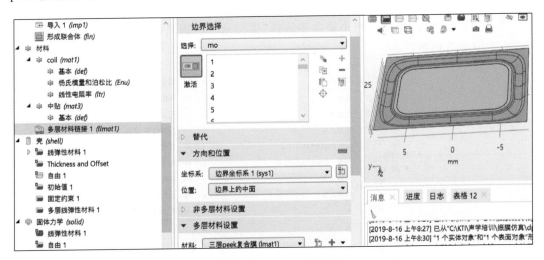

图 10.4.5　定义复合膜区域

10.5 设置"壳"物理场中的属性

（1）选择整个振膜区域为"壳"物理场的作用区域，如图10.5.1所示。

图 10.5.1 定义壳区域

（2）设置铝中贴的厚度。

点击"Thickness and Offset"选项，设定所有壳层的厚度为"100[um]"，如图10.5.2所示。

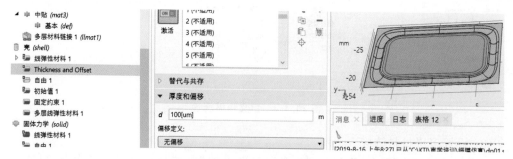

图 10.5.2 设置壳厚度

（3）设置固定约束。

右击"壳"物理场，从弹出的小菜单中选择"面约束"—"固定约束"，添加面固定约束选项，如图10.5.3所示。

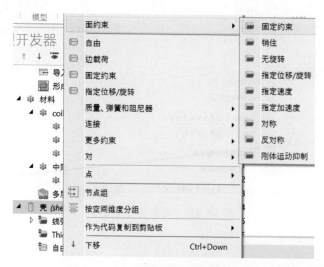

图 10.5.3 设置振膜边缘的固定约束

点击"固定约束1"选项，选择振膜与盆架的粘胶面，如图10.5.4所示。

图10.5.4　设置振膜边缘的固定区域

（4）设置振膜厚度。

右击"壳"物理场，从弹出的菜单中选择"材料模型"—"多层线弹性材料"，以改变振膜部分材料厚度，如图10.5.5所示。

图10.5.5　选择多层膜材料

点击"多层线弹性材料1"，在"边界选择"选项中选择"mo"，在"层选择"选项中选择"多层材料链接1"，如图10.5.6所示。

图10.5.6　设置多层膜的区域

10.6 设置"固体力学"物理场中的属性

（1）选择固体力学物理场的作用区域。

点击"固体力学"物理场图标，在"域选择"栏里选择音圈，如图10.6.1所示。

图 10.6.1 设置固体力学域

（2）设定音圈和振膜的结合面。

在共振频率仿真中需要设定音圈和振膜的结合面，右击"固体力学"项，从弹出菜单中选择"指定位移"选项，如图10.6.2所示。

图 10.6.2 设置指定位移区域

在"指定位移"的设置中，为"边界选择"选择振膜和音圈的结合面，如图10.6.3所示。

图 10.6.3 指定音圈和振膜结合面

在"指定位移"的设置中，为"指定位移"项分布填入 u、v、w 壳物理场"因变量"中的"位移场分量"，如图10.6.4所示。

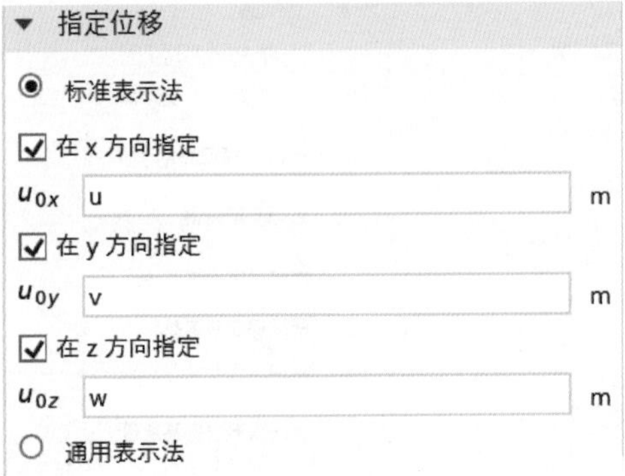

图 10.6.4 指定音圈和振膜的位移分量相关

10.7 模型网格化

点击"网格"栏,在设置栏里的"单元大小"选项中选择"细化"选项,再点击"全部构建"按钮,就完成了模型的网格化,如图 10.7.1 所示。

图 10.7.1 模型网格化

10.8 模型特征频率的求解和结果查看

(1)特征频率求解。

在"特征频率"研究步骤中单击"计算"按钮,就可以算出 6 阶特征频率,如图 10.8.1所示。

(2)特征频率查看。

在"结果"栏里点击"振型"项,就可以看到模型的 F0 为 584.42 Hz,中贴的振动为平动,如图 10.8.2 所示。

图 10.8.1　F0 计算设置

图 10.8.2　F0 计算结果

10.9　设置音圈的位移

（1）定义位移参数。

在全局定义中定义一个位移参数 S，如图 10.9.1 所示。

图 10.9.1　设置位移参数

（2）在音圈上施加位移。

右击"固体力学"项，从弹出菜单中选择"指定位移"选项，如图 10.9.2 所示。

图 10.9.2　设置指定位移

在"指定位移"的设置中,为"边界选择"选择音圈的下表面,如图10.9.3所示。

图 10.9.3　设置指定位移区域

在"指定位移"的设置中,为"指定位移"栏的"u0z"项填入参数 S,如图10.9.4所示。

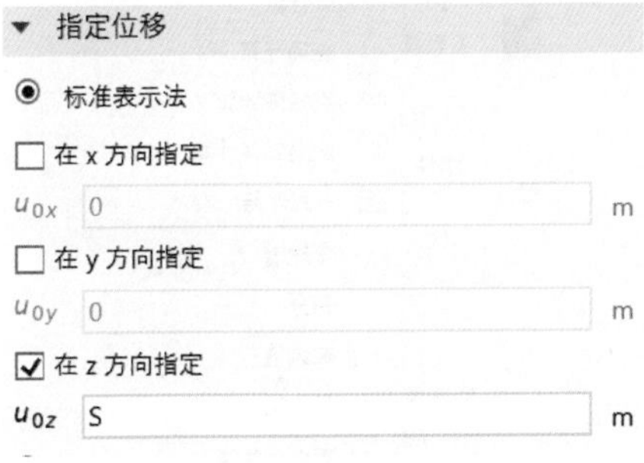

图 10.9.4　设置指定位移参数

10.10　求解振膜反作用力

(1) 设置参数化扫描。

右击 K_{ms} 研究,从弹出菜单中选择参数化扫描,如图10.10.1所示。

图 10.10.1　设置参数化扫描

点击"参数化扫描",在设置对话框中的"参数名称"栏里选择参数 S,在参数值列表中以 0.02 为间隔输入 0.02 至 0.3 之间的所有数,然后点击"计算"按钮,如图10.10.2所示。

(2) 提取计算结果。

右击结果栏里的"派生值",从弹出菜单中选择"全局计算",如图10.10.3所示。

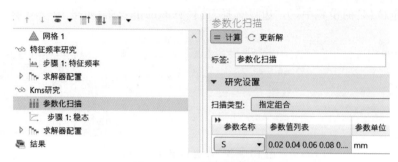

图 10.10.2　设置参数数值

图 10.10.3　设置全局计算

点击"全局计算",在设置对话框中的"表达式"栏输入"solid.RFtotalz",再点击"计算"按钮,如图 10.10.4 所示。

图 10.10.4　选择全局计算结果

从结果表格中把所有位移和反作用力的值复制到"simulation report"表中绘制 K_{ms} 曲线,如图 10.10.5 所示。

S (mm)	总反作用力，z 分量 (N)
0.020000	0.037197
0.040000	0.074464
0.060000	0.11185
0.080000	0.14940
0.10000	0.18718
0.12000	0.22524
0.14000	0.26365
0.16000	0.30249
0.18000	0.34185
0.20000	0.38190
0.22000	0.42291
0.24000	0.46536
0.26000	0.51002
0.28000	0.55794
0.30000	0.61062

图 10.10.5　提取位移和对应的反作用力计算结果

10.11　振膜曲面的虚拟化

对于有很多小曲面的振膜，直接网格化的网格质量不高，求解时间长，还可能失败。需要通过虚拟操作把小面复合成大面，网格化更容易。下面的模型导入 Comsol 后，有很多小曲面，如图 10.11.1 所示。

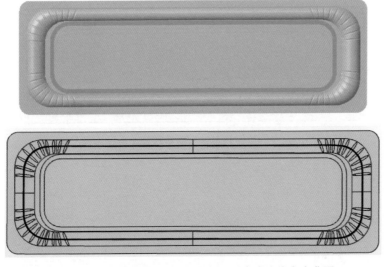

图 10.11.1　振膜曲面导入 Comsol 后会成为许多小曲面

右击"几何"选项，从弹出菜单中选择"虚拟操作"—"形成复合面"，如图 10.11.2 所示。

选择右下角筋上的所有曲面，再点击"全部构建"按钮，把它们合并成大面，如图 10.11.3 所示。

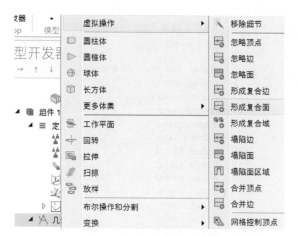

图 10.11.2　设置将振膜曲面变成复合面

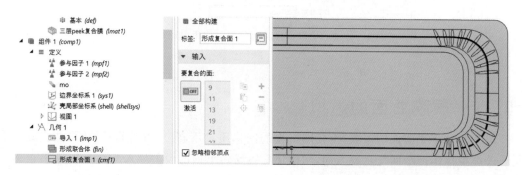

虚拟化完后如下。

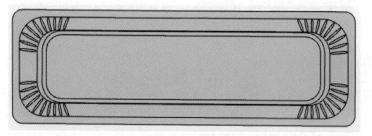

图 10.11.3　将振膜小曲面按筋和折环合并成复合面